小沢賢二 著

中国天文学史研究

汲古書院

序　文

　古代中国の天文学史を扱う分野は、中国学の中でも特殊な領域で、それだけに専門の研究者の数は決して多くはない。したがって先行研究の蓄積も、さほど膨大な量に達するわけではない。今、近代に入ってからの研究史を簡単に振り返ってみると、その先鞭を付けたのは飯島忠夫氏であろう。飯島忠夫『支那古代史論』（1925年・東洋文庫、補訂版1941年・恒星社）は、古代中国の天文学を、古代ギリシアを中心とする西洋文化から移入されたものと想定した。そのため六十干支を含む中国天文学の起源を戦国後期ないし末期に求め、六十干支を刻む殷墟出土の甲骨文字に対しても、戦国期に入ってから刻されたと推測した。また『春秋』が記す日食記事も、春秋時代の実録ではなく、すべて後世の推算だと主張したのである。

　これに対して新城新蔵『東洋天文学史研究』（1928年・弘文堂）は、飯島説を厳しく批判し、『春秋』が記載する日食記事を逐一検証する方法により、古代中国の天文学が決して西洋文化の移入ではなく、独自に発達したものであるとの主張を展開した。この飯島・新城両氏の論争こそ、日本における中国天文学史研究の嚆矢となったのである。

　続いて新城門下の能田忠亮氏は『東洋天文学史論叢』（1943年・恒星社）を著し、古代中国の天文学が備える特徴を、西欧近代の数学を用いて数理的に説明しようと試みた。また同じく新城門下の藪内清氏は、『中国の天文暦法』（1975年・平凡社、増補改訂版・1990年）を著し、漢代以降における中国天文学の日食推算や暦法の発達を論じた。これら日本人による古代中国の天文学史研究は、近代における本格的研究として、国の内外に大きなセンセーションを巻き起こす。たとえば張培瑜『中国先秦史暦表』（1987年・斉魯書社）は、新城氏の『東洋天文学史研究』から強い影響を受けており、また張培瑜・陳美東・薄樹人等による『中国古代暦法』（2008年・中国科学技術出版社）も、藪内清氏の『中国の天文暦法』を再検証する内容となっている。

さらに古代中国の天文学を古天文学の視点から解明しようとした研究に、斉藤国治・小沢賢二『中国古代の天文記録の検証』(1992年・雄山閣)がある。これは、紀元前一千年から紀元一千年までの6700以上に及ぶ天文記録を網羅した上で、天文記録の整合性に対して数理的検証を加えたものである。

このたび刊行の運びとなった小沢賢二氏の著書は、斉藤国治氏が創始した古天文学の手法を継承しつつ、そこに藪内清氏等の手法をも導入して、中国古代天文学及び天文学に関わる諸問題を、宇宙構造論の歴史的発展というテーマに合わせて解明しようとした研究である。

私が小沢氏の存在を知ったのは、今から五年前、2004年であった。その年のある夜、突然小沢氏から電話がかかってきた。全く存じ上げない方だったので、最初はいたくとまどったのだが、話はこうである。小沢氏は天文・暦法に関してある人物の説を批判しようと思い立ったのだが、かつて同じ研究会のメンバーだった経緯もあり、躊躇があって踏み切れずにいた。そこで知人に相談したところ、その人物を遠慮会釈なく批判している浅野という男がいると教えられた。そこで話を聞いてみようと思って電話したのだという。

確かに私はその人物を痛烈に批判してきていた。その説全体が全くの虚妄である点には極めて強い確信を持っていたから、煙幕の役目を果たしているその天文・暦法の部分についても、必ずや虚偽に違いないと演繹的には見当が付くものの、専門外の私には直接手が出せないブラックボックスであった。宇宙論は宇宙生成論と宇宙構造論とに大別される。前者については私も『古代中国の宇宙論』(2006年・岩波書店)なる書物を著した経験こそあるが、後者に関しては全くの門外漢だったからである。そのため私は、かねてよりこの厄介なブラックボックスをこじ開けて、その欺瞞を暴く研究者を捜していた。永年の親友である三浦吉明氏からうってつけの専門家を紹介してもらったのだが、連絡を取ったところ、会社の業務に忙殺されているとして断られたばかりであった。そこに思いがけず小沢氏から電話があったのである。

こうした事情があったので、二人はたちまち意気投合し、一緒に台湾での講演旅行に出かけたり、東京三鷹の国立天文台で揃って研究発表を行ったりした。

上杉謙信の兵法を愛好し、敵陣への単騎斬り込みを身上としてきた私は、こと学問に関しては、たとえ親子・兄弟・師弟・同門の間柄であろうとも、対人関係の調和など一切顧慮する必要はないから、ただ学者としての良心にのみ基づいて批判を公にするよう、小沢氏を激励・督戦した。小沢氏もついに後世のために誤謬を正す決意を固める。

　それまで小沢氏は短い文章しか発表してこなかったのだが、それ以降は積水を千仞の谷に決するがごとく、長大な論文を『中国研究集刊』に陸続と発表するようになる。天文・暦法の論文には特殊な図版や面倒な表記が多数含まれるので、編集を担当された大阪大学文学研究科中国哲学研究室の湯浅邦弘教授を初め、校正担当の井上了氏や院生の皆さんには大変な苦労をおかけした。この場を借りて改めて御礼申し上げる次第である。

　『中国研究集刊』に掲載された一連の論文が一応のまとまりを見せたので、私は小沢氏に対し、病棟からの生還が期しがたいのであれば、小沢賢二という研究者がこの世に存在した証として、是非とも一冊の書物にまとめて出版するよう強く勧めた。当時健康が優れず生死の境をさまよっていた小沢氏から原稿を託された私は、汲古書院の石坂叡志社長に原稿を送り、印刷は極めて煩雑なのだが学術的意義が大きいので、何とか出版を引き受けてもらえないかと依頼した。石坂社長には私の申し出を快く諒解して頂いた。そこで今回の刊行に至ったわけである。上述したように、古代中国の天文・暦法に関する研究書は必ずしも多くはない。その意味で、宇宙構造論の歴史的発展を論ずる本書が上梓されるのは、斯学のためにも大変喜ばしいと考える。

2009年11月20日　　浅野　裕一

緒　言

　「宇宙」という言葉は、前漢時代に著された『淮南子』の「斉俗訓」に「往古来今謂之宙、四方上下謂之宇」をもって来源とする。しかしながら、前漢以前にも「宇宙」としての概念は存在しており、人々はこれを「天」と「地」の二語で対比して表現した。その「天」と「地」を結びつける媒介となる天体が「太陽」および「月」そして「星」であった。

　もっとも、中国だけでなく古代人が最も基本的な天体として初めに認識したのは「太陽」と「月」の二つにほかならない。その理由はきわめて簡単である。なぜなら人間の目に映る最大の天体であるとともに、日々の生活に重要な影響力を及ぼす畏怖の対象となる天体でもあったからである。古代人がまず他の天体を差し置いて、眩しいばかりの太陽光と暗闇を照らす月光に意識を向けてしまうのは至極当然のことである。その上、「太陽」は農作業の上で欠くことのできない天体であり、かたや「月」は潮汐を予測する漁業民にとって必須の天体であった。

　月齢十五日の満月（望月）は日没後に東方より昇り、三日月は日没後に西方に現れてそのまま西の地に沈む。上弦の半月は月齢8日にして日没時に南中し真夜中に西へ沈む。また下弦の半月は月齢22日にして日出時に南中し、昼頃に西へ沈む。また太陽の南中高度は夏至が最も高く冬至が最も低いが、逆に満月の南中高度は夏至が最も低く冬至が最も高い。古の人々は白昼は「太陽」の位置で方角と時刻を知り、夜中は「月」の月相（三日月・満月・半月）とその位置とで方角と時刻を知ったのである。夜中において「星」の位置で方角を知るようになったのは、「星宿（星座）」の概念が出現した遙か後の時代である。

　すなわち暦法の基本は「太陽」および「月」の運行を観測することである。古代より中国人は時刻や時候などを指し示す天体を「辰」と称し、その中で「太陽」を最大の「辰」として畏怖した。これに対して「星」は、その呼称こそ殷墟出土の甲骨文字にも認められるが、その字形「。。」を見る限り「星」と

は「晶」と同義であり、夜空に燦然と輝く数多くの星々を指したに過ぎなかった。このプリミティブというべき宇宙観は春秋時代の魯国の史書である『春秋』においても認められ、「太陽」と「月」以外の天体は「北斗七星」を唯一の例外として、一律に「星」と称された。したがって、夜空に燦然と輝くその他数多くの星々は単に「恒星」と呼称されたのである。もっとも「恒星」といっても、それは現代の「惑星（Planet）」に対する「恒星（Star）」を意味するものではなく、ただ「恒（いつもの）星」と表現したに過ぎない。だから、雨の如く降り落ちる流星雨の様子を「星隕（星,隕つ）」と呼び、予期せず突然出現した一過性の星つまり「彗星（Comet）」の出現を「星孛（星,孛す）」と称した。『春秋』の中で、最初に「星」の文字が現れるのは、「恒星」および「星隕」とをもって嚆矢とするが、これが中国で最も古い具体的年次を示した「星」に関する記録なのである。

　ところが、同じ春秋時代といっても東周王朝においては「天地」における森羅万象を「陰陽」の原理に支配されるものと捉えていた。そのために「四季」における時間の推移もこの原理によって差配されるものと考え、王都「洛邑」より南東にある「陽城」を「地」の中心すなわち「地中」と定義した。その上で「北斗七星」を「天」の回転軸として看做し、28個の「星宿（＝星座）」などの全ての星々を反時計回りの方向に一定回転させているとの「宇宙構造論」を構築した。実は、「陽城」の地を「地中」と称したのは、この地点が「春分（＝秋分）」時の南中において、「句を三、股を四、弦を五」とする「句股弦の法」による直角三角形（いわゆるピュタゴラスの特殊法による直角三角形と同じ）の比をなす太陽高度にあったことが主な理由だったからである。

　東周王朝は昼夜をちょうど二分して、正午の天地に「句股弦」の三角形をおりなす春分と秋分における天象を「天地陰陽」の「道理」と解釈し、その「道理」を天文暦法および律度量衡と不可分一体とみたのである。中国の天文暦法はこの「天地陰陽」の「道理」を宇宙の「根本原理」と解釈したことによって独特の発展をみた。

　洋の東西を問わず、いずれの古代文明の中においても最初に科学として体系

化された学問は「天文学」である。古代ギリシアでは「天動説（geocentric model）」に基づいて、地球を中心とした幾何学的モデルが想定され、これを基礎として天体の運動が議論された。すなわち古代ギリシアの「天動説」とは地球を中心とした「宇宙構造論」なのであって、古代バビロニアから古代ギリシアに伝播した「太陰太陽暦」という暦法の根拠は、この「宇宙構造論」によって明確に理由づけされた。

いっぽう、春秋時代における東周王朝も「地中（陽城）」を中心とした幾何学的モデルを基礎とする天体の運動が「太陰太陽暦」の根拠ともなったが、この東周王朝の「宇宙構造論」においては、太陽系天体である「惑星」の存在はなく、また「日食」は予報不可能な天象であった。しかし戦国時代になると、「宇宙構造論」は段階的に発展し、中国人は「惑星（＝五星）」の存在に気づきはじめたのである。この結果、「惑星（＝五星）」の運行に基づく「占星術」も芽生えたばかりでなく、「月食」周期に基づいて不十分とはいえ「日食」を予報することが可能となった。そして前漢時代の太初年間の頃になると、「宇宙構造論」には新たに「黄道」の存在が加わり、中国における天文暦法はついに「日食」を推算できるまでの水準に高められたのである。

本論考は古代中国では「天地陰陽」の「道理」を宇宙の「根本原理」と解釈したことによって、天文暦法が独特の発展を遂げたことを検証するものであるが、検証で用いた新出土史料には、地球自転における永年減速の「ΔT」に関する基礎的データも含む場合もあり、現代の天文学の領域にも広く利用されるものと期待したい。

なお、かつて筆者と斉藤国治博士は『中国古代の天文史料の検証』（1992年9月 雄山閣出版）を上梓した。前掲書が中国古代天文学のデータ編であり、本論考はその理論編に該当するが、本論考が先行研究として範としたのは新城新蔵博士が著した『東洋天文学史研究』（1928年8月 弘文堂書房, 中国語版・民国22年〔1933〕7月 中華學藝社〔上海〕沈璿譯）である。

そもそも『東洋天文学史研究』は、好論敵といわれた飯島忠夫博士に向けた反証の書として上梓しようとしたものである。それゆえ新城博士は自らの序文

に「偶々飯島氏の得たる反対の結論により、私の所論の弱点に就て教えを受けたことは少なくない」と述べているが、この書は刊行直前まで自らが既に発表した論文をまとめるだけの体裁にする予定であった。

だが上梓直前になって、従来新城博士自らが主張していた仮説を根底から崩す事実が判明したため、最終校正段階において新城博士は、全九篇中の二篇の掲載論文が従来の説のままであることを憂慮し、急遽それぞれの篇末に簡潔な「追記」(中国語版では「補記」)を挿入した。しかしながら、これが目にとまりにくい体裁となっているのが禍となり、後世において日中両国の研究者に少なからぬ影響を与えてしまっている。

奇しくも筆者は、本書の原稿を書き了えようとしていた2009年1月4日、長く探し求めていた『東洋天文学史研究』に収録されている「第八篇 戦国秦漢の暦法」という論文抜刷を秦川堂書店(東京都千代田区神保町)から購入したが、ほどなく抜刷に記されていた「書き入れ」から、これが新城謹呈の飯島旧蔵抽印本であることを悟った。そのため急遽、秦川堂書店から他の論文抜刷(抽印本)も追加購入することになったが、筆者が入手したこれら抜刷は『東洋天文学史研究』に原載される全九篇の論文のうち、わずか第一篇を欠くのみであるとともに、飯島博士による夥しい書き入れがあることが判明したのである。

筆者はこれらの書き入れを十分調査するとともに、『東洋天文学史研究』の修正版として準備された原稿(遺稿)「天文暦法より見たる支那古代史論」(京大新城文庫No.240)に目を通す機会を得たが、『東洋天文学史研究』上梓直前になされた改稿によって誤解を与えた「仮想暦法」としての「顓頊暦」の問題は、日本人の後学として新城博士の真意をここで正しく伝えておかなければならないと痛感した次第である。

いま想起すれば、新城・飯島両博士における論争は、飯島博士が中国古代の天文学はギリシアを中心とした西洋文化の移入によるものとし、六十干支を含めたその起源を戦国時代末期あるいは後期と主張したことに新城博士が異を唱えたことに端を発する。後代の視点に立てば、殷墟出土の六十干支が刻まれている甲骨文字に対してまでこれを戦国時代に製作されたとする飯島説など成

り立つはずもないのだが、往時においてはこれに迎合する研究者もあまた存在したのも事実である。新城博士はこのような背景に鑑み、中国古代の天文学が西洋文化の移入ではないことを力説するため、書名を『東洋天文学史研究』とした。

しかしながら漢土において東洋とは、中華より東方の日本を指すことから、『東洋天文学史研究』なる書名は、あるいは『東亜天文学史研究』の方が相応しかったのではないかとの疑問もいだかせやすい。

そのため本論考の名称は新たに『中国天文学史研究』とし、新城博士が『東洋天文学史研究』において言及している前漢以前を主な検証領域とした次第である。

「問いを見つけられた者こそが、その答えを見つけられる」という言葉がある。かかる一連の経緯を本論考に書き残せるのはひとえに汲古書院石坂叡志社長のご理解があったからにほかならない。

ここに厚く御礼を申し上げたい。

小沢　賢二

目　次

序　文 ……………………………………………………………… i
緒　言 ……………………………………………………………… v
第1章　「度数」の発見と「尺」・「度」の区別 ………………… 3
　　1．中国古代における「度数」の発見
　　　（1）「尺度」とは何か
　　　（2）「度」の着想
　　2．天体高度の測定と「さしがね理論」
　　　（1）「度」による測定
　　　（2）「尺」による測定
　　3．座標系について
　　　（1）地平座標
　　　（2）赤道座標
　　　（3）黄道座標　と黄道極・赤道極循環座標
　　　（4）「太初暦」とその座標系について
　　　（5）『続漢書』「五行志」の座標系について

第2章　中国古代における日食予報について ………………… 34
　　1．問題の所在
　　2．「原初中国式周期」と「中国式周期」との違い
　　　（1）月食予報とその方法
　　　（2）「中国式周期」に基づく日食予報とその方法
　　3．「周髀」および「赤道儀（＝赤道・渾天儀）」による日食の推算と
　　　　その手法
　　4．「朔望之会」に基づく「中国式（135月）周期」の開始時期
　　5．「四分暦」の日食予報とその手法

第3章　中国古代における宇宙構造論の段階的発展と占星術の出現
....64
　総論．宇宙構造論から見た「天文学」の発生および発展のプロセス
　1．宇宙構造論のめばえと「星」の認識
　2．春秋時代（B.C.770～B.C.454）における東周王朝の宇宙観──「天道」・「地中」の着想と「北辰」・「星宿」の創出──
　　（1）「天道」および「地中」の着想
　　（2）「北辰」および「星宿」の創出
　　（3）「北辰」および「星宿」の着想から覗われる東周王朝の宇宙観
　　（4）成立当初の「二十八宿」
　　（5）「北辰」中心の宇宙観と「二十八宿」
　　（6）「曾侯乙墓出土漆画筐」にみる「北辰」の思想
　3．戦国時代（B.C.453～B.C.221）における「四分暦」の出現と「二十四節気」および「十二次」の創出──『左伝』および『国語』の成書時期──
　　（1）「四分暦」に内包される「二十四節気」に基づく年初の定義
　　（2）「四分暦」によって認識された「五星」の存在と「十二次」の概念
　　（3）「五星」の運行と「十二次」の「分野説」に基づく「占星術（Astrologia）」の出現

第4章　春秋の暦法と戦国の暦法──『競建内之』に見られる日食表現とその史的背景── 105
　総論．「太陰太陽暦」の成立と発展 ──「一陽来復」の暦法から「立春年初」の暦法へ──
　1．月のみちかけと潮汐「大潮（朔）・小潮（上弦半月）・大潮（望月）・小潮（下弦半月）」
　2．中国古代における二種類の日食表現

（1）「日有食之」および「日有食之.既」の来源と表記への疑義
　　（2）『春秋』の暦法と閏月の挿入方法（春王正月当作春閏正月）
　　（3）春秋時代における東周の暦法と「北斗七星」および「二十八宿」について
　　（4）戦国時代の「四分暦」に基づく「日食」および「日食.昼晦」の表現
　3．『競建内之』の日食とその検討
　　（1）『競建内之』と竹簡排列の是正
　　（2）『競建内之』における斉桓公の皆既日食記事と『左伝』における斉侯の彗星記事
　4．『競建内之』にみえる斉桓公の皆既日食とその発生年代について
　　（1）想定される日食候補
　　（2）特定された日食とその特異性

第5章　「顓頊暦」の暦元 …………………………155
　1．はじめに
　2．発表論文とその変遷
　3．論争の発端
　4．論争の展開と感情の軋轢
　5．論争の終結宣言とその理由
　6．日本語版『東洋天文学史研究』における改篇の事情
　7．中国語版『東洋天文学史研究』が十篇となった事由
　8．『東洋天文学史研究』改篇に伴う論文の削除
　9．後代の研究者が陥った「追記（補記）」の見落とし
　10．張培瑜の研究とその訂正ついて
　11．「四分暦」および「顓頊暦」の暦元
　12．まとめ

第6章 「太初暦」の暦元 …………………………………………215
　1．「太初暦」の施行と暦元
　2．「太初暦」と「三統暦」の区別

第7章 「武王伐紂年」歳在鶉火説を批判する ………………226
　1．はじめに
　2．「B.C.1046」の 算出方法とその疑義
　3．『古本竹書紀年』「B.C.1027」説排除についての疑問
　4．まとめ

第8章 『史記』「六国年表」の改訂と「JD」………………237
　1．はじめに
　2．魏恵王元年「B.C.369」説
　3．秦恵文公三年「B.C.336」説
　4．楚の「戦国四分暦」と「十九年七閏法」
　5．まとめ

第9章 「天再旦」日食説の瓦解 ………………………………245
　1．はじめに
　2．日食表記における「盡」とは何か？
　3．テキストクリティークから見た「天再旦」
　4．まとめ

第10章 汲冢竹書再考並びに簡牘検署再考──『穆天子伝』「長二尺四寸」の背景── …………………………………254
　1．はじめに
　2．汲冢竹書再考（賈充派と衛瓘派との抗争からみた汲冢竹書）
　（1）陳夢家の過誤

（２）中書監荀勗（賈充派）と中書令和嶠（衛瓘派）との不和

　①太子衷の成婚をめぐる賈充派と衛瓘派との抗争（二七一年〜二七二年）

　②「銅製律呂」鋳造をめぐる賈充派の台頭と衛瓘派の策謀（二七三年）

　③衷の廃太子をめぐる賈充派と衛瓘派との確執（二七八年）

　④「汲冢竹書」出土直後の賈充派と衛瓘派との確執（二八一年〜）

　⑤賈充死亡後の衛瓘派の動向（二八二年〜二八六年）

　⑥『紀年』の翻字（二八一年〜二九〇年？）

　⑦賈妃による衛瓘派の処断（二九一年）

３．簡牘検署再考

　（１）『穆天子伝』の形制はなぜ「長二尺四寸（約55.4cm）」だったのか？―度量衡からみた「長二尺四寸」とその背景―

　（２）秦の度量衡制に見られる竹簡形制の二度にわたる重大な変革（戦国期・秦晩期）と魏の竹簡形制

　①出土秦簡の竹簡形制の概要と暦法の関係について

　②出土楚簡の竹簡形制の概要と暦法の関係について

　③戦国時代における「四分暦」に関わる竹簡形制について

４．まとめ

第11章　清華大学蔵戦国竹書考　……………………………………291

１．問題の提起

２．「上博楚簡」の出現と収蔵の経緯

３．「清華簡」および「嶽麓書院秦簡」の出現と収蔵の経緯

　（１）自助財源による竹簡群の購入

　（２）同一古董商によってストックされていた２つの竹簡群

　（３）「漢簡」と称せられた竹簡群の購入と「楚簡」と称せられた竹簡群の簡易鑑定

　（４）「清華簡」収蔵と緊急的な保護処置

　（５）「清華簡」に対する第一次鑑定（楚簡従事者による経験的判断）

（6）「清華簡」に対する第二次鑑定（AMS放射性炭素14による測定）

　（7）「清華簡」に対する釈読の開始

4．「清華簡」に対する分析

　（1）「AMS 14C定量法」による鑑定の信憑性

　（2）戦国魏簡の可能性

　（3）いわゆる『近似・竹書紀年』について

　①初期情報から覗われる『近似・竹書紀年』

　②『竹書紀年』の出自

　③『近似・竹書紀年』の初期分析

5．古天文学からみた「清華簡」

　（1）「歳星」記事による上限年代の決定

　（2）『尚書』および『保訓』について

6．まとめ

第12章　殷人の宇宙観と首領の迭立 ……………………329

　1．甲骨卜辞から見た殷の王室構造

　2．甲骨卜辞から見た夏の王室構造

　3．まとめ

後　語 ……………………………………………………338

人名索引 …………………………………………………342

書名・論文名索引 ………………………………………346

件名索引 …………………………………………………349

중国天文学史研究

第1章
「度数」の発見と「尺」・「度」の区別

1．中国古代における「度数」の発見

(1)「尺度」とは何か

　洋の東西を問わず、「天文学」の最大テーゼは天体の位置を把握することである。それは、地平線上から出入する「太陽」の位置を把握するために、地上のある地点にいくつかの目印をつけたところから始まったと考えられる。これは「地平座標」とよばれる座標系であるが、具体例としては、「冬至」までは南に向かっていた「太陽」が「冬至」を境にして北に反転するさまを述べた、「一陽来復」という『周易』に引かれた表現が最もその特徴を表現しているといえよう。

　このように円周の形状というべき「地平線」を直線と看做し、直線定規によって「天体」位置を測定する方法は、「太陽」が1年後にもとの位置に戻ることは認識できるものの、半天球の形状というべき天空を移動する「太陽」や「月」などの「天体」の高度を知ることはできない。しかし、中国人は戦国時代になると、「太陽」は日々「星宿」の軌道上を西から東へ循行（時計の針と反対方向に回転）し、「365¼日」をかけて周天するという「年周運動」からその位置を認識した。ここに周天を「三百六十五度四分度之一」とする「四分暦」という暦法が編み出されたのである。

　このため「度」は暦法上「日」すなわち「太陽」自体を意味するとともに、「太陽」および「太陽」系天体の位置を示すことになった。

　これは「赤道座標」が定着したことを意味するのだが、回転の基軸を「北斗」と看做すことによって、「北斗」に差配される「二十八」に及ぶ「星宿」の領

域を「太陽」の周天である「365¼度」に合わせて分割し、これを「宿度」と称したのである。いわば「宿度」の総計は「365¼度」となり、「1度」は「太陽」が1日に各「星宿」の軌道を西から東へ進む数値として解釈されたのである。このため、「中国度」の「1度」は「西洋度」の「0°.9856」となっている。

『尚書』「堯典篇」は帝堯が羲氏と和氏とに一週年の日数を「三百と六旬と六日」とするように命じたと記されている。これは1年に「太陽」は「365回」南中するのに対して、「星宿」は「366回」南中することを述べているのであって、このことから『尚書』の「堯典篇」は明らかに戦国時代の概念というべき「赤道座標」を念頭に置いて書かれている。

ちなみに戦国時代後期に秦国で施行された「顓頊暦（せんぎょく・れき）」は、「四分暦」の一種である。「顓頊暦」は前漢の「太初暦」(B. C. 104) 制定まで用いられたが、秦始皇治世下で記された「五星占」(1973年 長沙馬王堆三号漢墓出土帛書) および『漢書』「五行志」・同「天文志」などの記述によって、天体位置を曲線定規の単位である「度・分」と直線定規の単位である「丈・尺・寸」とで区別をしていることが理解できる。

「尺」と「度」の関係については、呉守賢と全和鈞の共著『中国古代天体測量学及天文儀器』(53頁. 2008年12月 中国科学技術出版社) の中で、現代における中国人天文学者の先行研究が紹介されている。例えば、劉次沅は1度＝0°.9856で1尺＝0°.93±0°.04と考え（『天文学報』1987年. 第28巻, 第4期. 394頁）、また薄樹人は1尺＝1.5度角との見解を示している（『中国天文学史文集』1978年. 科学出版社）という。これに対して、我が国の渡辺敏夫は日本における古記録の惑星接近記録を調査した結果として、尺寸と度角の間には厳密な比例関係は認められないまでも、ほぼ1尺＝1.5度角が成り立つとしている（「古記録の凌犯について」『天界』第34巻8頁. 1953年. 東亜天文学会）。そして、長谷川一郎 (Hasegawa, I. 「Orbits of Ancient and Medieval Comets」 *Publications of the Astronomical Society of Japan*, Vol.31, p.257-270. 1979) やアイルランドの中国系天文学者である江涛 (Kiang, T. 「The Past Orbit of Halley's Comet」 *Memoirs of the Royal Astronomical Society*, Vol.76, p.27-66. 1972) は渡辺の見解と同じく、彗星の古記録の調査から彗星の尾の長さについ

ては1尺＝1.5度角の方が適当だと発表している。

　翻って、斉藤国治は『古天文学の道』（85頁.1990年.原書房）の中で、中国前漢時代の星食犯記事などの検証によって、古代の測量はすべて目測であるから概ね1尺＝1度角～1.5度角が長い期間に渉って守られてきたと結論づけている。斉藤とほぼ同じ見解をとるものとして、王玉民の『以尺量天—中国古代目視尺度天象記録的量化与帰算』（8頁.2008年.山東教育出版社）がある。

　但しこれらの先行研究は、いずれも直線定規である「尺」と曲線定規である「度」の違いを解明しない中で、10進法である「1尺」が365¼進法である「何度」に相当するかを究明しようとしているものであるから、あまり意味をもたない。もっとも、斉藤および王らが結論づけた概ね1尺＝1度角～1.5度角については、些か傾聴に値する。

　しからば「度」とは何か。すなわち昼間に於いては「太陽」の南中位置を示すものであり、そして夜間に於いては「二十八宿（The 28's lunar mansions）」軌道上における昏中星の位置あるいは太陽系天体（「月」および「五星」）の南中位置を対象とする。このうち太陽系天体の南中位置を対象とする場合は、特定の「星宿（one's lunar mansion）」距星からどれだけ東方に乖離しているかを表わす。このほか「度」は、「太陽」および太陽系天体が東方へ循行する速さの度合い（速度）を示す場合にも用いられる。

　翻って、これに該当しない場合に「尺」の単位を用いる。すなわち、その区別は以下の事例によって一目瞭然であるが、詳細については更に後述する。
①「度」の一例……「輿鬼」距星から東方に在る「火星」までの距離
「建武三十一年七月戊午（A.D.55 Ⅷ27），火在輿鬼一度，入鬼中.（『続漢書』「天文志」）

　長安に於いて、Ⅷ27　早暁に火星は輿鬼距星 θ Cnc（5ᵈ.3）の東1°にあり、記事と合う。

　前漢「顓頊暦」時代および後漢時代における輿鬼距星 θ Cnc（5ᵈ.3）の同定については、斉藤・小沢『中国古代の天文記録の検証』第Ⅳ章「漢書の中の天文記録」ⅳ4.惑星現象№.13.№.22. 第Ⅴ章「後漢書の中の天文記録」ⅴ4.惑星現象

No.15.No.58No.59 etc. による。

② 「尺」の一例……「輿鬼」拒星から西方に在る「土星」までの距離
「成帝建始四年十一月乙卯（B.C. 28 I 6），月食填星，星不見．時〔填星〕在輿鬼西北八、九尺所．」（『漢書』「天文志」）

長安で見て、I6夜半過ぎに、土星（$-0\overset{d}{.}2$）の掩食があった。潜入I7，0：48．再現2：00．土星は月心の南（$0\overset{d}{.}08$）を貫いた。土星は黄経$92\overset{d}{.}4$にあり、前漢「太初暦」時代における輿鬼距星δ Cnc（$3\overset{d}{.}9$）の西$8\overset{d}{.}1$にあったから、記事の「西八、九尺」とも合う。

前漢「太初暦」時代における輿鬼距星δ Cnc（$3\overset{d}{.}9$）の同定については、斉藤・小沢同掲書 第Ⅳ章「漢書の中の天文記録」iv 3. 月星の掩犯 No.3.による。

(2) 「度」の着想

「顓頊暦」の影響を受けている「五星占」の記述に基づけば、「度」は「365¼度」をもって周天に見立て、そのうちの「¼度」は「四分度之一」と称せられたためか、「四分」の「分」を新たな単位とし、「¼度＝1分」と定めている。「分」は「240」を分母とすることから、「240分」をもって「1度」する。したがって、「¼度（＝¼日）」は「60／240日」に換算される。

蓋し、「度」の概念は戦国時代に確立したと見るべきであって、それは『孟子』「梁恵王上」における「度然後知長短（度ありて、然る後に長短を知る）」の一文を以て嚆矢とする。したがって、『尚書』「舜典篇」および「泰誓篇」にそれぞれ記されている「度量衡」や「度徳（＝徳を度る）」などの文言は、しょせん戦国時代の所産であることは言を俟たない。しかるに戦国時代以降になると、「度」や「尺」などの単位を用いて「天体」と「天体」との距離を数値で表現していることから、この頃には見かけの上で両天体を差し挟む「ディバイダー（Divider）」か「コンパス（Compass）」のような観測儀器が存在していたと考えられるのである。

実際、『漢書』「天文志」には前漢の頃に成書されたと考えられる『石氏（星

経)』という書物の名が散見するが、唐代の『開元占経』にはこの『石氏星経』の「去極度（太陽南中時における北極からの距離）」がデータとして引用されている。

「去極度」とは、その字義からして「南中時の太陽位置から北極までの距離」を表示したものである。「去極度」の数値は、天空が「180°」の半球であるということと、日々変動する「太陽」の南中高度を認識していなければ着想できない。

もっとも、往時は「分度器」は存在していないとされるので、「分度器」の半円状部分に重しをつけた糸を垂直に張って、これを「天体」に向けるような術(すべ)を知るはずもなく、また「余接関数（三角関数のコタンジェント）」を認識していないので、日影の長さから高度（角度）を算出することもできない情況下にある。

2．天体高度の測定と「さしがね理論」

(1)「度」による測定

では、彼らはどのような手法で「天体」の高度や「天体」相互間の距離を測定したのだろうか。唐の司馬貞による『史記索隠』は『史記』「暦書」の注として姚氏の『益部耆旧伝』という書を引き、落下閎が地中（＝陽城）に渾天を転じて「顓頊暦」を改め、「太初暦」を作ったとする。このことから、我々は対象となる天文儀器として「渾天儀」が「太初暦」（B.C.104）の頃に存在したかのように思い浮かべがちである。

なぜならば、「渾天儀」は「天体」相互間の距離を測定することは困難であっても、「天体」の高度を測定することは可能だからである。もっとも『漢書』「律暦志」によれば、前漢の「太初暦」施行に際して、大中大夫公孫卿・壺遂・太史令司馬遷の三人が侍郎尊・大典星射姓らとともに「東西を定めて、南北にて晷儀を立て、さらに漏刻の水を下すなどして、四方に距離を分かちて二十八

宿をたずねもとめた（＝乃定東西，立晷儀，下漏刻，以追二十八宿相距于四方）」とする記録がある。「晷儀」は地面から直立して真南に設ける「周髀」であることから、「周髀（蓋天）」説に基づいて天体を観測していたことがここに理解できる。

けれども、「太初暦」は基本的な星辰の運行度数と新しい正月が得られた時に及んで、射姓らは「計算することが不能となったため、暦法の専門家を募ってあらためて精密な計算をやり直し、さまざまな調整を施して太初暦を造って欲しい（＝不能為算，願募治暦者，更造密度，各自増減，造漢太初暦）」と武帝に上奏し、この暦算に対する解決の糸口を広く江湖に求めたのである。この経緯については第6章で詳述したとおり、そもそも「太初暦」の暦元は暦法のシステム上で決して「十一月甲子朔旦冬至」とは成り得ないのにもかかわらず、作為的に「冬至」の翌日となる干支筆頭の「甲子」を「太初元年前十一月甲子朔旦冬至」に設定せしめようとしたことは、司馬遷の『史記』「暦書」に「太初元年，歳名閼逢摂提格，月畢聚，日得甲子，夜半朔旦冬至，正北」と記されていることから読み取れる。

そのために治暦の鄧平や落下閎のほか方術家の唐都らを参画させ、暦首の時刻を半日前に繰り上げた「先籍半日」という詭弁に等しい手法を導入して辻褄を合わせたのである。したがって、落下閎らの役目はどのようにすれば「太初暦」の暦元を「十一月甲子朔旦冬至」に結びつけることができるかという暦面上の補強にあったので、渾天を転じ「顓頊暦」を改めた上で、「太初暦」を造ったなどということは断じてあり得ない。

どうやら、「赤道儀」としての「渾天儀」が「円儀」の名で文献上初出するのは、前漢の甘露二年（B.C.52）における耿壽昌の上奏文であって、この建議によってようやく公式に採用されたというのが事実のようである。つまり「渾天儀」が初めて採用されたのは、第2章でも述べてあるが、「晷儀」を用いた「B.C.56 I 3宣帝・五鳳元年十二月乙酉朔（JD1700972）」の「日食」予報が外れ、「夜日食（Oppolzel No.2742r）」となったたことが原因の一端として考えられる。

そもそも「晷儀」とは「周髀」を指すものの、私見を申し述べればこれは日

第 1 章 「度数」の発見と「尺」・「度」の区別　9

影の長さを測定するだけでなく、「太陽」を捕捉するとともにその光を遮る儀器であったと解せられる。また「周髀」に向けられた観測儀器として、漢代の「山東省嘉祥県武梁祠画像石」をはじめとした「女媧・伏羲像」に描かれる「円規（Compass）」と「指矩（Square Ruler）」とが併せ想定される。すなわち、これら構図において女媧は「円規」を左手に掲げ、伏羲は「指矩」を右手にかざしているが、「円規」・「指矩」はともに天空に向けられている。

　いわゆる「指矩」は「L型直線定規」の「曲尺」であって、古代中国の場合は図3に見られるように45°の対角線というべき「界斜（Diagonal）」が添えられている。もっとも後世の帛画では、この「界斜」が消えて「準縄（水準糸）」が糸車に巻き付けられている。

　しかるに、「L（=直角）型直線定規」である「長枝（長手）」と「短枝（短手）」の各1辺を「1：1」の比率にとった場合、「界斜」は「$\sqrt{2}$」の数値となるが、この「界斜」に基づく「$\sqrt{2}$」倍の数値を直線定規に置き換えたものが、いわゆる「魯般尺」といわれる数値になる。小泉袈裟勝によれば、本来「魯般尺」とは特定の長さの尺ではなく、標準となる正規の尺寸値を「$\sqrt{2}$」倍した数値を述べたものである（『ものさし』85-86頁. 1977年　法政大学出版局）とするが、「$\sqrt{2}$」は直径を「2」とする「円」に内接する「正四角形」の各1辺の数値となる。

　「円」に内接する「正四角形」の図は『周髀算経』にも描かれており（図1）、この「円」に内接する「正四角形」の各1辺とはすべて、底辺と高さをそれぞれ「1」とする「直角二等辺三角形」の「斜辺（=45°の角度を有する斜辺）」となっているのであって、かつ「¼円」の「弦」ともなる。したがって「円」の大小に関わらず、「¼円」の「弦長」に「$\sqrt{2}$」を掛ければ「円」の直径が求められ、逆に「円」の直径を「$\sqrt{2}$」で割れば「円」に内接する「正四角形」の各1辺が求められるということになる（図2）。

　筆者が留意するのは、「魯般尺」が「北斗尺」や「天星尺」とも呼称されていることである。このいわれについて、小泉は日本の平安時代において「宿曜道」が「魯般尺」を用いて星占いを行っていたと述べているが、星占いとは就中「天体」の観測にほかならない。

図1　図2

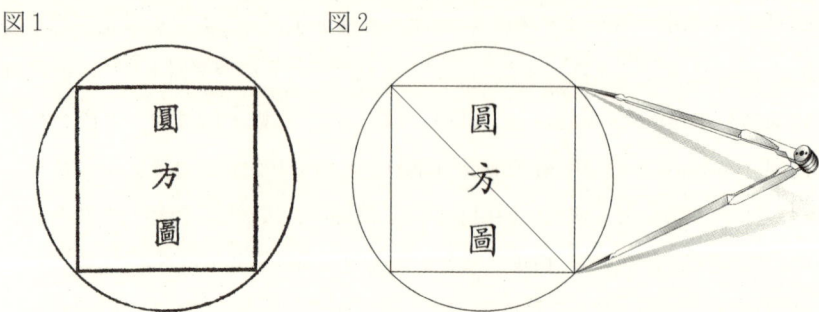

　戦後における我が国の「指矩」の保存運動で活躍された香川量平の御示教によれば、「魯般は夢の中で北斗七星の第四星にあたる文曲星（＝権）によって尺度を教えられ、そのため魯般尺を別に北斗尺と呼ぶ」とする伝承が「口伝」として我が国の大工棟梁に代々語り継がれていたという。

図3

「山東省嘉祥県武梁祠画像石（後漢）」

　西洋数学の立場からすれば、「三角関数」を用いずに「L型直線定規」から「角度」を求めることなど荒唐無稽に近い話なのだろうが、実際は「直角（90°＝91.31度）」と「$\sqrt{2}$（円に内接する四角形の対角線の係数）」の知識がありさえすれば、真南に向かってかざした「円規（Compass）」の両脚によって挟まれる「天体」と真南に位置する「大地」の幅すなわち「弦」の長さを求めることによって、近似値とはいえ簡単に天体の高度を測定することができるのである。但し、「度」に基づく観測は観測者が南面していなければならいうえに、対象となる「天体」が南中した時に行われなければならない。

　もっとも、「天体」が「太陽」の場合、「太陽」を確実に捕捉し、遮光も講じなければならないので、照星となる「太陽」の前面に照門となる「周髀」など

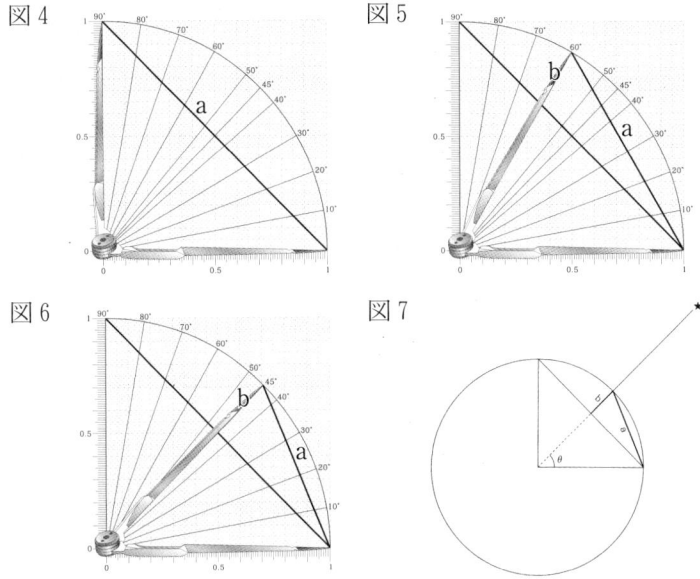

図4　図5

図6　図7

の直柱をあらかじめ立てておく必要がある。

「天体（図4～7）」の「度数（高度）」は以下の筆者が再発見した簡単な計算式（さしがね理論）で求められる。その誤差は0°～90°間において、11°～31°は「1°」を僅かに超える誤差があるものの、それ以外は1°未満の精度である。

度数（高度）＝$45 \times \sqrt{2}\left(a - \dfrac{b}{4}\right)$

　aは「円規（Compass）」の両脚によって捕捉した大地と天体間の幅（弦長）
　bは「界斜（$\sqrt{2}$線）」を超過した仰角側の「円規（Compass）」脚の¼

ちなみに、分数表示を基本とする古代中国において$\sqrt{2}$を無理数と認識しえたかは定かでなく、$\sqrt{2}$を$\dfrac{10}{7}$あるいは$\dfrac{7}{5}$と判断していた可能性がある。中国の古代数学では「方七斜十」や「方五斜七」という言葉があり、すなわち、方七は正方形の一辺が七、斜十は対角線が十に成ることを示している。したがって、「方七斜十」は$\dfrac{10}{7}$として「1.4286」を、また「方五斜七」は$\dfrac{7}{5}$として「1.4」を示してともに$\sqrt{2}$の近似値として使用されている。

余弦定理により
$a^2 = 1^2 + 1^2 - 2 \times 1 \times 1\cos\theta$
∴ $a^2 = 2 - 2\cos\theta$

$x\tan\theta = 1 - x$ とおくと
$x = \dfrac{1}{1+\tan\theta}$

$y = x\tan\theta$

半角公式により
$a = \sqrt{2-2\cos\theta} = 2\sin\dfrac{\theta}{2}$

ラジアン

$\dfrac{1}{1+\tan\theta}$ $\cos\theta$ 1

$y = 1 - 2$

$\cos\theta = \dfrac{\ell}{b}$ より $b = \dfrac{\ell}{\cos\theta} = \dfrac{1}{\cos\theta}\left(\cos\theta - \dfrac{1}{1+\tan\theta}\right)$

$= \dfrac{1}{\cos\theta} \times \cos\theta - \dfrac{1}{\cos\theta\,(1+\tan\theta)}$

$= 1 - \dfrac{1}{\cos\theta\,\left(1+\dfrac{\sin\theta}{\cos\theta}\right)}$

$= 1 - \dfrac{1}{\cos\theta + \sin\theta}$

$\theta = \dfrac{\pi}{180} \times x°$

$x° ≒ f(x°) = 45\sqrt{2}\left(a - \dfrac{b}{4}\right)$

$= 45\sqrt{2}\left\{2\sin\dfrac{\theta}{2} - \dfrac{1}{4} + \dfrac{1}{4(\cos\theta+\sin\theta)}\right\}$

$= 45\sqrt{2}\left\{2\sin\dfrac{\pi x°}{360} - \dfrac{1}{4} + \dfrac{1}{4} \times \dfrac{1}{\sin(\frac{\pi}{180}x°) + \cos(\frac{\pi}{180}x°)}\right\}$

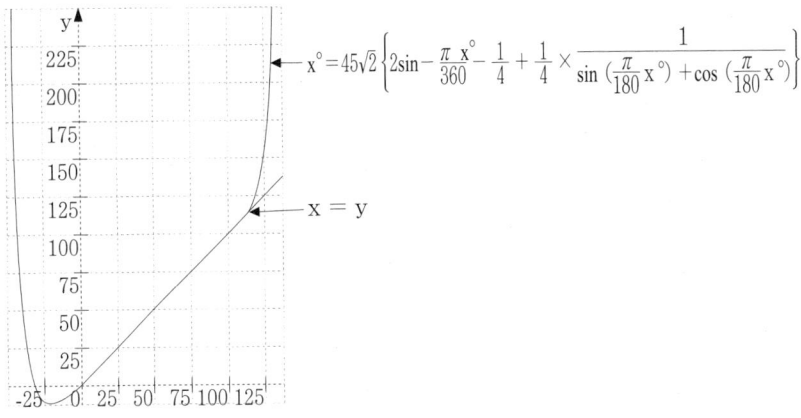

　ここで、例として60°の場合を挙げるならば、「円規（Compass）」両脚と「弦長」はすべて１尺の長さになるが、この時の角度（高度）は数式では概ね以下のごとくになる。

$$45 \times \sqrt{2}\left(1 - \frac{0.268}{4}\right) = 59.37°$$

では、なぜ

$$角度（高度）= 45 \times \sqrt{2}\left(a - \frac{b}{4}\right)$$ とする数式が着想されるかを述べてみたい。

　すなわち、「直角」とは「半径１尺（＝直径２尺）」とする「¼孤＝¼円（円周の¼）」の「弦長」の最伸部に等しく、その具体的位置は「1（底辺）：1（垂辺）：$\sqrt{2}$」の比率をもつ「直角三角形」の「$\sqrt{2}$」、つまり「1.4142尺」となる。

　したがって、まずこの時の円の「直径」の数値を求め、この数値に「円周率π」をかけた後に「円周＝２π」で割れば、「直角」における円周上の位置が提示される。

　便宜上「直角」を「90°」と定義すれば、その数式は以下のとおりであり、

$$90° = \frac{90 \times \sqrt{2} \times 弦長〔コンパスの幅〕の \sqrt{2} \times \pi}{2\pi}$$

すなわち、 $\sqrt{2} \times \sqrt{2} = 2$ であることから

$$90° = \frac{90 \times \sqrt{2} \times 弦長の \sqrt{2} \times \pi}{2\pi}$$ もしくは

$90° = 45 \times \sqrt{2} \times 弦長の \sqrt{2}$ と定義されるので、

角度 $= 45 \times \sqrt{2} \times 弦長$ と仮定される。

ところが、90°の半分となる45°では弦長は $\frac{\sqrt{2}}{2} = 0.7071$ となるべきところ弦長は 以下のとおり、0.7654 となってしまい、この地点において誤差3.7°（+）を生じる。

$45° \neq 45 \times 弦長の \ 0.7654 \times \sqrt{2} = 48.7°$

もっとも、分数表示を基本とする古代中国において$\sqrt{2}$を無理数と認識しえたかは定かでないので、$\sqrt{2}$を $\frac{10}{7}$ と置き換え、また弦長0.7654を $\frac{7}{9}$ とすると、以下のとおり、誤差5°（+）を生じる。

$45° \neq 45 \times \frac{10}{7} \times 弦長の \frac{7}{9} = 50°$

そのため、

$45° = 45 \times \frac{10}{7} \left[\frac{7}{9} - x \right]$ とすれば

$45° \fallingdotseq 45 \times \frac{10}{7} \left[\frac{7}{9} - \frac{7}{100} \right]$ となり

$x \fallingdotseq 0.07$ となる

さて、x となる 0.07 は $\frac{b}{4}$ に等しいので、$\frac{b}{4}$ が補正値となる。

ゆえに

角度 $= 45 \times \sqrt{2} \ (弦長 - \frac{b}{4})$ と結論づけられるのであって、1次元の直線が、2次元では円弧となり、3次元では球面の一部となることを示している。

(2)「尺」による測定

「丈・尺・寸」は、戦国時代以前においてすでに直線定規として使用されていた単位であり、「1丈＝10尺＝100寸」・「1尺＝10寸」という十進法で表現する。これらは「度」の要件を備えない場合に天文単位として用いられる。つまり、「太陽」および太陽系天体が東方へ循行することに関係しない場合に使用される。

具体的には太陽系天体であっても「外惑星」のため西へ循行するケース、あるいは東へ循行する「内惑星」であっても時に逆行して西方へ移動するケースがあるが、最も多いケースは「彗星」が発する尾の長さに用いられるケースである。「度」は1日という時間に直接関連するため、基準となる「星宿」拒星の南中時刻から観測対象となる太陽系天体が何日経過（＝東へ何度移行）したかによって、その当該太陽系天体の位置を提示できる。しかし、「尺」は時間との関連がなく、必ずしも真南を観測の定点としない。

これらの数値は天体相互間を「円規（コンパス）」の両脚で夾んだ幅の長さを測った上で、この数値を「直角90°」に準拠した「角度＝45×弦長×$\sqrt{2}$」の数式をもって、「尺＝45×幅長×$\sqrt{2}$」と置き換える。但し、「10尺」を超える場合は単位を「丈」とする。

数値を「直角90°」に準拠する理由は、そもそも「丈・尺・寸」が直線定規の単位だからである。そのため提示されている数値についていえば、「1尺＝1度（＝0.9856°）」および「91度（≒90°）＝91尺」となるが、その中間位にある「45.5度（≒45°）」に関しては最も乖離して「51尺（≒50尺）」となり、「5°」ほどの差が出る。なお、$\sqrt{2}$を$\frac{10}{7}$と置き換えることは前記の如く自明である。

すなわち、天体相互間の距離は以下のように表現される。

a.「成帝建始四年十一月乙卯（B.C.28 Ⅰ6），月食塡星，星不見．時〔塡星〕在輿鬼西北八、九尺所．」（『漢書』「天文志」）

b.「成帝河平二年十月下旬, (B.C.27 XI～XII), 塡星在東井, 軒轅南端大星尺餘, 歲星在其西北尺所, 熒惑在其西北二尺所.」(『漢書』「天文志」)

また、彗星の尾の長さも同様に以下のように表される。
a.「成帝建始元年正月 (B.C.32 III～), 有星孛于營室, 青白色, 長六七丈, 廣尺餘.」(『漢書』「五行志」)
b.「成帝初元年五月 (B.C.44 V～), 彗星出西北, 赤黄色, 長八尺所. 後數日長丈餘, 東北指, 在參分.」(『漢書』「天文志」)

3. 座標系について

古代中国は時代によって、その座標系が異なる。これは、当時の中国人の宇宙観（＝宇宙構造論）によって天体の把握がそれぞれ異なっているということである。

(1) 地平座標 (Horizontal coordinate system)

古代中国で最初に登場するのは「地平座標」である。これは方位（方向 Azimuth）と高度（高さ Altitude）をあらわす2つの数値からなる座標系である。測定者のいる場所を精確に東西南北と定めたあと、地平線上を座標の目盛りとして固定する。

春秋時代（B.C.722～B.C.479）の魯では、「日食」の観測が行われているが、これは「地平座標」に基づいたものと考えられる。「地平座標」は、地平線上に目印を設けることはできても天空に「度数」を設定できない。換言すれば、「地平座標」では「日食」の発生を予測できないために「日食」の観測を行ったということなのであって、「日食」が「朔」に起こることから、「天象」を「暦法」に摺り合わせようとしたものと推察される。

『周易』にいう「一陽来復」とは、秋から冬にかけての日出・日没時の「太

陽」が地平線上を南に移動し、冬至を境に反転して北に移動することを指したものである。「地平座標」を対象とした宇宙構造論が、「天円地方説」であり、春秋時代の魯の史記といわれる『春秋』はこの「天円地方説」によって天象を述べたものと考えられる。「天円地方説」は実質的には「半天球地円説」というべきものなのであろうが、『大戴礼記』の「曽子天円」に「単居離問于曽子曰, 天円而地方者誠有之乎.〔中略〕夫子曰, 天道曰円, 地道曰方.」の一文があり、この中で曽子は単居離の発問に「先生である孔子は天は丸く、地は四角いと述べた」と答えている。これが「天円地方」の初見であり、「天円地方説」の名の由来となっている。

(2) 赤道座標 (Equatorial coordinate system)

「赤道座標」は、「太陽」や「月」そして「星」の絶対位置をあらわすために用いられる地球の自転を基準とした座標系で、現代の天文学では「赤経 (Right Ascension)」、「赤緯 (Declination)」の2つの数値であらわされるものである。中国古代の「赤道座標」は後述する「汝陰侯円盤」などの資料から天の中心として「北斗七星」の第五星である「玉衡」を北極とみなし、「陽城」を地の中心に捉えた上で「赤道座標」上にある「二十八宿」と「日・月」とを回転させるという宇宙観に基づいている。

戦国時代に施行された「四分暦」は、この「赤道座標」に拠って1年の定数を「365¼ 日」とするため、全天一周の度数が「三百六十五度四分度之一（365¼）度」となる。「度」は「太陽」及び太陽系の天体である「月」と「五星（＝惑星）」を対象として、これら天体がそれぞれ「二十八宿」上を運行すると考えられる位置を示したものである。そのため『漢書』「天文志」には、「天下大平, 五星循度」と述べてある。

もっとも、「二十八宿」（いわゆる28の星座）とは「月」が運行する道筋であって、この道筋を「太陽」も同じく運行する道筋と思いこんでいる。そのため、「四分暦」においては「月」の「白道（Moon's path)」と「太陽」の「黄道

(Ecliptic)」とを区別していない。

　しかるに「太陽」の場合、「度数」は「星宿」における「距星（目印となる恒星）」の起点を「初度（＝0度）」に設定し、以下東方に向って「一度」・「二度」と配分される。そして「一度」は「一日」として考え、「太陽」は1年に1回、当該「距星」上に重なるものと想定する。もっとも、「太陽」の眩しいばかりの光度によって、昼間における星の位置など把握できない。そのため「太陽」が西方の地平線に日没した後において、「子午線」上に南中する「星宿」を「昏中星」として度数で示し、このデータを1年間に渉って蓄積することになる。

　「赤道座標」を基盤とする「二十八宿」は、12均等分割となっている西洋の「黄道十二星座」とは異なり、28の「星宿」が不均等分割となっている。しかし、現在伝わるところの　各「星宿」は、前漢時代に遡る「春分・秋分」時においては「天の赤道」上に在るものの、「夏至・冬至」時においては「黄道」上に在るように按排されている。

　「顓頊暦（せんぎょく・れき）」は、戦国時代の「四分暦」の一種とされ、秦国の暦法であったが、前漢の太初改暦（B.C.104）まで使用された。これは十月歳首の暦法であるものの、基本定数は「四分暦」と変わらないとされている。これに関わる資料として、1977年7月に安徽省阜陽県の前漢汝陰侯夏侯竈墓から出土した「汝陰侯円盤」は、「円盤」の中心に「北斗七星」の第五星である「玉衡」北極としてみたて、さらに「天の赤道」に擬えたと思われる円周上に「二十八宿」の各宿度が刻まれていた。このことから本来の「二十八宿」とは現在伝えられている配列ではなく、どうやら「天の赤道」自体に配列されていたのではないかと思われるふしがある。

　この「円盤」上に刻文された宿度は、劉向が提示した『尚書洪範伝』の宿度と多くの一致をみることから、両者の値は同一のものと看做す意見が多い（たとえば、橋本敬造「先秦時代の星座と天文観測」『東方学報・京都』14 Mar – 1981年）。ただし、先行研究の多くは「汝陰侯円盤」の「度数」を「顓頊暦」と結びつけてはいない。これは唐時代の僧一行が「大衍暦儀」の中で「顓頊暦」

の宿度に言及していることに影響をうけているためであるが、「大衍暦儀」に記載された「顓頊暦」は、新城新蔵が言及しているとおり唐の僧一行が創作した「仮想暦法」であるので信憑性に欠ける。

　汝陰侯の称号は太初以前に廃せられているため、むしろ「汝陰侯円盤」に刻まれた度数が「顓頊暦」の宿度であると考えるほうが適切である。これを考慮した上で、『漢書』における「顓頊暦」施行下（B.C.104前）の「日食」に関する「入宿距度」の分析をおこなうと、「顓頊暦」は初期設定段階において、「斗宿」の宿度を「二十二度四分一（22度¼）」とした上で、「斗二十二度四分一＝牽牛初度（＝牽牛０度）」もしくは「牽牛一度」付近を「冬至」としていることが判明する。また、実際の「太陽」位置は記載される「入宿距度」よりも「２°（≒２度）」ほど西に位置している。言い換えれば、記載される「入宿距度」は実際よりも東方へ２°ほどの偏りがあるということになる。これは、初期設定値が「歳差」のために移動した可能性が考えられるが、「歳差」による「入宿距度」は他の座標系とともに後で検討する。

図７　前漢汝陰侯夏侯竈墓出土「二十八宿宿度刻字円盤」（汝陰侯円盤）
　　　（殷滌非「西漢汝陰侯墓出土的占盤和天文儀器」『考古』1978年5期, 342頁）

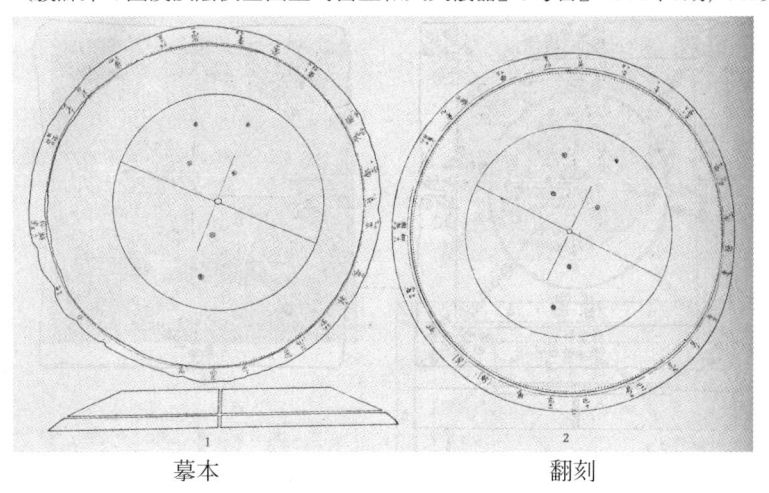

　　　　　　　摹本　　　　　　　　　　翻刻

表2 『開元占経』に引用された「劉向洪範伝」による「古度」と「汝陰侯円盤」に刻字された度数（二十八宿名は、「汝陰侯円盤」に刻字による。■は摩滅して判読不能であることを示す）

方位	二十八宿	劉向洪範伝	汝陰侯円盤
東方七宿	角	12	■
	亢	無記入	11
	底	17	1■
	房	7	7
	心	12	11
	尾	9	9
	箕	10	10
北方七宿	斗	22	22
	牽牛	9	9
	婺女	10	10
	虚	14	14
	危	9	6
	営室	20	20
	東壁	15	15

方位	二十八宿	劉向洪範伝	汝陰侯円盤
西方七宿	奎	12	11
	婁	15	15
	胃	11	11
	昴	15	15
	畢	15	15
	觜	15	15
	参	〔9〕	9
南方七宿	東井	29	26
	輿鬼	5	5
	柳	18	18
	七星	13	12
	張	13	■
	〔翼〕	13	■
	〔軫〕	16	■

表3
前漢時代の「顓頊暦」使用期間（〜B.C.104）における座標設定と冬至日躔の実状

			冬至											
XII20	21	22	23	XII24	25	26	27	28	29	30	31	I 1	2	3	4	5	6	7	8
斗20	21	22	22¼	牛1	2	3	4	5	6	7	8	9	女1	2	3	4	5	6	7
#1		#2	↑牛初度										#3						

19	10	11	12	13	14	15	16	17	18	19	20	21	22
女8	9	10	9	10	虚1	2	3	4	5	6	7	8	9
							#4						

#1
　B.C.205 XII20, 高帝三年十月甲戌晦, 日有食之, 在斗二十度.　（漢書五行志）
#2
　B.C.178 XII22, 文帝三年十月丁酉晦, 日有食之, 在斗二十二度.　（漢書五行志）
　　　　　　　〔百衲本は在斗二十二度, 中華書局本は在斗二十三度とする〕
#3
　B.C.178 I 2, 文帝二年十一月癸卯晦, 日有食之, 在婺女一度.　（漢書五行志）
#4
　B.C.150 I 22, 景帝七年十一月庚寅晦, 日有食之, 在虚九度.　（漢書五行志）

(3) 黄道座標（Ecliptic coordinate system）と黄道極・赤道極循環座標
（Pole of Ecliptic - Pole of circulational Rotaiton system）

①藪内清の先行研究について

古代中国の「極黄道座標（Polar Longtude system）」に初めて言及したのは藪内清である。藪内は『開元占経』に引かれた『石氏星経』の観測記事に言及し、この観測年代を「B.C.70」頃とした上で、「入宿度（赤道に対する太陽の入宿度）」・「去極度（北極距離）」・「黄道内外度」の分析から、紀元前1世紀ころの前漢時代には現代の「黄道座標」とは異なった「極黄道座標」というものが存在していたとの主張を展開した（『増補改訂・中国天文学暦法』平凡社補遺360頁）。

「極黄道座標」について、藪内は「黄道は考慮するが、黄〔道〕極は全く無視されてきたのである。換言すると、中国の黄道座標系は黄道と赤道極によって組織されたもので、きわめて特色があった」と述べている（前掲書 P.296）。

藪内が主唱する「極黄道座標」については、現代中国の天文学者も受容しているようであって、呉守賢・全和鈞も「准黄道座標」および「似黄道指標」（呉・全 前掲書 P.61-62＆P.460.）として詳しく紹介している。もっとも、古代中国において「黄道」もしくは「極黄道」が認識されたのは賈逵の建議によって「太史黄道銅儀」という名の「黄道・渾天儀」が導入されたとする永元十五年（A.D.103）頃の後漢時代であるとするのが一般的見解のようである。たとえば、北京天文台（現、中国国家天文台）研究員であった席沢宗なども『石氏星経』の成立を後漢時代であるとの見方をしている。ただし、席沢宗の主張も創作癖で名高い唐の僧一行の距星観測に準拠しているので、その主張は説得性に欠けると言わざるを得ない（席沢宗「僧一行観測位置的工作」『天文学報』第4巻2号. 1956年）。

蓋し、先行研究でおざなりにされてきたのは「度」への理解であり、いずれも「太陽」の南中位置を示す「度」の字義に意を払っていない。

しかるに『続漢書』「律暦志」に引かれる「賈逵論暦」には賈逵の上奏文があり、これには「黄道儀」による数値として「冬至の去極度一百十五度・春分・

秋分の去極度九十一度・夏至の去極度六十七度」を挙げ、『石氏星経』の数値である「冬至の去極度百十五度」に合致していると言及する。「去極度」は「顓頊暦」施行下にはなく、「太初暦」（B.C.104）施行下に於いて発現された概念と考えられる。これは字義の如く「太陽」の南中位置（＝黄道位置）から「北極」に至るまでを度数で示したものである。それゆえに『続漢書』「律暦志」では「黄道去極（度）」と明記しているのであって、これは「度」とは何かを理解する上で極めて重要な言説といえよう。

ちなみにこの記述からみれば、たしかに「黄道・渾天儀」としての「太史黄道銅儀」が導入される以前、つまり前漢時代において「黄道」は認識されていたことになる。

実のところ前漢時代には成書されていたと考えられる『周髀算経』には、「二至二分（夏至冬至・春分秋分）」時の「去極度」に言及しているので、前漢の頃に「Ecliptic（黄道）」が認識されていたことがわかる。もっとも『周髀算経』では、「赤経」の周円である「Celestial equator（天の赤道）」を「黄道」と称し、「太陽」の道筋である「Ecliptic（黄道）」を「日道」、「月」の道筋である「白道（Moon's path）」を「月之道」と呼んでいることから、「Ecliptic」を「黄道」と称すのはどうやら後漢に入ってからであり、「Ecliptic（黄道）」は認識されていたものの、前漢時代にはこれを「日道」と称していた可能性がある。

②「極黄道座標」説とその是正

藪内は『石氏星経』に引用された「黄道」に関わる数値は「渾天儀」の観測によるものとの判断を下すとともに、『史記索隠』（『史記』「暦書」注）所引姚氏『益部耆旧伝』の落下閎による渾天関係記事などから『石氏星経』に見られる観測年代を「B.C.70」頃と考えたために、「渾天儀による観測がはじめて太初改暦のころに登場する事実と一致することにもなると考えた」（前掲書・13頁）と記している。

だがどのような観測方法をとれば、藪内が主唱する「極黄道座標」となるのか、そしてどのように「天体高度」を測定したのかという極めて重要な2点に

ついて一切言及していないのは問題がある。筆者は藪内の炯眼を大いに評価するものであるが、つまるところ藪内の主張する「極黄道座標」では藪内も自認しているように、「B.C.70」頃の観測を前提とすると「去極度」の記事と計算値が大いに乖離してしまって辻褄が合わない。藪内はこの原因を「観測器械自体から起こる系統的な誤差、たとえば去極度を測る起点の極軸がいくぶん真北極よりずれていたことに誤差の原因が考えられよう」(前掲書・56頁)と、述べている。

しかるに『石氏星経』に記載された「去極度」の数値とは、天文観測地である「陽城」の「子午線」上において「太陽」が南中した高度から「赤道極」までの距離を度数で示したものにほかならない。もっとも、この数値は必ずしも藪内が主張されるような「渾天儀」によって導かれるものではなく、「円規」と「指矩」とを用いて求められたものと解せられる。

すなわち、B.C.70－B.C.104頃における「陽城」の「子午線」上における「太陽」の南中高度は、「夏至」の時は「八十度（79.8°）」、「冬至」の時は「三十二度（31.9°）」であって、「春分・秋分」の時の「五十六度（55.6°）」は「天の赤道」と「黄道」の交点となる。そこで、まず「春分・秋分」の南中時における交点に指矩（曲矩）の「短枝」を向けて、この底辺を「初度（0°）」とすれば、その「長枝」は「九十一度（90°）」の向きにある「赤道極（天の北極）」を示して「去極度」の数値を指す。言い換えれば、この位置は観測者が真北に面した時の地上高度「三十五度（34.49°）＝赤緯0°＋90°」にあるのだから、ここを「初度（0°）」とすれば、「春分・秋分」時の南中高度にあたる「短枝」は「九十一度（90°）」の角度となり、これが「去極度」となる。この位置把握に関していえば、座標は「赤道座標」と変わらない。

ところが、同様の手法で「赤道極」から「夏至・冬至」の「太陽」南中時を照準とすると、「春分・秋分」の時よりも南中高度が「二十四度」高い「夏至」の「去極度」は「九十一度」から「二十四度」を減じるために「六十七度」（『周髀算経』は「六十六度」）となり、また「春分・秋分」の時よりも南中高度が「二十四度」低い「冬至」の「去極度」は「九十一度」に「二十四度」を

加えることによって「一百十五度」となるのである。

　逆説的にいうと、「夏至・冬至」における位置把握はともに「黄道極」から「九十一度」にあるため、「黄道座標」と変らない。

　これを図8で表せば、
Sの赤道座標 α , δ は、
　赤経：$\alpha = \widehat{NT}$，　赤緯：$\delta = \widehat{TS}$
であり、黄道座標 λ，ζ は、
　黄経：$\lambda = \widehat{NL}$，　黄緯：$\delta = \widehat{LS}$
で示される。

図8

藪内らは中国の天文学において黄道座標は、現行の λ、δ と違って、$\widehat{NK}$ および $\widehat{KS}$ によって表されると説き、この座標をインドの「極黄道座標」と同じであると述べている。けれども、南中時の「太陽」に「短枝」をあてて「長枝」を「子午（＝北南）線」の「子（＝北）」に向けた場合、Oの「冬至」とQの「夏至」時には「黄道極」であるP′の位置を示し、翻ってNの「春分」と「秋分」時には「赤道極」であるPの位置を示す。

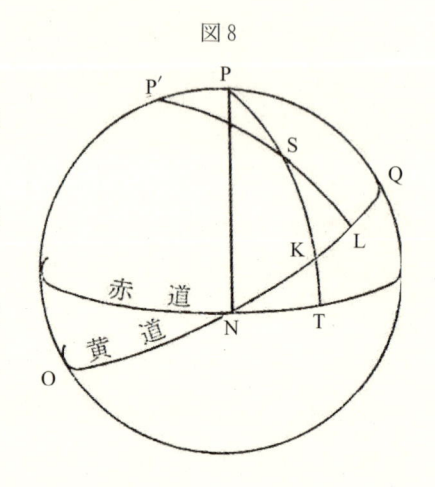

　つまり、この座標軸は「黄道極」と「赤道極」を行き来しているということであって、古代に中国において用いられた「黄道去極度」とは、藪内が唱える「赤道極」から「太陽」までの距離であるものの、実質上は「黄道極・赤道極循環座標」に基づく「北極（黄道極・赤道極）」から南中時における「太陽」までの距離を表しているものとして解釈すべきである。

　以上の観点に立てば、この座標系は「春分」と「秋分」時における「赤道北極」を座標軸として定められたものの、「夏至」と「冬至」においては「黄道北極」を想定している（第6章図1参照）。これを「二十八宿」で表現すれば、次のようになる。

　すなわち「冬至」の「星宿」は「牛宿」であり、これは「黄道」上にあるが、

「冬至」を過ぎると次第に「星宿」の道筋は次第に「赤道」方向に進み、この結果「婁宿」が「春分」の「星宿」として「赤道」上に位置する。

　ところが、「春分」を過ぎると次第に「星宿」の道筋は「黄道」に向かっていき、「夏至」の「星宿」として「井宿」が「黄道」上にある。そして「夏至」を過ぎると、「星宿」の道筋は次第に「赤道」に向かって行き、この結果「角宿」が「秋分」の「星宿」として「赤道」上に位置するのである。

　このような座標系に基づく「黄道」及び「赤道」とを交互に行き交う「二十八宿」の軌跡は、赤道座標上において極めて不安定に按排されている「二十八宿」よりも整合性を感じる。おそらくは現在に伝わる「二十八宿」は本来「黄道極・赤道極循環座標」に基づいて按排されたものではないだろうか。筆者の見解をここに開陳し、「二十八宿」の成立とその変遷に一石を投じる次第である。

　筆者は、藪内の影響もあって「黄道」とは「渾天儀」の登場によって、初めてその存在が認識できたという先入観を長い期間に渉って抱いていた。しかし、よくよく考えれば「渾天儀」のうち、その出現が早いと考えられる「赤道・渾天儀」では、その構造において「赤道環」が固定されているために「黄道」の存在に気づくことはあり得ず、また「黄道・渾天儀」は「黄道」の存在が認識されなければ定点を決定できないものである。

　このような理由から筆者は「渾天儀」よりも、むしろ「円規」と「指矩」とを「周髀（＝晷儀）」に向ける手法の方が、「黄道」の存在を認識しやすいという結論に到達した次第である。

　これが単なる仮説でないことは、前漢末において「赤道・渾天儀」にくみする立場から「蓋天（＝周髀）説」を批判した揚雄の「難蓋天八事」（『隋書』「天文志」）と「黄道・渾天儀」の構造を著した後漢の張衡の『渾天儀』一巻（『経典集林』巻二十七所載）との比較によって容易に理解できる。

　まず、揚雄の「難蓋天八事」であるが、この第一の批判に挙げられたのが「蓋天説」の最大特色である「去極度」の概念であって、次のような見当違い

というべき批判を展開している。しかし、この批判はかえって「赤道・渾天儀」に立脚した「渾天説」の本質を理解する上で傾聴に値する。

「蓋天説では、日の東行については黄道に循って昼が規に中たるとする。それゆえ冬至の基準となる牽牛に於いては、北極を距てること北百十度あり、夏至の基準となる東井に於いては北極を距てること南七十度あるということである。だが、北極から北百十度と南七十度を併せれば、その直径は百八十度となるのだから、円周率を三として二十八宿の周天とすれば、その円周は五百四十度となってしまう。ところが実際は円周は三百六十度であるのだから、これを何と説明するのか（＝其一云,日之東行,循黄道,昼中規,牽牛距北極,北百一十度,東井距北極,南七十度,併百八十度,周三径一,二十八宿周天,今三百六十度,何也？)」（「難蓋天八事」）。

ここで面白いのは、「夏至・冬至」を併せた「去極度」の「百八十度（実際の数値は百八十二度八分之五)」は半天球としての角度であるのにもかかわらず、これを地表上の直線定規に基づいた「直径」と誤認していることである。揚雄が批判対象として掲げた「去極度」の数値は、あくまでも概算であったことは円周を「三百六十五度四分度之一」とせず、「三百六十度」としていることからも明らかであって、「冬至」および「夏至」の「去極度」もそれぞれ「一百十五度」が「〔一〕百一十度」に、「六十七度」が「七十度」となっている。しかし、このことによって我々は「去極度」なるものが、そもそも「赤道・渾天儀」の概念にはなく「蓋天説」に包含されていたということが十分に理解できるのである。

ところが、「太史黄道銅儀」が鋳造された後漢の永元十五年（A.D.103）以降になると、張衡（A.D.78-A.D.140）は「黄道・渾天儀」の構造を具体的に記した『渾天儀』を著し、「去極度」と「黄道・渾天儀」との関係を詳細に述べている。この中で「故夏至去極, 六十七度而強, 冬至去極, 百一十五度亦強也. (中略) 今春分去極九十一度少強, 秋分去極九十一度少強者, 就下暦晷景之法, 以爲率也」としているところは特に注視すべきである。なぜならば、「下（＝夏）暦晷景之法, 以爲率也」と明記しているところは、「黄道・渾天儀」によ

る「去極度」が「立春歳首」の「夏暦（＝夏正）」といわれる「太初暦」の「晷景之法（＝周髀の法）」による「去極度」と同一のものであると言及しているからであって、なかんずく「黄道去極度」は「太初暦」に包含されていたことがここに明白となるからである。

(4)「太初暦」とその座標系について

『漢書』「五行志」および『続漢書』「五行志」における日食記事には、「太陽」が日食発生時に「二十八宿」中のどの「星宿」に何度で入ったかという「入宿距度」が記されている。ここで「入宿距度」について、少しく触れておく。

中国古代においては、「太陽」の背後にある特定の星（二十八宿中における目印となる星）を「距星」としたわけだが、現実には「太陽」が存在しているので昼間における星の位置など把握できない。しかし、これを間接的に知る方法があり、『宋書』「律暦志」は何承天（A.D.370－A.D.447）が5個の「月食」実測記録（A.D.434～A.D.440. Oppolzel No.2527. No.2530. No.2532. No.2533. No.2536.）から「太陽」の「入宿距度」を割出していることを記す。すなわち何承天は、「月盈則食必在日衝，以検日則宿度」と述べ、これら5個の「月食」記録の日月衝の時（すなわち食甚時）の「月」の「入宿度」を測り、「月」と「一百八十二度八分之五（＝180°）」隔たった「日（太陽）」の「入宿距度」を推歩している。このような手法をとれば「太陽」の「入宿距度」を知ることができる。

何承天は、この手法をもって当時施行されていた「景初暦（A.D.237施行）」が示す「入宿距度」に「4度（＝3.95°）」の遅れがある（基点より西に4度に在る）ことを指摘した上で、「景初暦」が基準とする「冬至＝斗21度」は実のところ「冬至＝17度」であると糺している。これは、「歳差（黄道一般歳差）」によって「春分点」が100年に約「1.42度（＝1.4°）」の割合で黄道を東から西へと移動したことによる。しかるに「景初暦」は、前時代の元和二年（A.D.85）における「冬至日躔」である「斗21度」を「宿度」の初期設定値としたために、施行後350年を経て西に「4度」ほどのズレを生じさせたのであ

る。この結果、「元嘉暦」が元嘉二十二年（A.D.443）から施行されることになったが、彼の月食観測が改暦のためであったことは言を俟たない。

　さて、「日食」発生時の「入宿距度」は「太陽」の南中時における「星宿」距星からの位置（度）、つまり「星宿」距星が南中してから「太陽」が南中するまでの日数を指している。けれども、これは実視によるものではなく作暦の際に何承天が行ったような「月食」によって求められた「入宿距度」に拠ったに過ぎず、「歳差」を認識しなくとも可能である。

　しかるに、太初暦施行以降（B.C.104～）を検証すると、「斗宿」の宿度は「二十六度四分一」が与えられている上に、「冬至」は「牽牛五度」が設定されていることが判明するが、この「入宿距度」そのものは『漢書』「律暦志」に掲げられた「宿度」に対応する。

　だが、いったん作暦されてしまうと「太陽」の「入宿距度」は暦法として固定される。そのため、「律暦志」に掲載される「日食」時における「太陽」の「入宿距度」については、初期設定値の「周天（365¼日）」すなわち「360日〔XII 19〕＝斗末度＝牛初度. 361日〔XII 20〕＝牛一度. 362日〔XII 21〕＝牛二度. 363日〔XII 22〕＝牛三度. 364日〔XII 23〕＝牛四度. 365¼日〔XII 24〕＝牛五度. 1日〔XII 25〕＝牛六度」に準じて「太陽」の位置を転記したに過ぎない。

　ちなみに、これらの「太陽」と「二十八宿」の「距星」との位置を比較したところ、「太初暦」以前の暦法である「顓頊暦」は『漢書』「律暦志」に記載された「日食」（B.C.104以前を対象とした日食）の「入宿距度」から割り出すと、その数値は「冬至」において東へ「二度」の偏りがある。つまり、実際の「太陽」は西へ「二度」の位置にあるということにほかならない。これが、「顓頊暦」が施行されて以降の「歳差」によるものならば「顓頊暦」の暦元は、太初暦施行（B.C.104）のおおよそ150年以前ということになる。

　翻って、「太初暦」では「入宿距度」に関して東へ「十度」ほどの大きな偏りが認められるものの、「宿度」全体の設定が異なるため「太初暦」では「冬至」が「牽牛五度」となっている。これは、「太初暦」が特異な座標系であったというよりも、形而上学の配慮に基づき「立春」年初の暦法である「太初暦」

第1章 「度数」の発見と「尺」・「度」の区別　29

において、「危」という文字を冠する「危宿」が「立春」に来ることを避けるために基点をズラした可能性が高いと考えられる。

なお、中国古代においては、「太陽」が東方の地平線に日没した後において、「子午線」上に初見できる昏中（＝昏時に南中）としての「星宿」を「昏中星」として度数で示す場合がある。すなわち『漢書』「天文志」には、「日行不可指而知也, 故以二至二分之星為候. 日東行, 星西転. 冬至昏, 奎八度中. 夏至, ）」十三度中. 春分, 柳一度中. 秋分, 牽牛三度七分中」とある。けれども、『漢書』「天文志」に記載された「冬至」における昏中が「奎八度中」となっているのに対して、『続漢書』「律暦志」（この場合は黄道度で表示している）は「奎六度弱」としており、その差はわずか僅か二度強となっている。このことから、『漢書』「天文志」に見える昏中としての「星宿」は「太初暦」ではなく「顓頊暦」の数値を示した可能性が高い。

表4『淮南子』「天文訓」・『漢書』「律暦志」・『続漢書』「律暦志（赤道宿度）」の度数

方位	二十八宿	度	360°
東方七宿	角	12	11.83
	亢	9	8.87
	氐	15	14.78
	房	5	4.93
	心	5	4.93
	尾	18	17.74
	箕	11〔淮南子は11¼〕	10.84
北方七宿	南斗	26〔漢書は26¼〕	25.87
	牽牛	8	7.89
	須女	12	11.83
	虚	10	9.86
	危	17	16.76
	営室	16	15.77
	東壁	9	8.87

方位	二十八宿	度	360°
西方七宿	奎	16	15.77
	婁	12	11.83
	胃	14	13.80
	昴	11	10.84
	畢	16	15.77
	觜	2	1.97
	参	9	8.87
南方七宿	東井	33〔淮南子は30〕	32.53
	輿鬼	4	3.94
	柳	15	14.78
	七星	7	6.90
	張	18	17.74
	翼	18	17.74
	軫	17	16.75

表5　前漢時代の「太初暦」使用期間（B.C.104～）における座標設定と冬至日躔の実状

XII	3	4	5	6	7	8	9	10	11	12	13	14	15	16	17	18	19	20	21	22
斗9	10	11	12	13	14	15	16	17	18	19	20	21	22	23	24	25	26¼	牛1	2	3

#5 （XII3／斗9欄）　　#6 （XII12／19欄）

	冬至												
XII23	24	25	26	27	28	29	30	31	I 1	2	3	4	5
牛4	5	6	7	8	女1	2	3	4	5	6	7	8	9

#7 （I5／女9欄）

♯5

　B.C.84 XII3, 昭帝・始元三年十一月壬辰朔, 日有食之, 在斗九度.（漢書五行志）

♯6

　B.C.93 XII12, 武帝・太始四年十月甲寅晦〔＝十一月甲寅朔〕, 日有食之, 在斗十九度.（漢書五行志）

♯7

　B.C.29 I5, 成帝・建始三年十二月戊申朔, 日有食之, ……谷永対曰「日食婺女九度.占在皇后」（漢書成帝紀）

表6　陽城における太陽の南中高度（B.C.104頃）

春分	55.6°		秋分	55.6°
穀雨（現.清明）	61.578°		寒露	49.641°
清明（現.穀雨）	67.199°		霜降	44.022°
立夏	72.114°		立冬	39.107°
小満	75.971°		小雪	35.246°
芒種	78.442°		大雪	32.78°
夏至	79.299°		冬至	31.923°
小暑	78.450°		小寒	32.777°
大暑	75.93°		大寒	35.250°
立秋	72.117°		立春	39.105°
処暑	67.198°		驚蟄（現.雨水）	44.018°
白露	61.577°		雨水（現.啓蟄）	49.638°

(5)『続漢書』「五行志」の座標系について

さて『続漢書』「律暦志」の記述によれば、後漢の永元十五（A.D.103）年に左中郎の賈逵が中心となって造立せしめられた「太史黄銅儀」は「黄道座標」すなわち「黄道極・赤道極循環座標」のための観測器具であると考えられる。その「宿度」は以下のとおりであり、「太史黄銅儀」は「冬至」の日（＝太陽）を「斗19¼」とする。

表7.『続漢書』「律暦志」に掲げられた「黄道宿度（太史黄銅儀および黄道度）」．
〔　〕内の数字は「赤道宿度」

方位	二十八宿	度	360°
東方七宿	角	13〔12〕	12.8
	亢	10〔9〕	9.86
	氐	16〔15〕	15.77
	房	5〔5〕	4.93
	心	5〔5〕	4.93
	尾	18〔18〕	17.74
	箕	10〔11〕	9.86
北方七宿	斗	24¼〔26¼〕	23.9
	牛	7〔8〕	6.90
	女	11〔12〕	10.84
	虚	10〔10〕	9.86
	危	16〔17〕	15.77
	営室	18〔16〕	17.74
	壁	10〔9〕	9.86

方位	二十八宿	度	360°
西方七宿	奎	17〔16〕	16.76
	婁	12〔12〕	11.83
	胃	15〔14〕	14.78
	昴	12〔11〕	11.83
	畢	16〔16〕	15.77
	觜	3〔2〕	2.96
	参	8〔9〕	7.88
南方七宿	東井	30〔33〕	29.57
	鬼	4〔4〕	3.94
	柳	14〔15〕	13.80
	星	7〔7〕	6.90
	張	17〔18〕	16.76
	翼	19〔18〕	18.72
	軫	18〔17〕	17.74

このように後漢の永元十五（A.D.103）年以降においては、「黄道座標」も併せて設定されたと考えられるものの、地球から天体を観察するには、地球の自転に合わせて動く「赤道座標」の方が便利であって、「黄道座標」は扱いにくい。そのためか、これまで「黄道座標」が実際に使用されたとは看做されていない。

ところが、『続漢書』「五行志」に記された「日食」に関する「入宿距度」の分析をしたところ、『続漢書』「五行志」は初期設定段階において、『続漢書』「律暦志」に記載された「太史黄銅儀」のデータと同じく冬至の日（太陽）を「斗19¼」としていることが判明した。つまり、『続漢書』「五行志」に記された「日食」の「入宿距度」は、『続漢書』「律暦志」に掲げられた「黄道宿度」

を用いているのである。これは『続漢書』「律暦志」に掲げられた1年分のタイムスケールというべき「黄道宿度」をまず「365¼度」に配分した上で、「日食」の「入宿距度」を「太陽」の想定位置によって当て嵌めているといってよい。

　『後漢書』は南朝宋の范曄（398〜445）が撰述した『後漢書』が有名であるが、「志」三十巻は晋の司馬彪（240?〜306?）が著した『続漢書』を採録している。司馬彪は、『続漢書』を編纂する際に「黄道座標」に基づいた「日食」の「入宿距度」を付したものと解せられる。ただし、表8の#11については観測データに基づいて「入宿距度」を1日繰り下げており、次の#12はこれに倣っていると思われる。

表8　後漢時代における座標設定（＝黄道宿度）と冬至日躔の実状

					冬至									
XII16	17	18	19	20	21	22	23	24	25	26	27	28	29	30	31	11	2	3	4
斗11	12	13	14	15	16	17	18	斗19	20	21	22	23	24	24¼	牛1	2	3	4	5
#8									#9	#10									

I5	6	7	8	9	10	11	12	13	14	15	16	17
牛6	7	女1	2	3	4	5	6	7	8	9	10	11
												#11
												#12

#8
　A.D.65　XII16,　永平八年十月壬寅晦，日有蝕之，既，在斗十一度．（続漢書五行志）
#9
　A.D.56　XII25,　中元元年十一月甲子晦，日有蝕之，　在斗二十度．（続漢書五行志）
#10
　A.D.75　XII26,　永平十八年十一月甲辰晦，日有蝕之，　在斗二十一度．是時明帝崩．
　　　　　　　　　　　　　　　　　　　　　　　　　　　　　　　　（続漢書五行志）
#11
　A.D.120 I 18,　元初六年十二月戊午朔，日有蝕之，　幾尽，地如昏，在須女十一度．
　　　　　　　　　　　　　　　　　　　　　　　　　　　　　　　　（続漢書五行志）
#12
　A.D.139 I 18,　永和三年十二月戊戌朔，日有蝕之，　在須女十一度，史官不見,会稽以聞．
　　　　　　　　　　　　　　　　　　　　　　　　　　　　　　　　（続漢書五行志）

第2章
中国古代における日食予報について

1．問題の所在

　2007年11月開催の「談天の会」において、筆者は「戦国時代の四分暦に基づく、《日食》および《日食.昼晦》の表現―「日食」はどのように予報され、そして記録されたのか―」という発表を行ったが、発表後に大橋由紀夫（一橋大学）から興味深い質疑が出された。それは中国において、「太陽」と「月」の交点距離を用いた本格的な「日月食」の予報法が記されているのは、「景初暦（A.D. 237以降施行）」からであるとの指摘であった。大橋は、先に「中国における日月食予測法の成立過程」（『一橋論叢』第122巻 第2号, 1999年8月号）という論考を発表しており、この中で「太初暦（B.C. 104施行）」であっても、「日食」の予報まではできなかったと述べていることから、筆者の仮説に疑問を呈せられたわけである。

　大橋の疑問は、筆者にとって極めて喫緊事であり、これを機に筆者は戦国時代から前漢時代までの記載された「日月食」における予報の有無について慎重に検証を行い、前漢時代に「日食」の予報が行われていたことを再確認した次第である。この検証にあたっては、大橋と緊密な情報交換を行ったが、本論考は大橋の助言なくしてはなし得なかった。以下、中国古代における「日月食」予報についてまとめてみたい。

2．「原初中国式周期」と「中国式周期」との違い

(1) 月食予報とその方法

　筆者の分析によると「月食」の発生には以下のような特異な周期性がある。
第1段階：「6朔望月」間隔の周期をもって5回連続して発生し、「17朔望月」の中断期間をもつ。
第2段階：「6朔望月」間隔の周期をもって6回連続して発生し、「17朔望月」の中断期間をもつ。
第3段階：「6朔望月」間隔の周期をもって6回連続して発生し、「11朔望月」の中断期間をもつ。
第4段階：「6朔望月」間隔の周期をもって6回連続して発生し、「17朔望月」の中断期間をもつ。
第5段階：「6朔望月」間隔の周期をもって6回連続して発生し、「17朔望月」の中断期間をもつ。

　すなわち発生には「6朔望月（6×29.530＝177.18日）」に係数（5または6）が結びつき、その中断期間には「17朔望月（17×29.530＝502.01日）」と「11朔望月（11×29.530＝324.831日）」が連関する。戦国時代から漢初にかけて中国人は「月食」の発生をこのような短期的な周期性があるものととらえていた形跡がある。実は、第1段階の「月食」の発生から第5段階の「17朔望月」の中断期間終了まで「223朔望月（6585.3212日）」を要しており、結果的には日月食周期として著名な「サロス周期（Saros cycle）」と同一である。本来は「原初サロス周期（Old Saros cycle）」の名を与えるのが相応しく、古代カルディア人はこのような「原初サロス周期」から最終的に「サロス周期（Saros cycle）」を見いだしたのではないかと想像される。

　しかし、往時の中国人は当初「月食」の発生を上述したようにミクロ的なものと解釈していたためか、「月食」を「223朔望月」に結びつけた形跡は認められない。なぜなら、それは「月食」から「日食」を予報する手法によって推察

できるからである。その手法とはまず上述の短期的な周期性を用いて、「月食」発生の日を予想する。それは実視できない「昼月食」であっても構わない。その上で「月食」発生の前後十五日に照準をあて、このどちらかに「日食」が発生すると見込むのである。つまり、「月食」の半月前の「朔（black moon）」か半月後の「朔（black moon）」に必ず「日食」が起こるということにのみ留意した。

ところが、前漢の太初改暦頃になると中国人はこのようなミクロ的でかつ断続的な「6朔望月」のデータを蓄積していく中で、「皆既月食」が見られてから「135朔望月（＝3986.6295日）」後が再び「皆既月食」となるという事実に気づき、これを「朔望之会」と称し、「月食」の予報値としたのである。

すなわち、「135朔望月（＝3986.6295日）」と「原初サロス周期（223朔望月）」との関係は以下のとおりである。

第1段階：「24朔望月」＋「17朔望月の中断期間」＝41朔望月 ⎫
第2段階：「30朔望月」＋「17朔望月の中断期間」＝47朔望月 ⎪
第3段階：「30朔望月」＋「11朔望月の中断期間」＝41朔望月 ⎬ 223朔望月
第4段階：「30朔望月」＋「17朔望月の中断期間」＝47朔望月 ⎪
第5段階：「30朔望月」＋「17朔望月の中断期間」＝47朔望月 ⎭

Aパターン：第3段階（41朔望月）＋第4段階（47朔望月）＋第5段階（47朔望月）＝
　　　　　　135朔望月

Bパターン：第5段階（47朔望月）＋第1段階（47朔望月）＋第2段階（41朔望月）＝
　　　　　　135朔望月

　　　135朔望月　＝3986^d.629
　　　146.5交点月＝3986^d.590
　　　11.5食年　　＝3986^d.136

上記の三者の関係から、「135朔望月」ごとに食が起こる条件を満たしていることがわかる。交点月に「0.5」という端数があるから、食は前回とは反対側の交点で発生するとともに、227°西方で起こることになる。

また、数値上では「22½」回目の「6朔望月」にあたるものの、上掲した「中断期間」が組み込まれるために、実際の「月食」総数は平均分割値の「22

½」回ではなく不均等に分割された「17」～「18」回となる。なお、「47朔望月」は食周期としては非常に短かくはあるものの、極めて有力な周期であって一食ごとに西へ338°移動する。換言すれば経度が東へ22°ずれるのである。

　　47朔望月＝1387ᵈ9376＝1388ᵈ－0ᵈ0624

　　51交点月＝1387ᵈ8232

　この「47朔望月」を5倍した「235朔望月」が「メトン周期（Metonic cycle）」であるが、この周期は、「太陰太陽暦」において「19年」ごとに「7か月」の閏月を入れる回数を求めるのに用いられた。中国では、「19年」を「1章」と呼ぶことから「メトン周期」は「章法（しょうほう）」と称せられている。「メトン周期」を認識しているということは、中国人が「235朔望月」の最小整数分割値である「47朔望月」を知っていた可能性が高い。ただ「47朔望月」という周期性では、発生する「月食」が、「皆既月食」あるいは「部分月食」もしくは「昼月食」のいずれであるかを予測できない。

　　235朔望月＝6939ᵈ688415

　　19太陽年　＝6939ᵈ601686

　ちなみに、「太陽」が「白道」と「黄道」の交点を出発して、再び交点に戻ってくるまでの期間は「1食年（346.62日）」と呼ばれる。「太陽」は「1食年」間に2回、「白道」との交点を通過するが、後漢の劉歆は『漢書』「律暦志」において「三統暦（後漢四分暦も同じ）」の食周期として、「太陽」が、「黄道」と「白道」の交点を通過してから、半分通過するまでの「半食年」である「173.331日」ごとに何らかの「月食」がおこり、「月食」23回ごと、つまり「135朔望月」ごとに「皆既月食」が起こるとする。「135朔望月」が食年の整数倍ではない「11.5」倍としたのは、はじめに「昇交点（あるいは降交点）」で「月食」があれば、食周期の後には「降交点（あるいは昇交点）」で「月食」が起こるということを認識していたからかもしれない。

　劉歆の解釈をうけて『続漢書』「律暦志」は「月食数之生也、乃記月食之既者、率二十三食而復既」とし、「23」回の「半食年周期」ごとに「皆既月食」が発生すると記してある。これを「朔望之会」という。

$$\frac{135}{23}月 = 5\frac{20}{23}月 = 173.331日$$

　この計算式によれば、全ての「月食」は「1朔望月（=29.530日）」の誤差範囲内で捕捉されることになる。なぜなら、「半食年」の「173.331日」は上述したように断続的な不規則性をもって発生する「月食」を捕捉するための平均調整時間だからである。わかりやすくいえば、「135朔望月（=3986.6295日）」期間内における「月食」の発生は概ね「17」～「18」回なのであって、理論上「23回」の発生などあり得ない。但し、「135朔望月（=3986.6295日）」を「23回（173.331）」に均等分割することによって、「17」～「18」回の「月食」が弾力的にこの「23回」に含まれることになる。もっとも「23回」中の「5」～「6」回は「dummy」であり、ここには「月食」が発生しない中断期間が組み込まれている。

　そのため「23回（173.331）」に均等分割された「月食」の予報値の「JD」は、実際に発生する「月食」の「JD」と必ずしも一致しない。言い換えれば、「23回」に均等分割された「173.331日」近辺の「望」に「月食」が起こるという副次的な付け合わせを伴って、全ての「月食」は「173.331日」の近似値に発生するものと捉えるのである。実際、予報値が「月食」の「JD」とピタリ一致するのは、「朔望之会」に基づく23回目の「135朔望月」であって、他の「22」回は「朔望之会」を導くために合理的に設定された平均調整時間というべき色彩が濃い。「朔望之会」とは、実際に「135朔望月」期間内において発生した「17」～「18」回におよぶ「皆既月食」や「部分月食（含、分食）」をそれぞれ起算として、そのちょうど「135朔望月」後に再び「17」～「18」回に渉る「皆既月食」や「部分月食（含、分食）」が発生するという「サロス」と同じような極めて厳密でマクロ的な周期性を指したものである。

　大橋はかつて、「後漢四分暦の成立過程」という論考で次のような主張を展開したことがある。

　「西洋の『サロス周期』とは、食が起こってから223朔望月たつと再びほぼ同じ条件の食が起こることから、この223朔望月の事を言うことはよく知られているが、中国の135朔望月はこのような同じ条件の食が再来するという意味で

言われているのではない。当時の中国の食の周期は $5\frac{20}{23}$ 月以外の何者（＝何物）でもなく、135月は $5\frac{20}{23}$ 月を導出するための計算の便宜上定められた数字にすぎない。したがって、135月に起こる食でも、$5\frac{20}{23}$ 月毎に起こっているはずの食のうちの一つという以上の特別な意味は持っていなかった」（大橋由紀夫「後漢四分暦の成立過程」25頁．『数学史研究』通巻93号1982年）。

　つまり、大橋は中国の「135朔望月」に言及した上で、これは135か月ごとに「食」が再来することではないと力説し、「223朔望月」である西洋の「サロス周期」との峻別を主唱したのである。実際、大橋と同様の解釈をする中国人研究者も少なくない。そのため、「135朔望月」を食周期とみていた筆者は大橋から批判を受けたという次第である。むろんこの批判は明らかに誤りである。なぜなら、大橋は中国天文学における基本定理というべき『漢書』「律暦志」に初見される「朔望之会」を認識しないまま、「135朔望月」の特性を唱えていたからである。そこで筆者は、大橋に対して「朔望之会」の義を呈示した次第である。

　したがって、本稿では「朔望之会」に基づく食周期のみを「中国式周期（China cycle）」とし、また、上述したところの第1段階から第5段階までの「月食」の短期の周期性を「原初中国式周期（Old China cycle）＝原初サロス周期（Old Saros cycle）」と呼ぶ。

　ところで、『史記』「天官書」は「月食」発生の規則性について次のように言及している。

　「月食始日、五月者六，六月者五，五月者復六，六月者一，而五月者五．凡一百一十三月而復始.故月蝕常也。日蝕，為不臧也。（＝月食が起こる日の間隔は、5か月が6回、6か月が5回、5か月がまた6回、6か月が1回、そして5か月が5回であって、全部で113か月で元に戻って同じパターンを繰り返す。したがって、月蝕には規則性がある。日食はそのようにはいかない）」。

　ここで注目されるのは、「月食」の総数が「23」回（内訳：6＋5＋6＋1＋5＝23）になるということであって、これは「朔望之会」に基づく23回目の「135朔望月」を示唆したものと思われる。但し、この記事に従うと「月食」は

「23」回目の「113か月」で元に戻るというものの、試みに列挙された数値を合計すると、以下のように「121か月」となってしまう。おそらく記事のどこかに誤字か脱字があるのかもしれない。

　　　　5×6＋6×5＋5×6＋6＋5×5＝121

　これに関して、銭大昕は『史記攷異』の中で「三統暦」では5か月と23分の20の割合で（135か月に23回）で1回の「月食」が起こることを想定しているとして、以下の如く読み替えをした訂正案を示している。

「則五月者一，六月者六，又五月者一，六月者七，又五月者一，六月者七，凡一百三十五月而復始．」

　たしかに、このように加算をすれば23回〔内訳1＋6＋1＋7＋1＋7＝23〕の月食にかかる月数は「5＋6×6＋5＋6×7＋5＋6×7＝135」となる。

　だが、張文虎は『史記札記』の中で、銭の計算は「三統暦」に記された「月食」周期（半食年周期）にそぐわないとして、次のような訂正案を提示している。

「六月者七，五月者一，又六月者七，五月者一，又六月者六，五月者一」

　当然ながら、張が掲げた数値は「半食年」周期にも対応し、23回〔内訳7＋1＋7＋1＋6＋1＝23〕の月食にかかる月数の加算も「6×7＋5＋6×7＋5＋6×6＋5＝135」となる。

　実は、銭大昕の訂正案は筆者が提示した「Aパターン」つまり「第3段階（41朔望月）＋第4段階（47朔望月）＋第5段階（47朔望月）＝135朔望月」であり、張文虎の訂正案は「Bパターン」つまり「第5段階（47朔望月）＋第1段階（47朔望月）＋第2段階（41朔望月）＝135朔望月」なのである。これはあくまで推察の域を出ないのだが、『史記』「天官書」は「月食」発生の規則性について「Aパターン」か「Bパターン」のどちらから1例を記していたものの、伝写の過程の中で錯簡を生じさせたのかもしれない。

　さて、太初改暦頃の中国人が気づいたことはそればかりでない。すなわち「皆既月食」が発生したとすると、その「6朔望月」つまり「177.18日」後にも極めて高い確率で「皆既月食」となりやすいという事実と「朔望之会」の法則は「部分月食」にも通用し、「135朔望月」後に、極めて高い確率でまた「部

第 2 章　中国古代における日食予報について　41

分月食」になりやすいという事実をも認識したのである。これが「月食」予報にとって重要な経験則であったと推察される。

　もっとも、この「皆既月食」計算式が通用するのは概ね140年から250年ほどの範囲であるが、伝世史料から求められるデータを表1に掲げ、また同様に「朔望之会」が「部分日食」にも適応するというデータを表2に示す。

表1.「朔望之会」に基づく「皆既月食」の出現の情況とJD

	A.『後漢書』永元二年正月十六日(90Ⅲ4〔=Ⅲ5〕)の月食に連関する135朔望月の皆既月食					B.『後漢書』建武十一年十二月辛亥(36Ⅰ31〔=Ⅱ1〕)の月食に連関する135朔望月の皆既月食				
						JD	1718290	B.C.	9	Ⅵ	3
						JD	1722277	A.D.	3	Ⅴ	4
						JD	1726265	A.D.	14	Ⅳ	4
						JD	1730251	A.D.	25	Ⅲ	3
						JD	1734237	A.D.	36	Ⅰ	31
						JD	1738224	A.D.	46	Ⅻ	31
	JD	1742033	A.D.	57	Ⅵ	5	JD	1742210	A.D.	57	Ⅺ	29
	JD	1746020	A.D.	68	Ⅴ	5	JD	1746197	A.D.	68	Ⅹ	29
	JD	1750007	A.D.	79	Ⅳ	5	JD	1750184	A.D.	79	Ⅺ	29
	JD	1753993	A.D.	90	Ⅲ	4	JD	1754170	A.D.	90	Ⅷ	28
	JD	1757980	A.D.	101	Ⅱ	1	JD	1758157	A.D.	101	Ⅶ	28
	JD	1761966	A.D.	112	Ⅰ	1	JD	1762144	A.D.	112	Ⅵ	27
	JD	1765953	A.D.	122	Ⅻ	1	JD	1766131	A.D.	123	Ⅴ	28
	JD	1769940	A.D.	133	Ⅹ	31	JD	1770117	A.D.	134	Ⅳ	26
	JD	1773926	A.D.	144	Ⅸ	29						
	JD	1777913	A.D.	155	Ⅷ	30						
	JD	1781900	A.D.	166	Ⅶ	30						
	JD	1785886	A.D.	177	Ⅵ	28						
	JD	1789873	A.D.	188	Ⅴ	28						
	JD	1793860	A.D.	199	Ⅳ	28						
近皆既	JD	1797844	A.D.	210	Ⅲ	28						
	JD	1801833	A.D.	221	Ⅱ	24						
	JD	1805820	A.D.	232	Ⅰ	25						
	JD	1809802	A.D.	242	Ⅻ	24						
	JD	1813792	A.D.	253	Ⅺ	22						
	JD	1817778	A.D.	264	Ⅹ	22						
	JD	1821766	A.D.	275	Ⅸ	22						
	JD	1825752	A.D.	286	Ⅷ	21						

| JD | 1829736 | A.D. | 297 | Ⅶ | 21 | |
| JD | 1833726 | A.D. | 308 | Ⅵ | 20 | |

表2.「朔望之会」に基づく「M（皆既月食）」および「m（部分月食）」の出現の情況とJD

一三五朔望月	m pre 17	M 1a	M 2a	m 3a	m 4a		m 5	M 6a	M 7a	M 8a	m 9a		m 10a	m 11a	M 12a	M 13a	m 14a	m 15		m 16a
	173 40 60	173 42 37	173 44 14	173 45 92	173 47 68		173 52 71	173 54 48	173 56 25	173 58 03	173 59 79		173 64 82	173 66 59	173 68 36	173 70 13	173 71 19	173 73 68		173 78 70
同	m 17a	M 1b	M 2b	m 3b		m 5b1	m 5b2	M 6b	M 7b	M 8b	m 9b		m 10b	m 11b	M 12b	M 13b	m 14b	m 15b		m 16b
一巡	173 80 46	173 82 24	173 84 01	173 85 79		173 90 81	173 92 57	173 94 35	173 96 11	173 97 89	173 99 66		174 04 68	174 06 46	174 08 23	174 10 00	174 11 77	174 13 54		174 18 56
同	M 17b	M 1c	M 2c	m 3c		m 5c1	m 5c2	m 6c	m 7c	m 8c	m 9c		m 10c	m 11c	M 12c	M 13c	m 14c	m 15c	m 15c	m 16c
二巡	174 20 33	174 22 10	174 23 88	174 25 64		174 30 67	174 32 44	174 34 21	174 35 99	174 37 75	174 39 53		174 44 55	174 46 32	174 48 10	174 49 86	174 51 64	174 53 41	174 56 66	174 58 42
同	M 17c	M 1d	m 2d	m 3d		m 5d1	m 5d2	m 6d	m 7d	m 8d	m 9d		m 10d	m 11d	M 12d	M 13d	m 14d	m 15d 1	m 15d 2	m 16c
三巡	174 60 20	174 61 97	174 63 75	174 65 51		174 70 53	174 72 31	174 74 08	174 75 85	174 77 63	174 79 39		174 84 42	174 86 19	174 87 96	174 89 73	174 91 50		174 96 53	174 98 29
同	M 17i	M 1j	m 2j	m 3j		m 5j1	m 5j2	m 6j	m 7j		m 8j		m 9j 2	m 10j	m 11j	m 12j	m 13j	m 14j	m 15j 3	m 15j 4	m 16j
九巡	176 69 940	177 01 17	177 02 94	177 07 97		177 09 73	177 11 51	177 13 27	177 15 05	177 16 82			177 21 84	177 23 62	177 25 38	177 27 16	177 28 93	177 30 70	177 33 95	177 35 72	177 37 49

　表1には『後漢書』「五行志古今注」に掲載される「皆既月食」2例を採り上げた。Aは「建武十一年十二月辛亥,並日〔月〕有蝕之（JD1734237）」とする「36Ⅱ1」の「Oppolzel №.1918t」であり、Bは「永元二年今〔正〕月十六日（JD1753993），月当食，而暦以二月，至期如紺言」とする「90Ⅲ5」の「Oppolzel №.2004t」である。

　まずBが「部分月食」から「皆既月食」となった起点は、「B.C.9Ⅵ3（JD1718290）」の「Oppolzel №.1848t」であり、これから144年後の「134Ⅳ26

第2章 中国古代における日食予報について　43

(JD1770117)」の「Oppolzel №.2073t」まで、「135朔望月（＝3986.6295）」ごとに「皆既月食」であった。この周期も「サロス周期（223朔望月≒6585日）」の「family」と同じ要素を持っている。そのため、これを便宜上「B family」と定義づける。

　次にAが「部分月食」から「皆既月食」となった起点は、「57 Ⅵ 5 (JD1742033)」の「Oppolzel №.1952t」であるが、これから251年後の「308 Ⅳ 20 (JD1833726)」の「Oppolzel №.2335t」まで、「135朔望月（＝3986.6295）」ごとに「皆既月食」が起こる。この周期も「サロス周期」の「family」と同じ要素を持っている。そのため、これを便宜上「A family」と定義づける。「中国式周期」の着想者は「A family」の「皆既月食」と「B family」の「皆既月食」との間隔が約「177日」あることを重要視している。言い換えれば、この着想者は「皆既月食」とは通常連続して発生するものであるという事実を認識しており、併せて「朔望之会」ごとに約「177日」の間隔をもって「A family」の「皆既月食」と「B family」の「皆既月食」とが出現することをも認識していた。本稿では、この「B family」の「皆既月食」と「A family」の「皆既月食」との関係を「A─B relative（親族）」と名付けることにする。

　すなわち、この2つの周期（「A family」＆「B family」）に基づく「皆既月食」の出現情況を示せば、表1のようになるが、このうちA.D.57からA.D.134までの期間に於いて、起点が異なる2つの「皆既月食」が同一年内に約「177日」の間隔を維持して出現する「relative」な現象は極めて壮観であり、これを表2における「朔望之会」に基づく「M（皆既月食）」および「m（部分月食）」の出現の情況とに照らし合わせれば、そこに一定の規則性があることに気づくのである。

　ちなみに、このような起点が異なる2つの「皆既月食」が同一年内に177日の間隔を維持して出現する「relative」な現象はこの外にもある。すなわち、『後漢書』「五行志古今注」に「建武二十六年二〔三〕月戊子（JD1739435)、日〔月〕有蝕之、尽」とする「50 Ⅳ 25」の「皆既月食」「Oppolzel №.1941t」があり、この起点の「皆既月食」は「39 Ⅴ 26（JD1735448））」の「Oppolzel №.1923t」であ

り、これから153年後の「192Ⅲ16（JD1791261）」の「Oppolzel No.2164t」まで、「135朔望月（＝3986.6295）」ごとに「皆既月食」が起こる。これに対応するのは、記録上では現れないが、「50Ⅳ25」の「皆既月食」「Oppolzel No.1941t」と「relative」な関係にある「皆既月食」は「50Ⅹ18」の「Oppolzel No.1942t」である。便宜上2つの「皆既月食」は前者を「X family」、後者を「Y family」と定義づけ、両者の関係を「X—Y relative（親族）」と名付けることにする。

このような「A—B relative（親族）」および「X—Y relative（親族）」という4つの「皆既月食」にかかわる「中国式周期」の起点は、『後漢書』に記された「皆既月食」記録から40年を遡らないところでそれぞれ初期設定されており、これは「部分月食」から「皆既月食」になったという信頼できる観測データがあったことを示唆している。新しい「皆既月食」の確認は、これから百数十年後も「朔望之会」という法則が適用可能となるから、その発見に意が注がれたと見るべきである。

(2)「中国式周期」に基づく日食予報とその方法

「中国式周期」の着想者は、必然的にこの周期性を「日食」に置き換えて、「日食」の予報を行ったと考えられる。なぜなら「月食」と「日食」が起こるシステムは同じであり、「6朔望月」つまり約「177日」の間隔をもって存在する2つの「135朔望月」の周期性則を「日食」にあてはめれば、「135朔望月」ごとに「日食」は発生するからである。もっとも、その発生する「日食」は必ずしも「皆既日食」とは限らない。

ⅰ．一般的な「日食」の grouping

「皆既月食」の予報と同様に「135朔望月（＝3986.6295）」の周期性に関して、何種類かの「relative」が把握できれば、「relative」が持つそれぞれ2つの「family」によって、複数の「日食」の予報に極めて有効となる。『中国古代の天文記録の検証』に掲載される『漢書』の「日食」No.1〜No.61のうち、「太初暦（B.C.104）」以後の「日食」はNo.33〜No.61までであるが、このうち、No.33〜No.61中の8例を以下に参考として掲示した。この8例は「朔望之会」つまり135か

第2章　中国古代における日食予報について　45

月周期で大別して先ず2つに grouping できる。

No.36	JD1691079	r-t
No.37	JD1692466	t
No.38	JD1696630	r
No.42	JD1707025	r
No.44	JD1710835	r
No.47	JD1712400	r
No.51	JD1716386	r

No.37　family

No.37	JD1692466	t
No.47	JD1712400	r
No.51	JD1716386	r

&

No.36　family

| No.36 | JD1691079 | r-t |
| No.42 | JD1707025 | r |

たとえば No.37 family の場合、以下のように No.37 JD の135か月の n 倍ごとに起こる。

$$\frac{\text{No.47 JD1712400} - \text{No.37 JD1692466}}{3986.6295} = 5.000$$

$$\frac{\text{No.51 JD1716386} - \text{No.37 JD1692466}}{3986.6295} = 6.000$$

No.37 family は r か t なので、しばらくの間は p（分食）になることがない。つまり「朔望之会」を合理的に日食にあてはめている。

これに対して

No.36 family の場合も、以下のように No.36 JD の135か月の n 倍となる。

$$\frac{\text{No.42 JD1707025} - \text{No.36 JD1691079}}{3986.6295} = 3.999$$

No.36 family は r か t なので、しばらくの間は p（分食）になることはない。つまり「朔望之会」を合理的に日食にあてはめている。ところが、値は近いものの family には属さないものが 2 例ある。

その1つは、No.37 family に関係する No.38 JD1696630の日食、すなわち「Oppolzel No.2712r」である。

$$\frac{№.38 \quad JD1696630 - №.37 \quad JD1692466}{3986.6295} = 1.0444$$

　もっとも、この№.38の日食は次のように JD1696630—177 として、177日前に出現した JD1696453 の「Oppolzel №.2711t」の日食と relative な関係にあるとみなすことによって、
№.37 family と同一の「group」となる。

$$\frac{№.38 \text{ relative } JD1696453 - №.37 \quad JD1692466}{3986.6295} = 1.000$$

　これは「資料１」で既述した『後漢書』で記されたＡとＢの「皆既月食」に関する「grouping」と同じ理屈である。つまり約「177日」を隔てて、№.37の family はＡの「皆既月食」と同じように「135か月」の「朔望之会」のサイクルを持ち、また №.38の family はＢの「皆既月食」と同じように別の「135か月」の「朔望之会」のサイクルをもつということである。№.38の family は r か t なので、しばらくの間は p（分食）になることはない。つまり「朔望之会」を合理的に日食にあてはめている。

№.37	JD1692466	t
№.47	JD1712400	r
№.51	JD1716386	r
№.38	JD1696453	t

　翻って、他の１つは№.36 family に関係する№.44の JD1710835 の日食、すなわち「Oppolzel №.2810r」である。

$$\frac{№.44 \quad JD1710835 - №.36 \quad JD1691079}{3986.6295} = 4.9555$$

　この№.44も、前掲と同じように relative な解釈を施して JD1710835＋177 とし

て177日後の JD1711012 の「Oppolzel2811t」の日食を relative な関係にあるとみなすことによって、No.36 family と同一の「group」となる。

$$\frac{\text{No.44 relative JD1711012} - \text{No.36 JD1691079}}{3986.6295} = 4.9999$$

No.36	JD1691079	r-t
No.42	JD1707025	r
No.44	JD1710835	r

ということで、以下2つの grouping ができた。

No.37	JD1692466	t
No.47	JD1712400	r
No.51	JD1716386	r
No.38	JD1696453	t

&

No.36	JD1691079	r-t
No.42	JD1707025	r
No.44	JD1710835	r

ii. 非食の grouping

『漢書』「太初暦」施行期間内の No.43〔非食〕記事1件を錯簡として正しい記事に修正し、このデータから検証する。すなわちこれは、以下に示す No.43〔非食〕の記事についてであるが、これを下記のように「誤謬 No.43」と名付ける。

「誤謬 No.43〔非食〕B.C.34 Ⅷ23, 元帝・建昭五年六月壬申晦（JD1709240），日有食之，不尽如鉤，因入．」

そして以下の如く本来あるべき日食記事を復活させ、新たに「修正 No.43」を設ける。

「修正 No.43 B.C.39 Ⅶ20, 元帝・永光五年六月壬申晦（JD1707379）, 日有食之（Oppolzel No.2786r），不尽如鉤，因入．」

「年」・「月」・「日干支」の3つが一致することは偶然とは考えられず、元号を「建昭」から「永光」に置き換えるだけで問題がスムーズに解決するから、この修正は適切な処置といえよう。

この処置によって、「太初暦」(B.C.104) 以後の日食的中率が89.6%（29例中28例が的中するが、後述するように新たな非食例も確認されたので、最終的には29例中26例が的中）となる。これは『春秋』日食の的中率95%に次ぐほどの高い的中率である。

さて「誤謬 No.43」および「修正 No.43」の JD を使って135か月周期を検証してみる。

まず、「修正 No.43」JD1707379 （Oppolzel No.2786r）は、No.45 JD1711366 (Oppolzel No.2813t) と同一の family である。

なぜならば $\dfrac{\text{No.45 JD1711366} - \text{修正 No.43 JD1707379}}{3986.6295} = 1.0000$

つまり、No.45は明らかに「修正 No.43」が有する「朔望之会」のデータを踏襲して予報したものである。以下に示すように両者の記事があまりにも似すぎていることも証左の１つといえよう。

「修正 No.43」B.C. 39 Ⅶ 20,
元帝・永光五年六月壬申晦（JD1707379),日有食之（Oppolzel No.2786r),不尽如鉤, 因入.

No.45　B.C. 28 Ⅵ 19,
成帝・河平元年四月己亥晦（JD1711366),日有食之（Oppolzel No.2813t),不尽如鉤, 因入.

この原因は本来の「修正 No.43」から「135か月」後に発生すると予報した No.45の「日食」が、近皆既の「日食」として発生したために、遡って存在した「修正 No.43」もそれを上回る食分があったと想定し、史官が加筆をしてしまったものと解せられる。ところが、「修正 No.43」の「元帝・永光五年六月壬申晦 (B.C. 39 Ⅶ 20, JD1707379), 日有食之（Oppolzel No.2786r), 不尽如鉤, 因入.」という

第 2 章　中国古代における日食予報について　49

記録は、伝写過程において「元帝・建昭五年六月壬申晦（B.C. 34 Ⅷ 23, JD1709240), 日有食之, 不尽如鉤, 因入.」という誤ったデータ（すなわち「誤謬 No.43」）を創出させた。

いわば「非食」となる「朔望之会」を生じさせたのであるが、皮肉なことにこのデータを使用して日食予報に失敗した実例が以下の No.55 の〔非食〕「哀帝・元寿二年三月壬辰晦（B.C. 1 Ⅴ 21, JD1721199), 日有食之.」である。

すなわち $\dfrac{\text{No.55〔非食〕JD1721199} - \text{誤謬 No.43〔非食〕JD1709240}}{3986.6295} = 2.9997$

当然ながら、これは非食であるため実視できなった。だが史官は記録にとどめ、さらに近似値に存在する 30 日後の No.56　JD1721229 をにターゲットを定めた。すなわち

No.56 の B.C. 1 Ⅵ 20, 哀帝・元寿二年夏四月壬辰〔＝戌〕晦（JD1721229), 日有食之（Oppolzel No.2882p).

である。史官はこれを「135 か月周期」としては僅少だが剰余があるものの、許容範囲と思って受容したものと解せられる。

すなわち $\dfrac{\text{No.56　JD1721229} - \text{No.43〔非食〕JD1709240}}{3986.6295} = 3.0073$

ちなみに、斉藤・小沢は No.56 の日食を「日浅食・日入帯食」とし、中国長安にて実視可能としたものの、日食の形態は「分食〔p〕」であるので実視できない。つまりこれも「非食」なのである。換言すれば、この No.56 の「日食（Oppolzel No.2882p)」が有する「JD1721229」が「分食〔p〕」の family なのであって、この family の「分食」は 186 年前（B.C. 187 Ⅻ 31, Oppolzel No.2428p）まで連綿と遡って存在する。また、この family と 177 日間隔をキープして出現する relative の関係にあるのは、「JD1721052」の「日食（Oppolzel No.2881p)」であるが、これもまた「分食〔p〕」である。したがって、誤った日食記事および、この記事によって予報された

```
誤謬 No.43  JD1709240
     No.55  JD1721199
```

は family となるが、No.56の JD1721229 「日食（Oppolzel No.2882p）」は、grouping 外の扱いなるので、「孤立」とする。

なお、No.59〔非食〕A.D.14 XI 10, 元帝・孺子嬰・居摂元年冬十月丙辰朔, 日有食之.
の記事は以下に訂正したい。ただし、「中国式周期」としては孤立しているので、この修正が適切であったかは疑問が残る。

「No.59. A.D.14 IX 11, 元帝・孺子嬰・居摂元年秋九月丙辰朔（JD1723503）, 日有食之（Oppolzel No.2897r）」

以上の検討から前漢時代に於いては、太初改暦の前後を問わず「不食（夜日食）」や「非食」の「日食」記録が散見することから、当時の史官が「日食」の予報を行ったものの的中できなかったということを強く示唆している。この事実がある限り、残念ながら大橋説は全くもって成り立たない。ちなみに、その「日食」の予報については、畢竟「中国式周期」あるいは短期的な「原初中国式周期」などの「食周期」を用いたということになるが、これらは多くの日月食の観測データに基づいて体系化されたものと解せらる。

3. 「周髀」および「赤道儀（＝赤道・渾天儀）」による日食の推算とその手法

「陽城」（東経113°08′, 北緯34°24′）が天文観測地として注目された理由は、「春分（＝秋分）」時の南中において、「太陽」の高度が「周髀」を媒介として「陽城」の地に「句（三）・股（四）弦（五）の法」といわれるピュタゴラスの特殊法による直角三角形を描かしめたからである。これが「蓋天説」の最大のテーゼというべきものであり、それゆえ「陽城」は地の中心に位置するという

ことから「地中」と称せられ、中国では古（いにしえ）より「陽城」の地が長く天文観測地となった。

太初改暦において、「蓋天説」が重んじられたことは『漢書』「律暦志」に「東西を定め、晷儀を立て、漏刻を下して以て二十八宿の相距（距度）を四方に追った。終を挙げて、以て朔晦・分至（春秋分・夏冬至）、躔（日躔）、離（月離）・弦望を定めた」と記されているところからも明白である。逆に現代球面天文学の観点からすれば、「蓋天説」よりも優位な立場にあるはずの「渾天説」の形跡は太初改暦時においては認められない。実際、「赤道儀」としての「渾天儀」が「円儀」の名で文献上初出するのは、前漢の甘露二年（B.C.52）に大司農中丞であった耿壽昌の上奏文であって、この建議によってようやく「渾天儀」は採用されたと考えるべきであろう。

ならば、その観測には『漢書』「律暦志」に記されたとおり、「陽城」の地を観測地として「晷儀」と「漏刻」という極めて原始的な儀器を用いたと判断せざるを得ないのである。しかし、このような儀器を用いながら「周髀」のテーゼに従って「日食」の出現を予測することはできるのだろうか。唯一つ想定しえるのは次の手法である。

すなわち「春分」時の南中において、「陽城」の地は「句股弦（三・四・五）の法」による直角三角形の比をなす「太陽高度（55.6°＝赤緯0°）」にあるが、これを「鏡像」とする立場にある「月高度」を併用するということである。もともと、「太陽」と「月」とのバランスをはかる暦法こそが「太陰太陽暦」なのであるから、いわゆる「周髀」が「日晷」だけであったとは考えられず、そのため、「晷儀」とは「月晷」も含めたものであったと想定する。但し、この「日晷」および「月晷」は「日・月影」を測定する儀器ではなく、「日・月」の南中高度を測定する儀器として考えねばならない。

実のところ、「中国式周期」によって日食発生の期日を予め絞り込んだ上で、この「晷儀」すなわち「周髀」および「円規（Compass）」ならびに「指矩（さしがね）（Square Ruler）」を観測儀器とし、時刻を測定できる「漏刻」を併用すれば、日食発生の15日前にその「日食」が不食となるか否かが容易に判別でき

る。ちなみに、「円規」ならびに「指矩」を用いて「太陽」および「月」の南中高度を測定する具体的な手法については第1章に詳述したとおりであるが、これが「赤道儀（＝赤道・渾天儀）」にとって代わられるのは、上述した如く前漢の甘露二年（B.C.52）以降である。

ここではまず、No.39〔夜日食 Oppolzel No.2742r〕を掲げるが、「夜日食」の記事があるということは「日食」の予報に失敗したということであって、前漢時代において「日食」の予報が行われていたことの証左となるのである。それは「晷儀」を用いての「日食」予報の失敗と考えるほかはない。すなわち、図1に示した「No.39〔夜日食〕 B.C.56 I 3宣帝・五鳳元年十二月乙酉朔（JD1700972），日有食之，在婺女十度.」とする記事である。No.39はNo.48およびNo.54と同じ周期性をもつグループとされた「日食」である（後述の「資料1」参照）。「日食」が起こるか否かの最終確認は、これより15日前（B.C.57 XII 19）の「満月（＝望）」の位置によって決定される。

「太陽」の南中高度に関していえば、「夏至」が最も高く「冬至」が最も低いものの、逆に「満月」の南中高度は「夏至」が最も低く「冬至」が最も高く、また「春分」や「秋分」の時の「太陽」と「満月」の南中高度は相近い。とはいうものの「春分」時における「太陽」の南中高度（55.6°）を重要視した手法をそのまま「春分」における「満月」の南中高度に当て嵌めたとしても、この時の「満月」は必ずしも「太陽」と同じ南中高度になるとは限らない。

なぜなら、「満月」がたまたま「春分（＝秋分）」の南中時に「皆既月食」になるのならともかく、通常時における「春分（＝秋分）」の「満月」は「太陽」の「南中高度（55.6°）」に対して、「赤緯差」で見かけ上「＋6°〜—6°」の位置に在るからである。

これは「白道」が「黄道」に対して「5°8′7″」傾いていることが原因しているのであるが、これを逆手にとって「春分」時における「太陽」の南中高度（55.6°）をメルクマールとして予め設定しておけばよい。つまりこの値を「日食（朔）」が発生する15日前の「満月（望）」の「南中高度」値で減じ（79.478°—55.6°＝23.878°）、この求められた数値（23.878°）を「春分」時における「太陽」

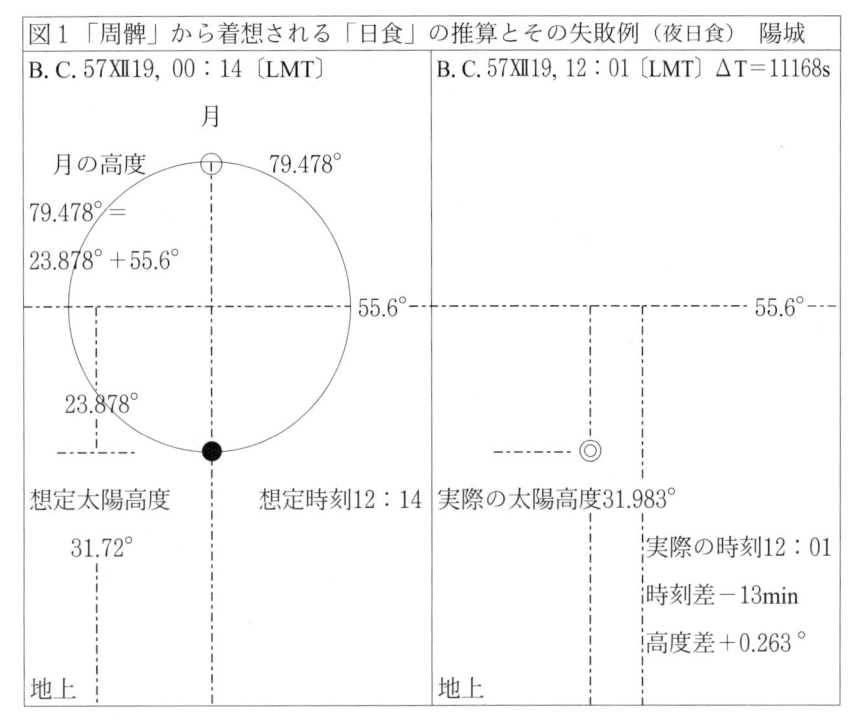

第 2 章　中国古代における日食予報について　53

図1　「周髀」から着想される「日食」の推算とその失敗例（夜日食）　陽城	
B.C.57 XII 19, 00：14〔LMT〕	B.C.57 XII 19, 12：01〔LMT〕 ΔT＝11168s
月 月の高度　　　79.478° 79.478°＝ 23.878°＋55.6° 　　　　　　　　　　55.6° 23.878° 想定太陽高度　　想定時刻12：14 　31.72° 地上	55.6° 実際の太陽高度31.983° 実際の時刻12：01 時刻差－13min 高度差＋0.263° 地上

　の南中高度（55.6°）から減じれば、12時間後に南中するはずの「想定太陽」の高度（31.72°）が算出される。そして、12時間後に南中した「太陽」の高度がこれと近似値ならば、その15日後に必ず「日食」が発生するのである。このように「日・月晷」による日食推算は比較的簡易であるが、重要な決めてとなるのは「満月」が南中した12時間後にちょうど「太陽」が南中したのかを把握する「漏刻」の精度である。

　この場合「想定太陽」高度との差は＝＋0.263°で申し分なかったが、「満月」の南中（B.C.57 XII 19, 00：14）から「太陽」の南中（B.C.57 XII 19, 12：01）までの通算時間が基準となる「12時間」に「13分」ほど速かったたことと、実際15日後（B.C.56 Ⅰ 3）に発生した「日食」は「冬至」に近いということもあって、夜明け以前に日食が終了する「夜日食」となってしまったのである。

　ちなみに「No.39」の「日食」予報が的中しなかったことが導入の契機となったのか、この直後に出現するのが前漢の甘露二年（B.C.52）の耿壽昌の上奏文

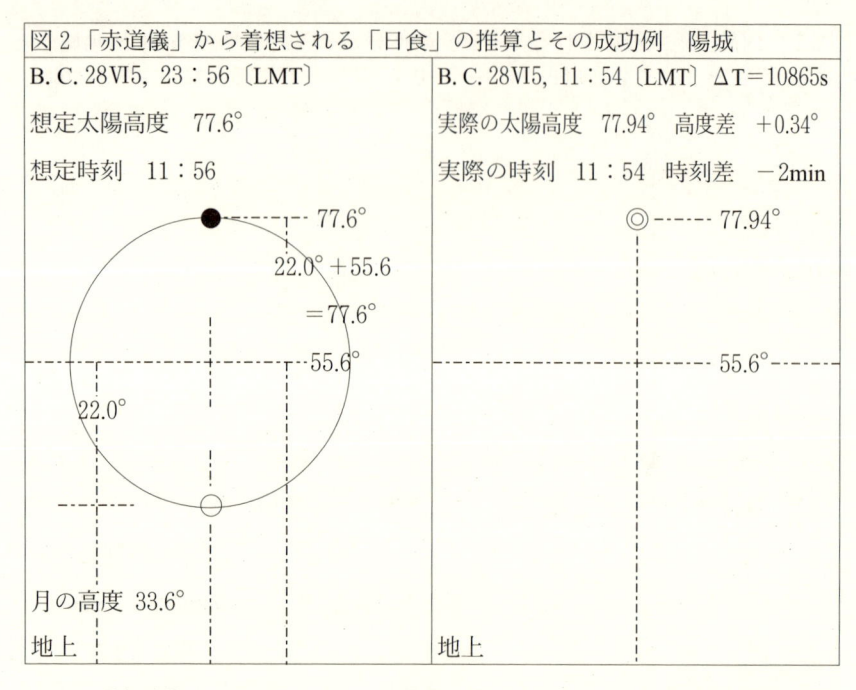

```
図2 「赤道儀」から着想される「日食」の推算とその成功例　陽城
┌─────────────────────────────┬─────────────────────────────┐
│B.C. 28 VI5, 23：56〔LMT〕    │B.C. 28 VI5, 11：54〔LMT〕 ΔT=10865s│
│想定太陽高度　77.6°           │実際の太陽高度　77.94°　高度差　+0.34°│
│想定時刻　11：56              │実際の時刻　11：54　時刻差　−2min│
│                             │                             │
│           ●----77.6°        │       ◎-----77.94°          │
│           22.0°+55.6        │                             │
│           =77.6°            │                             │
│           55.6°             │           55.6°             │
│     22.0°                   │                             │
│                             │                             │
│           ○                 │                             │
│                             │                             │
│月の高度 33.6°                │                             │
│地上                          │地上                          │
└─────────────────────────────┴─────────────────────────────┘
```

による「赤道儀」である。しかし、儀器の違いはあるものの「日食」観測において、両者の考え方に大きな差はなかったのではないかと思われる。

　次に挙げるのは、実視できた No.45 の「日食」である。観測儀器による「日食」の的中ならば、年代的に「赤道儀」導入以後である。ただし、これは日食の観測記録とも考えられなくもない。図2を参照されたい。既述したとおり、「修正 No.43」JD1707379（Oppolzel No.2786r）の「135か月」目にあたるのものが、以下の No.45 の「日食」である。

　「No.45 成帝河平元年四月己亥晦（B.C. 28 VI 19, JD1711366), 日有食之（Oppolzel No.2813t), 不尽如鉤, 因入.」

　この「日食」が起こるか否かの最終確認は、これより15日前（B.C. 28 VI 5）の「満月（＝望）」の位置によって決定される。

　同様の手法で「春分」時における「太陽」の南中高度（55.6°）をメルクマールとして予め設定する。そして、この値を「日食（朔）」が発生する15日前の「満月（望）」の「南中高度」値で減じ（55.6°− 33.6°=22.0°）、この求められた

数値（22.0°）に「春分」時における「太陽」の南中高度（55.6°）を加算すれば、12時間後に南中するはずの「想定太陽」の高度（77.6°）が算出される。そして、12時間後に南中した「太陽」の高度がこれと近似値ならば、その15日後に必ず「日食」が発生するのである。

図２の場合は「満月」南中（B. C. 28 VI 5, 23：56）から11時間58分後に「太陽」が南中（B. C. 28 VI 5, 11：54）した。その「想定太陽」高度との差は＝＋0.34°であり、見事この15日後（B. C. 28 VI 19）に「深食」となった。

以上が、「太初暦」施行期間における「日食」予報の手法と考えられるが、「日食」予報において、常にメルクマールされた「春分（＝秋分）」時における「太陽」の南中高度（55.6°）は、よくよく考えると「天の赤道」であることに気付く。この「天の赤道（Celestial equator）」は前漢時代において、「黄道」と称せられ、「太陽」の道筋である「黄道（Ecliptic）」が「日道」、「月」の道筋である「白道（moon's path）」が「月之道」と呼ばれていたようである。

たとえば、『周髀算経』巻上では「月之道常縁宿, 日道亦与宿正」、趙君卿の『周髀算経』「七衡図注」には、「我之卯酉非天地之卯酉, 内第一夏至日道也, 出第四春秋分日道也, 外第七冬至日道也. 皆随黄道, 日, 冬至在牽牛, 春分在婁, 夏至在東井, 秋分在角, 冬至従南而北, 夏至従北而南, 終而復始」と記されているし、劉向（B. C. 77～B. C. 6）の『五紀論』にも「日月循黄道, 南至（＝冬至）牽牛, 北至（＝夏至）東井, 率日, 日行一度, 月行十三度十九度七也」となっている。ところが、後漢になって編纂された『漢書』「天文志」では「日に中道あり、月に九行あり。中道は黄道、一に光道と曰ふ」としており、「黄道（Ecliptic）」は「太陽」の道筋である「Ecliptic」を指すようになっている。

それはともかくとして、筆者の検証によって「太初暦」施行期間中において史官は「白道（Moon's path）」と「黄道（Ecliptic）」の存在を知り、この「白道（Moon's path）」が「黄道（Ecliptic）」に対して概ね「6°」傾いていることを認識していたことが判明したことになる。

従来の考えかたでは、中国人が「黄道（Ecliptic）」を認識した時期を後漢であるとしているが、そもそも、このような誤った先入観を抱かせているのは、

『続漢書』「律暦志」に引用される「賈逵論暦」であろう。賈逵（A. D. 30-101）は元和改暦時に暦法の専門家を統轄する専門家であったが、史官が用いている「赤道儀」の機能が日月の運行にそぐわないでその差が一度以上となっているのに対して、傅安という人物が私有する「黄道儀」は日月の運行と多く一致をみるとして、「黄道銅儀」の製作を建議したとされる。なお、『隋書』「天文志」ではその製作時期を永元十五年（A. D. 103）と記しているが、それでは賈逵が没した2年後のことになる。

4.「朔望之会」に基づく「中国式（135月）周期」の開始時期

このように、「中国式周期」は「皆既月食予報値」としては、信頼性が極めて高い周期性をもつだけでなく、「日食予報値」としても有効で高い的中率に結びつくが、この「皆既月食」が発生する「135朔望月」を直接「日食」に援用した予報がいつから行われていたかを検証することによって、「中国式周期」の成立時期を見極めることができる。

そこで筆者は、『春秋』から『後漢書』までに含まれる全ての日食記録を別の日月食予報値として知られている「223朔望月（サロス周期）」および「235朔望月（メトン周期）」ならびに「47朔望月」等々との比較を交えて検討した。この結果、「135朔望月」における「朔望之会（＝3986.6295）」の周期性を直接「日食」に援用したのは、後述の如く「太初暦」（B. C. 104）施行後のことであったことが数理的検証の結果判明し、逆に「太初暦」以前の「四分暦（顓頊暦）」に於いては、既述したところの「月食」が発生する「原初中国式周期」を使用し、先ず予想される「月食」の日を定めてから、次に「月食」発生前後十五日のどちらかに必ず発生するとされるそれぞれ2個の「日食」を半分の確率で予報していたことが判明したのである。

以下、その検証結果を提示するが、「中国式（135月）群」のNo.に「r－」が付されているものは、familyと177日間隔をキープして出現するrelativeの関係にある「日食」であり、これは「Saros（223月）周期」には想定しえない。

「資料1」を参照されたい。「太初暦」施行後における日月食を「Saros（223月）周期」と「中国式（135月）周期」でgroupingした。調査の結果、「太初暦」施行後は「朔望之会」に基づく「中国式（135月）周期」に2例の孤立例を除いて孤立例が殆ど認められない。2例の孤立例は既述したとおり伝世上の記録誤写に基づく誤算の可能性が高い。また、「Saros（223月）周期」については孤立例の多さから、予報値として使用されたとは考えにくいとの結論に達した。

資料1 『漢書』所載の「太初暦」施行後における日月食をSaros（223月）周期と朔望之会に基づく中国式（135月）周期でgroupingした結果

群No.	Saros（223月）群	中国式（135月）群	凡例および解説
1	33,41,48	33,60	Saros（223月）群および中国式（135月）群の日月食番号は『中国古代の天文記録の検証』所載第Ⅳ章『漢書』（戦国時代）所載の番号33〜61とした。＊印の付された番号は「非食」であることを示す。 また、新の王莽（在位期間A.D.8―23）は、「太初暦」を改良した「三統暦」を用いており、それは所載の番号60および61に該当するが、中国式（135月）を用いているので「太初暦」と見なしてある。
2	34,39,54	34,r-49	
3	35	35,53,r-52	
4	36,44	36,42,r-44	
5	37,46	37,47,51,r-38	
6	38,51	40,r-57	
7	40,57	41,58	
8	42〔孤立〕	誤謬43*,55*	
9	誤謬43*,49,50	45, 修正No.43,r-61	
10	45〔孤立〕	46,r-50	
11	47〔孤立〕	48,54,r-39	
12	52,59	56〔孤立〕	
13	53〔孤立〕	59*〔孤立〕	
14	55*〔孤立〕		
15	56*〔孤立〕		
16	58		
17	60〔孤立〕		
18	61, 修正No.43		

次に「資料2」および「資料3」を併せ参照されたい。「太初暦」施行前すなわち「四分暦」施行時代における日月食を「Saros（223月）周期」と「中国式（135月）周期」でgroupingした。調査の結果、「太初暦」施行前の「四分暦」施行時代においては、「朔望之会」に基づく「中国式（135月）周期」および「Saros（223月）周期」に孤立例が多いことから、ともにこれらが予報値として使用されたとは考えにくい。以上の検証から、「朔望之会」に基づく「中国式（135月）周期」は「太初暦」施行後に行われたとの結論に達した。

資料2 戦国時代の日月食をSaros（223月）周期と中国式（135月）周期でgroupingした結果

群No.	Saros（223月）群	中国式（135月）群	凡例および解説
1	1〔孤立〕	1,r-4	Saros（223月）群および中国式（135月）
2	2,3,6	2,6	群の月食番号は『中国古代の天文記録の
3	4,7	3〔孤立〕	検証』所載第Ⅲ章『史記』（戦国時代）
4	5〔孤立〕	4〔孤立〕	所載の番号1～10とした。
5	8〔孤立〕	5,7	すなわち1はB.C.444Ⅹ24（1842r）
6	9〔孤立〕	6〔孤立〕	であり、10はB.C.248Ⅳ24（2288t）で
7	10〔孤立〕	8〔孤立〕	ある。但し、11については『史記』「呂
8	11〔孤立〕	9〔孤立〕	太后本紀」のB.C.181Ⅲ4（2441t）を
9		10〔孤立〕	充てた。もっとも『史記』「孝文本紀」・
10		11〔孤立〕	「孝景本紀」所載の日月食記事は、両本
			紀が司馬遷以後の作であるため除外して
			ある。

資料3 「顓頊暦」すなわち「四分暦」用いたとされる、『漢書』所載の「太初暦以前」における日月食をSaros（223月）周期と中国式（135月）周期でgroupingした結果

群No.	Saros（223月）群	中国式（135月）群	凡例および解説
1	1,(2),15,33	1,(2),r-15	Saros（223月）群および中国式（135月）
2	3〔孤立〕	3,13,r-30	群の日月食番号は『中国古代の天文記録
3	4*,5,25*,26	4*,(10),r-25*	の検証』所載第Ⅳ章『漢書』（戦国時代）
4	6〔孤立〕	6〔孤立〕	所載の番号1～32とした。但し、33に
5	7,27,(28)	7,23,r-27,r-(28)	ついては『史記』「孝文本紀」所載のB.C.
6	8〔孤立〕	8〔孤立〕	178Ⅰ16（1580t）の皆既月食記事を充て
7	9,(10),29	9,26,31,r-5	た。また（ ）内の数字は前番号の「連
8	11*〔孤立〕	11*〔孤立〕	続月のペア日食（月食の半月前および半
9	12*〔孤立〕	12*〔孤立〕	月後のどちらかに起こると想定したペア
10	13〔孤立〕	14〔孤立〕	の日食、但し非食）」、〔19〕の日食（非
11	14〔孤立〕	15,r-33	食）は、部分月食（1629p）の誤記（10
12	16〔孤立〕	16*〔孤立〕	月戊午→10月壬午）であることを示す。
13	17*〔孤立〕	17*,24*	非食のJDは張培瑜の『三千五百年暦日
14	18,〔19〕〔孤立〕	18,〔19〕〔孤立〕	天象』（1997年 大象出版社）に拠った。
15	20〔孤立〕	20〔孤立〕	なお*は非食を示す。
16	21〔孤立〕	21〔孤立〕	
17	22*〔孤立〕	22*,r-32	
18	23〔孤立〕	29〔孤立〕	
19	24*〔孤立〕		
20	30〔孤立〕		
21	31〔孤立〕		
22	32*〔孤立〕		

5.「四分暦」の日食予報とその手法

『春秋』の暦法以降に出現したと考えられる暦法が「四分暦」である。この「四分暦」は太陽系天体である「五星（惑星）」の運行については概ね推算ができている。だが「日食」については推算ができず、特定の周期に基づく予報値が暦譜に記載されていたものと解せられる。それは『漢書』「律暦志」において、「太初暦」（B.C.104）以後の「日食」が89.7％（29例中26例が的中）という高い的中率なのに対して、「太初暦」以前の「四分暦（顓頊暦）」が約53.1％（32例中17例が的中）という極めて低い的中率を示していることからも自明である。つまり的中率が低いということは日食予報に失敗したということにほかならない。

では、その特定の周期とは何であったかというと、それは「中国式周期」の原型と考えられる「劉歆三統術」とよばれる月食予報術であり、以下のように『左伝』襄公二十四年孔疏に引かれる『漢書』「律暦志」佚文に見られる。

「以為五月二十三分月之二十, 乃為一交. 以為交在望前, 朔則日食, 望則月食. 交在望後, 望則月食, 後月朔日食. 交正在朔, 則日食既. 前後望不食。交正在望、則月食既, 前後朔不食.」

文中に見える「以為五月二十三分月之二十, 乃為一交.」とあるのは、既述したように

$$\frac{135}{23}月 = 5\frac{20}{23}月 = 173.331日$$

「23」回の仮想というべき「半食年周期（173.331）」ごとに「皆既月食」が発生するという仮想数値であるが、「月食」の前後15日の「朔」に「日食」が起こることを予報の眼目としているので、本来は「月食」の「原初中国式周期」という特性を残した原始的な「日食」予報だったと推察される。つまり後漢の劉歆の「三統術」の名を借りてはいるものの、実際は劉歆以前における古い暦

術である。

　なぜならば、既述したように「太初暦」以降における日食予報は「135朔望月（=3986.6295）」を「日食」の予報値としているものの、最終的な判断は必ずしも「月食（望）」が起こる前後15日を「日食（朔）」の照準とはせず、「日食（朔）」が起こる前の15日の「満月（望）」と「太陽」との位置と時間差とよって日食の推算を行っているからである。

　翻って「四分暦」時代における「日食」予報とは、「皆既月食」であっても「部分月食」であっても、その「月食」の半月前の「朔（black moon）」か半月後の「朔（black moon）」に必ず「日食」が起こるということにのみ留意した。「月食」の発生については短期的な周期性をもつ「原初中国式周期」によって判断できる。それが仮に実視できない「昼月食」であったとしても「日食」予報のデータとして使用可能なのである。

　とはいうものの、「日食」の半月前の「望（full moon）」か半月後の「望（full moon）」に必ずしも「月食」が起こるとは限らない。なぜなら「日食」が起こる回数が「月食」のそれよりも多いからである。換言すれば、「月食」の予報に基づかない「日食」も発生することがある。

　「四分暦」の作成者は、「月」は「太陽」よりも速度が速いものの、天空において双方は同じ軌道上を運行するものと考えていた。そのため、この軌道を「天道」と称し、「天道」は人力を超えた宇宙の秩序に則っているものと理由づけした。蓋し中国人はこの宇宙観を暦法に結びつけ、「天道」とは軌道幅が広い周天の円軌道であると考え、「太陽」と「月」が運行上で並列する場合もあれば、重なり合う場合もあるというような解釈をしたのである。したがって「日食」自体の推算ができなかったというのは、「日食」が「白道」と「黄道」の2本の軌道上において両天体が重なった時に出現する仕組みであるのにもかかわらず、これを「白道」の軌道幅を広くした1本の軌道である「天道」で説明しようとしたことにあった。

　むろん「四分暦」の作成者は、その「月食」の半月前の朔か半月後の朔に必ず「日食」が起こるという事実を経験則から知っていたが、「月食」に「昇交

点月食」と「降交点月食」の2種類があることを知らなかったために、当然これに連動する「昇交点日食」と「降交点日食」の2種類があることも知らなかった。ただ、「月食」に連動する「日食」が半月前の朔か半月後の朔のどちらかに必ず発生するという経験則としての事実を認識していて、その2つの予報値を暦に記しておき、「日食」の発生がいずれかになるか後日確認したのである。そして、実際に「日食」が発生した側を記録にとどめ、「月食」の記事および非食となった「日食」側を最終的に削除したのである。

　もっとも、「月食」の記事を削除し忘れた具体例が『史記』「四分暦（顓頊暦）」に次の1例が残されている。

① 「秦躁公八年六月.雨雪.日月蝕.（B.C.436 V 31　Oppolzel No.1860t）」の日食に対する

❶ 「秦躁公八年六月.雨雪.日月蝕.（B.C.436 V 17　Oppolzel No.1192p）」の月食

　同様の具体例が、『漢書』（『史記』との併記）所載の日月食のうち、「太初暦」以前の「四分暦（顓頊暦）」において次の2例が見える。

② 「文帝二年十一月癸卯晦.日有食之.（B.C.178 I 2　Oppolzel No.2447p）」の日食に対する

❷ 「〔『史記』〕孝文二年十二月望.日〔＝月〕又食.（B.C.178 I 16　Oppolzel No.1580t）」の月食

③ 「景帝中三年九月戊戌晦.日有食之.（B.C.147 XI 10　Oppolzel No.2523t）」の日食に対する

❸ 「景帝中三〔四〕年十月戊〔＝壬〕午晦〔＝望〕.日〔＝月〕有食之.（B.C.147 X 25　Oppolzel No.1629p）」の月食

　さらに「月食」の記事を削除したものの、当該月食前後にある実見および的中に外れた非食の2つの「日食」を挙げた具体例が、『漢書』所載の「日食」うち「太初暦」以前の「四分暦（顓頊暦）」において、3例が見える。これらは当日の天候が曇天もしくは雨天となったために判定ができず、そのため両者を併記したものと思われる。なお筆者は、かつて斉藤国治と共に著した『中国古代の天文記録の検証』（1992年　雄山閣出版）において、以下3例の「日食」を

いずれも「比月食〔連続月のペア日食〕」として解釈した。だが「比月食」とは、それぞれ北極および南極をかすめる（または、その逆）ものとなっていずれも実見できず、かつその2個の「比月食」間に発生する「月食」は全て「皆既月食」でなければならないので、以下3例の「日食」は「比月食」には該当しないことが判明した。そのため従来の見解を些か修正する次第である（注1）。

④「高帝三年十月甲戌晦.日有食之.（B.C. 205 XII 20 Oppolzel No.2387p）※日半食」と④'「高帝三年十一月癸卯.日有食之.（B.C. 204 I 18）※日非食」との間にある

❹「B.C. 205 XII 5 Oppolzel No.1539t」の月食

⑤「文帝三年十月丁酉晦.日有食之.（B.C. 178 XII 22 Oppolzel No.2447p）※日半食)」と⑤'「文帝三年十一月丁卯晦（B.C. 177 I 21）※日非食」との間にある

❺「B.C. 177 I 6 Oppolzel No.1582p」の月食

⑥「武帝元朔二年二月乙巳晦.日有食之.（B.C. 127 IV 6 Oppolzel No.2570t）※日半食」と⑥'と「武帝元朔二年三月乙亥巳晦.日有食之.（B.C. 127 V 6）」※日非食」との間にある

❻「B.C. 127 IV 21 Oppolzel No.1662p」の月食

以上のデータから、「四分暦」が「月食」の「原初中国式周期」という理論値を援用し、さらにここから得られる副次的な手法で「日食」を予報していたことが裏づけられた。制定当初の「四分暦」は誤差が少なく優れた暦法であったが、漢初になっても暦面と天象の調整をしなかったために、「朔」に起こるべき日食が「晦日」や「先晦一日」と記されているように、次第に暦面と天象にズレを生じていった。このこと自体は「日食」予報と直接の関係はないのだが、「日食」的中率の低さも併せ鑑みられ、ここに「太初暦」が出現したと考えるべきであろう。

註

（1）斉藤・小沢が『漢書』において「太初暦」以後で「比月食」と決めつけたものに、次のケースがある（「四分暦」については本文に明記済みである）。すなわち、哀帝元寿二年三月壬辰晦（JD：1721199）日有食之．(B.C.1 V 21〔非食〕)（『漢書』「五行志」）および哀帝元寿二年夏四月壬辰〔戌〕晦（JD：1721229）日有蝕之．(B.C.1 VI 20〔2882p〕)（『漢書』「哀帝紀」）の連続日食のうちの前者を指す。

だが、上述 2 個における日食の中間位置には、「比月食」の要素となる「皆既月食」がないどころか、「部分月食」すらない。ちなみに、月食は後者の15日後である「JD：1721244（B.C.1 VII 5〔1861r〕）」に存在する。

また『春秋』襄公二十四年七月甲子朔（JD：1521071）日有食之．既（B.C.549 VI 19〔1582t〕）および『春秋』襄公二十四年秋八月癸巳朔（JD：1521100）日有食之．B.C. 549 VII 18〔非食〕）の連続日食のうちの後者を指す。だが、上述 2 個における日食の中間位置には、「比月食」の要素となる「皆既月食」がないどころか、「部分月食」すらない。ここに訂正を申し述べたい。

第3章
中国古代における宇宙構造論の段階的発展と占星術の出現

総論. 宇宙構造論から見た「天文学」の発生および発展のプロセス

　古代ギリシアでは「天動説」に基づいて、地球を中心とした幾何学的モデルが想定され、これを基礎として天体の運動が議論された。すなわち古代ギリシアの「天動説」とは宇宙構造論なのであって、古代バビロニアから古代ギリシアに伝播した「太陰太陽暦」という暦法の根拠は、この「天動説」という宇宙構造論によって明確に理由づけされたのである。これに対して古代中国の「太陰太陽暦」も「天動説」であるのだが、これを宇宙構造論と結びつける先行研究は未だ見いだすことはできない。その理由の一つとして考えられるのは、多くの研究者が漢代の頃において論駁しあったという「蓋天説」や「渾天説」などの宇宙構造論が天体の運動をとりあげてきた暦法と全く無関係であると解釈しているからであろう（藪内清『科学史からみた中国文明』65頁　1982年　NHKブックス）。

　しかし、その反面これら研究者は「太初暦」が明らかに晷儀を用いた暦法すなわち「蓋天説」に拠っている（『漢書』「律暦志」）のにもかかわらず、「太初暦」が「渾天儀（赤道渾天儀）」によって、天体位置を測定したとして、「渾天説」との関係を強調しているのだから、その主張に整合性はない（藪内清『中国の科学』P.65　1979年　中央公論社。呉守賢・金和鈞『中国古代天体測量学』P.426　2008年　中国科学技術出版社）。

　洋の東西を問わず、そもそも暦法と宇宙構造論とは不可分一体の関係にあり、暦法を考慮しない宇宙構造論など存在しない。特に「太陰太陽暦」をベースとした宇宙構造論の段階的発展は全て以下の基本原則1～3をたどり、暦法の改

良はこれに連動する。そして「占星術」は「五星」すなわち「惑星」の認識をもってはじめて出現する。

1.「太陽」と「月」の関係　2.「恒星」の存在と「星座」の着想　3.「惑星」の認識とこれに付随する「占星術」の出現

もっとも、古代中国では、「天文学」の発達過程において旧来の説が完全に淘汰されずにそのまま中途半端な形で後世に伝存していくケースがある。この結果、新旧の説が複雑に混在して本来の姿を見失わせてしまうが、新旧を峻別する鍵となるのがほかならぬ上記3つの基本原則からなる宇宙構造論といえる。本稿の主眼は古代暦法の発生と変遷の経緯を宇宙構造論から俯瞰しながら時系列に篩い分けすることにあるが、このアプローチによって従来の解釈は大幅に変更されることになる。なお、天文学的な宇宙論には宇宙構造論のほかに宇宙生成論があり、後者に関しては浅野裕一の先行研究『古代中国の宇宙論』（2006年 岩波書店）があるので併読を薦めたい。

1. 宇宙構造論のめばえと「星」の認識

「宇宙」という言葉は、前漢時代に著された『淮南子』の「斉俗訓」に「往古来今謂之宙、四方上下謂之宇」をもって来源とする。けれども、前漢以前にも「宇宙」としての概念は存在しており、人々はこれを「天」と「地」の二語で対比して表現し、その「天」と「地」を結びつける媒介となる天体が「太陽（＝日）」および「月」そして「星」であった。「星」の呼称は殷墟出土の甲骨文字にも認められ、その字形「｡｡｡」を見る限り「星」とは「晶」と同義であり、夜空に燦然と輝く数多くの星々を指したのである。内藤湖南は、殷人とは本来黄河河口の渤海をテリトリーとした民族であったと捉えているが[1]、殷人は沿岸漁業における潮汐把握のための「太陰暦」と農業における種蒔き時期把握のための「太陽暦」とをミキシングした「太陰太陽暦」という暦法を生み出したのである[2]。

殷王朝におけるこの原始的というべき暦法は、時代の変遷と共にある程度の

改良が加えられたかもしれないが、基本的には春秋時代における魯国などの沿岸地方に受け継がれていたと考えられる。春秋時代の季節区分は「二至二分」つまり「春分・夏至・秋分・冬至」の4つのみである。つまり「立春」が含まれる「二十四節気」と呼ばれる季節区分は戦国時代になってからの新しい概念であって、春秋時代は「立春」を年初とする暦など存在しない。また、「二至二分」の名称が今日のように確立するのは「太初暦」以降であって、『尚書』「堯典」には「日中（＝春分）・日永（＝夏至）・宵中（＝秋分）・日短（＝冬至）」とあり、戦国時代末期の『呂氏春秋』では「日夜分（＝春分・秋分）・日長至（＝夏至）・日短至（＝冬至）」と名付けられている。

　山東地方の沿岸地域に接する春秋時代の魯国の天文学は、随時の日月観測によって天象と暦面を調整する暦法を重視していた。そのため、日食の出現には細心の注意を払っており、『春秋』は242年間（B.C.722-B.C.481）における37個に及ぶ日食記事を後世に伝えた。これらの日食記事によって魯国の暦法が明確に「冬至」を「正月」とし、閏月の挿入を実質上の年末（いわゆる歳終置閏）としていたことが、古天文学の数理的検証から已に判明している。[3] 新城新蔵は『春秋』においては、閏月の挿入は年末のほか年の途中で閏月の挿入（いわゆる歳中置閏）のケースもあると主張されたが、[4]『春秋』所載の日食と次の日食間における「JD（ユリウス通日）差」において、これに該当する『春秋』所載の日干支がどのような暦面をもつかの根拠が具体的に示されておらず説得性に乏しい。

　実際、春秋時代の初め東周王朝には天文学の発達によって創成された、より高度な宇宙観に基づく「星宿」の概念があったが、辺境というべき魯国にこれを受容する条件は暫くの間整っていなかったと考えられる。ただ、孔子が魯の書庫にある膨大な公文書を刪節して編纂したと伝えられる『春秋』という魯の年代記が、中国国内における儒教イデオロギーの著しい浸透のために散佚を免れたのは幸いであった。魯国の天文学は「天円地方説」の宇宙観に基づいた地平線を座標とする「地平座標」を念頭に置いているが、それゆえに我々は古天文学的手法をもって中国における宇宙構造論の発展を段階的に俯瞰することが

第3章　中国古代における宇宙構造論の段階的発展と占星術の出現

できる。魯国では「太陽」と「月」以外の天体は一律に「星」と称せられた。唯一の例外である「北斗七星」は、初め夜間における北方の目印である「斗」形として、「北斗」と呼ばれたが、東周における宇宙観の影響を受けた後に「北辰」と改称された。したがって、夜空に燦然と輝くその他数多くの星々は単に「恒星」と呼称されたのである。もっとも「恒星」といっても、それは現代の「惑星（Planet）」に対する「恒星（Star）」を意味するものではなく、ただ「恒（いつもの）星」と表現したに過ぎない。そのため、雨の如く降り落ちる流星雨の様子を「星隕（星、隕つ）」と呼び、予期せず突然出現した一過性の星つまり「彗星（Comet）」の出現を「星孛（星、孛す）」と称した。『春秋』の中で、最初に「星」の文字が現れるのは次の通り、「恒星」および「星隕」とをもって嚆矢とするが、これが中国で最も古い具体的年次を示した「星」に関する記録なのである。『左伝』は戦国時代になって著された書物であるが、『春秋』の記事をベースに編者が意図的に手を加えている。

①「魯荘公七年夏四月辛卯〔五日〕（B.C. 687 Ⅲ 23）夜, 恒星不見, 夜中星隕如雨.」（『春秋』）

❶「魯荘公七年夏（B.C. 687 Ⅲ 23), 恒星不見, 夜明也. 星隕如雨, 与偕也.」（『左伝』）

すなわち、この文にみえる「星、隕つ」とは B.C. 687 Ⅲ 23 の夜に見えた「こと座流星雨」であるが、「恒（いつもの）星」との区別は文義上なされているものの、しょせん「星」そのものに区別がない。これは「星孛」についても同様で、以下の表現をとっている。春秋時代の魯国には「二十八宿」の概念もなければ、「彗星」の名称すら存在しなかったのである。

②「魯昭公十有四年秋七月（B.C. 613), 有星孛于入北斗.」（『春秋』）

❷「魯昭公十四年秋七月（B.C. 613), 有星孛于入北斗.」（『左伝』）

③「魯昭公十有七年冬（B.C. 525), 有星孛于大辰.」（『春秋』）

❸「魯昭公十七年冬（B.C. 525), 有星孛于大辰西及漢.」（『左伝』）

④「魯哀公十有三年十有一月冬（B.C. 482), 有星孛于東方.」（『春秋』）

⑤「魯昭公十有四年冬（B.C. 481), …有星孛.」（『春秋』）

実のところ「彗星」の名称は戦国時代に入ってからのもので、『史記』は上記①②の「星孛（星，孛す）」を次のように「彗星（ほうき・ぼし）」といって固有名詞として表現した。

②′「魯文公十四年.彗星入北斗.」（『史記』十二諸侯年表「魯表」）

③′「魯昭公十七年.彗星見辰.」（『史記』十二諸侯年表「魯表」）

したがって、春秋時代に著されたとする『左伝』に「魯昭公廿六年，斉有彗星.斉侯使禳之」という「彗星」の記事があるのは極めて怪訝なことであって、この記事の由縁が『競建内之』に拠っていることは、第4章で述べてある。[5] つまり日食の予報が不可能な春秋時代において、突然出現した皆既日食に狼狽した斉公が描かれている『競建内之』を『左伝』の編者は「彗星」に置き換えて挿入したということにほかならない。言い換えれば、不十分とはいえ日食の予報が可能となっている戦国時代では、為政者が皆既日食程度で狼狽することなどありえないので、編者は予測不可能な「彗星」を使って差し替えたのである。ただ、ここで留意しなければならないのは、『左伝』の編者が戦国時代の人物であるのは明白であるものの、その編者は『競建内之』をベースに用いているのだから、『左伝』の「魯昭公廿六年,斉有彗星.斉侯使禳之」という逸話がまったくの虚構ではなかったという証左になっている。

それは『左伝』の

⑥「魯昭公春王正月（B.C.532Ⅱ），有星出于婺女.」中の「星」についてもいえる。おそらく『左伝』の編者は「星孛（星，孛す）」ではなく、「星隕（星，隕つ）」でもないこの「星」が具体的に何の「星」であったか知るよしもなかったと思われる。なぜなら、この原記録を書き留めた中国人自身が実際「金星（Venus）」であるこの「星」を何であるか認識できなかったために、ただ漠然と不明瞭に「星」と記したからである。つまり、B.C.532の初めから（B.C.532Ⅱ～）「金星」は順行中であって、B.C.532 Ⅱ16,4h に黄経276.°2 で女宿（距星 ε Aqr）に入り、この時の光度は（-4^m1）で暁天に見えたのである[6]。実のところ、この星が「金星」と特定できなかった理由は、この原記録を書き留めた当時の中国人自身が「惑星（漢語では行星）」すなわち「五星」の存在を知らな

第3章　中国古代における宇宙構造論の段階的発展と占星術の出現　69

い春秋時代の人物だったからにほかならない（中国の国家事業である第九次五ヵ年計画プロジェクトの1つである「夏商周断代工程」において、『国語』「周語」の「歳星が鶉火に在る（昔武王伐紂，歳在鶉火）」という記事を実際あった天象と捉え、「歳星（＝木星）が鶉火に在る」年を「武王伐紂年」として想定している。だが、殷末周初の時代に「五星」すなわち「惑星（Planet）」の認識などあろうはずもない）。

　つきつめていうならば、この一文は「婺女」という東周の宇宙観に基づいた「星宿」を述語として使用していることから、書き留めた人物は東周もしくは東周に近接する地域に限定され、実際それは『史記』「十二諸侯年表」の「晋表」に同一記事の⑥′が見られるので、原記録は東周に近接する「晋国」の史料であったとほぼ断定できるのである。

　⑥「魯昭公十年春王正月（B.C.532Ⅱ），有星出于婺女.」（『左伝』）
　⑥′「晋平公彪二十六年春（B.C.532Ⅱ），有星出婺女，十〔七〕月公薨.」（『史記』「十二諸侯年表」）

　もっとも、春秋時代とは242年間（B.C.722－B.C.481）に及ぶものであるから、天文に関する術語にも多少の変化があったと見なければならない。その根拠は『論語』「為政第二」の冒頭に見える「政を為すに徳を以てせば、譬へば北辰の其の所に居て、衆星の之に共（むか）ふが如し」の一文である。

　すなわち、この「北辰」とは明らかに「北斗七星」である。現代における多くの『論語』のテキストは「北極星」と誤解しているが、春秋時代に天の北極には「星」などなく「北極星」の認識はない。ただし上掲①の通り、春秋時代のB.C.613において魯国では「北斗七星」を「北斗」と呼び、通常見える星を「恒星」と称している。それが、『論語』（B.C.479以降成書）において「北斗」が「北辰」に改称されており、「恒星（いつもの星）」が「衆星（多くの星）」と改名されている。これは「北辰」が反時計回りの動きのもとに「衆星」を差配しているごとき表現をとっているものの、全ての「星」は一律「星」と呼称されているので、魯国が東周の宇宙観の影響を不十分ながらも受容したものと考えるべきである。

　実はこれに関連して、上掲した③の「魯昭公十有七年冬（B.C.525），有星孛

于大辰.」に見える「大辰」は「北辰」の誤記であることが明白であり、B.C.525頃には已に魯国に存在した呼称であったことがわかる。なぜなら、「大辰」の初出が当該記事であることは周知の通りだが、これは金文「北」の書体と金文の「大」の書体が似ているために伝写の過程で「北辰」を「大辰」と書き誤ったと考えられるからである。『公羊伝』は「大辰とは何ぞ、大火（心大星＝アンタレス）なり。大火を大辰となし、伐を大辰となし、北極も大辰となす」と無責任な解説をしているが、日周運動で時々刻々動いている恒星の「アンタレス」に向かって「彗星」が入ったとする解釈は、『呂氏春秋』にいう「刻舟求剣（舟に刻んで剣を求む）」の故事に等しく滑稽である。

だいいち戦国時代における「彗星」を記述した『史記』でさえ、その方角を示す表現は「東方」・「西方」・「南方」・「北方」・「竟天」を用いているわけであるから、天の北極付近にいて自らが反時計回りの運動（日周運動）をしている「北斗七星」のみが、往時の魯国において方角が固定できる目印の星だった見なければならないのである。したがって、

❸「魯昭公十有七年冬（B.C.525），有星孛于大辰.」とする『春秋』の記事は正しくは

❸″「魯昭公十有七年冬（B.C.525），有星孛于北辰.」と訂正しなければならず。

また、『左伝』の

❸「魯昭公十七年冬（B.C.525），有星孛于大辰西及漢.」の記事も

❸′「魯昭公十七年冬（B.C.525），有星孛于北辰西及漢.」と訂正しなければならないが、「漢」とは「天漢（天の川）」であって、「漢」は冬の季節には南北に頭の上を越える位置に来るので、「星（Comet）」が北西方向から天を竟（つい）たと読みとることができる。つまり、『左伝』は『春秋』と異なる史料をもって当該部分を記したものと考えられるので、原記録が魯国の史料であるかどうかは見極めることができない。

ともあれ、魯昭公十七年（B.C.525）頃には「北斗」が「北辰」に改称されていることが判明するが、この「北辰」という名称の由縁については次項で説

明する。

2．春秋時代（B.C.770〜B.C.454）における東周王朝の宇宙観——「天道」・「地中」の着想と「北辰」・「星宿」の創出——

(1)「天道」および「地中」の着想

「日進月歩」という言葉があるが、漢初以前の中国人は「月」は「太陽」よりも速度が速いものの、天空において双方は同じ軌道上を運行するものと思いこみ、さらに「太陽」と「月」はそれぞれ等速で進むものと考えていた。そのため、この軌道は「天道」と称せられた。春秋時代の東周では、この誤った「天道」のイメージに基づきながらも、東周の王都洛邑より南東55kmの「北緯34°24′」にある「陽城（現在の河南省告成鎮）」を「地」の中心と解釈した。

「陽城」の地を別名「地中（あるいは土中）」と称したのはこのような理由からであるが、それは「陽城」の地点が「春分（＝秋分）」時の南中において、「句を三、股を四、弦を五（＝句股弦の法）」とする「句股弦の法」による直角三角形（いわゆるピュタゴラスの特殊法による直角三角形と同じ）の比をなす太陽高度にあったことが主な理由だったからである。東周王朝は昼夜をちょうど二分して正午の天地に「句股弦」の三角形をおりなす春分と秋分における天象を「天地陰陽」の「道理」と解釈し、「星宿」が一年をかけて周天する全周365¼度（＝西洋度360°）を環状の縄に見たて、この縄に対して等間隔に12個の結び目をつくり、これを「1太陽年」に該当する十二箇月に見立てたと想定される（図1a）。

古代エジプトでは、縄に対して等間隔に12個の結び目をつくって測量を行ったといわれるが、このような手法で「3・4・5」の結び目で引き伸ばせば、「句股弦の法」よる直角三角形を描いた時の比が「春分」南中時における「陽城」の太陽高度を表すとともに（図1b）、さらにこの縄を「3・3・3・3」の結び目で引き延して、一辺が「3」となる正四角形を創れば、これが「1太陽年」における「四季」とその内訳である「春（孟春・仲春・季春）・夏（孟夏・仲夏・季夏）・秋（孟秋・仲秋・季秋）・冬（孟冬・仲冬・季冬）」を示す（図1c）。

図1a 図1b

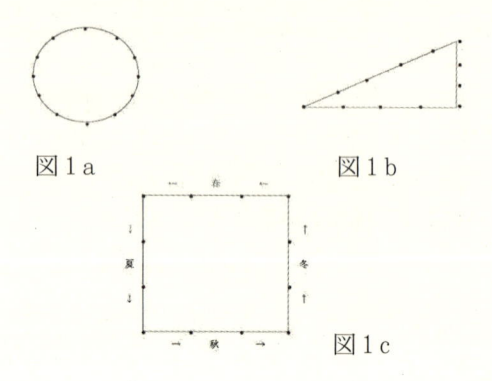

図1c

「陽城」の地点が「春分（＝秋分）」時の南中において「三・四・五」のピュタゴラスの特殊法による直角三角形の比をなす太陽高度にあることは、拙稿「汲冢竹書再考」（『中国研究集刊』42号）にすでに述べたところだが、ほぼ同様の研究を谷川清隆（国立天文台）・相馬充（同）・城地茂（高雄第一科技大学）・山本一登（京都大学人文科学研究所）各氏らによるグループも独自に行っているので、谷川グループの研究がまとめられるよう期待する次第である。

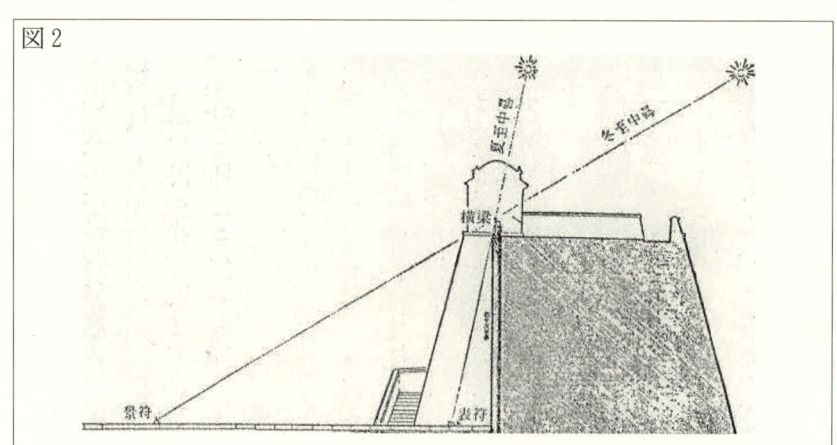

図2

中国に現存している四十尺の圭表をもつ元代の天文台を側面から描いたもの。古代からの日　の観測地として重要視されている河南省登封県「陽城」の地にある。（張家泰「登封観測星台和元初天文観測的成就」『考古』第二期より）

この「句股弦の法」による解釈に加えて、「陽城」の地から北面して見える

第3章　中国古代における宇宙構造論の段階的発展と占星術の出現　73

「北斗七星」を28個の「星宿」を差配する「玉斗」として考えたことによって、中国の天文学が独自の進歩を遂げた。なぜならば、「玉斗」を北極と看做すことによってここに「赤道座標」が萌芽したのであって、「日周運動」および「年周運動」の存在を「北斗七星」および「二十八宿」の運行によって導きだしたからである。ただし、この時代は太陽系天体である「惑星（＝五星）」の存在を知るところまでは至っていない。

　すなわち「北斗七星」自体は「日周運動」によって毎日、時計の針と反対方向に1回転する（反時計回りに動く）ような姿を見せるが、観測者が北面すれば全ての「恒星」は「北斗七星」に差配されているように東から浮上し、天空を時計の針と反対方向に大きく回転しながら西へ沈む軌跡を示す。だがこの反時計回りの1回転は厳密にいうと、「年周運動」によっていわゆる時計針で1箇月につき5分の反転（逆時針回転）を示し、12箇月（＝1年）をかけて起点に立ち戻ることになる。したがって、「北斗七星」に差配される全ての「恒星」のうち、「春分」の夜空に見えた「恒星」は「秋分」の夜空には「地中（＝陽城）」下にあって見えず、逆に「秋分」の夜空に見えた「恒星」は「春分」の夜空には「地中」下にあって見えないことになる。

　だからこそ東周は、「白道」の背景に沿った主な「恒星」を選び出し、「春分」と「秋分」とにそれぞれ各14個の「星宿」としてこれを天の赤道座標上に按排したのである。この「星宿」は「二十八宿」と称せられたが、「北斗七星」は「陽城」の地を中心に一年の歳月をかけてこの「二十八宿」を一回転させるものと解釈したのである。

　つまり、春秋時代の東周では「太陽」と「月」以外の「恒星」も畏怖の対象となる天体と看做しはじめたが、その基準となる「恒星」は「北斗七星」すなわち「玉斗」であり、特に「玉斗」自体が回転する起点は「春分」時の日没直後において「斗柄」の方向が「辰」を示す「く」と定義づけられた。「玉斗」が「北辰」と称せられたのはこのためであるが、これは東周の暦法が「春分歳首」であったからにほかならない。上述した通り、春秋時代における季節区分は「二至二分」のみであるから、年初もしくは歳首は「二至二分」に限定され、

また挿入される閏月は原始的な暦法のため年末か歳尾に置く方法しか知らない。そのため、『史記』「暦書」にある記事「周襄王二十六年〔B.C.626〕閏三月,而春秋非之」が示す通り、東周が自らの暦に「閏三月」を挿入したということは三月が実質上の年末すなわち歳尾となるわけであり、四月が実質上の年初すなわち歳首であることを明示している。換言すれば、東周襄王の暦法は名目上「一陽来復」の発想を持つ「冬至年初（正月冬至）」の暦法ながら、実質上は四月朔日が「春分」になるような初期値設定をして、これを歳首とした暦法ということが明確になる。いわば形式的には、春秋時代の魯国の暦法と同じく「太陽」の日出地点を定点とする「二至二分」の季節区分を用いているのであって、まだ「立春」を含めた「二十四節気」の概念はない。「春分歳首」の理由は農業を生産のベースとした東周王朝が種蒔き時期を為政の基本と捉えていたからであり、「二十八宿」の概念は種蒔き時期である「春分」と収穫時期である「秋分」とを臣民に対して簡便に知らしむるために着想されたと推察される。

　つまり「年周運動」によって「春分」においては「龍」をイメージする前半「十四宿」が夜空を覆い、「秋分」にはこの「龍」が「地中」に潜って、逆に「麒麟」（白虎でないことは後述する）をイメージする後半「十四宿」が夜空を覆うことを東周王朝は認識していたのである。すなわち、「二十八宿」とは目印とした「距星」の配置が不規則である古拙な天象基準であるのに対して、戦国時代に着想される「二十四節気」は「距星」の位置にとらわれず、「1太陽年」を「365¼日＝365¼度」とする「四分暦」の基本定数に準拠し、これを24に均等分割した合理的な天象基準なのである。

(2) 「北辰」および「星宿」の創出

「陽城」を「地」の中心として捉え、ここを「地中」と称した宇宙構造論は、「陽城」が東周の王都洛邑に近いことから、春秋時代の東周王朝の時に創出されたと見るべきだろう。「地」の対象は「天」であるが、「天」とは「北斗七星」が周回する北極を回転軸の中心に見たてている。その軸は南北の地を穿つことから、恰も横たわった紡錘に貼り付けられた如き星々が「北斗七星」によって

差配され、反時計回りの運動をさせられていると看做している。

　とくに、東周王朝は「月」が通過する時の道筋の目印となる「距星」をベースとして「星宿」を複数創出して、これを軌道上に不等分割し「二十八宿」を定めた。この「月」が通過する軌道は後世になると「白道」と呼ばれたが、当時は「太陽」もこの軌道上を1年を費やして進むと信じていたため、「白道」を「天道」と思い込んでいた。

　古代バビロニアでは「太陽」が移動する軌道である「黄道」を天空上に12等分して、それぞれの「星座」を創出し「黄道12宮」という概念をつくりあげた。各12宮は「太陽」の背後に在る「星座」に該当するのだが、その中でも「黄道」上で「太陽」が「春分」の位置にある時、これを「春分点」と定め初期値とした。つまり「黄道12宮」とは日中における「太陽」位置と、その背後にある「星座」が何であるかを熟知していなければ着想できないのである。これに対して、「太陽」の眩しさに影響を受けたためか、「太陽」の背後にある「恒星」が何であるかを熟知していなかった当時の中国人は、「黄道」の存在など知るよしもなかった。

　けれども中国人は、もともと「太陽」が真東から日出して真西に沈む日をそれぞれ「春分」および「秋分」と把握していたために、東周王朝は日没直後に真東に見えた「星宿」をそれぞれ「春分点」や「秋分点」の目安とすることができたのである。つまり古代バビロニアは、「春分」時において「太陽」に隠れて見えない「星座」を「春分点」としたのに対し、中国では「春分」時において「太陽」に隠れて見えない「星宿」を対象とせず、その反対側に位置して実視できた「星宿」を「春分点」としたのである。いわば中国の「星宿」は古代バビロニアの「星座」とまったく逆の発想というべきものであって、そのため古代バビロニアにおける「春分点」および「秋分点」を示すそれぞれの「星座」は春秋時代の東周王朝における「星宿」のそれと全て対角の関係にある。換言すれば「春分」と「秋分」とは、「太陽」が真東から昇って真西に沈むのであるから、あらかじめ真東か真西の地点を定めておけば、容易にその日（「春分」と「秋分」）は特定されることになる。当時の中国人は「黄道」の存在

など知らなかったものの、実際この「春分（秋分）」の日に「太陽」が、地上に頭を上げる真東の「地平線」および地下に頭を沈める真西の「地平線」の地点は「黄道」の接点ともなり、これがいわゆる古代バビロニアにおいて定義された「黄道」上の「春分点（秋分点）」と同じ値となっていることを経験上体得していた。

　東周王朝は、この「春分」および「秋分」の夜空に設定された2個の「星宿」を基点にそれぞれ14個の「星宿」をいわゆる「天道」上に配置し、あわせて「二十八宿」と称したが、この「二十八宿」こそ中国で芽生えた最初の「星座」である。もっとも、「二十八宿」にとって見落としがちなのは、「二十八宿」とは「北斗七星」と「対（ペア）」になって存在するもので、単独で存在する概念ではないということである。つまり天空は北天にある「北斗七星」によって差配されているという三次元的な宇宙構造論において「二十八宿」が形成されたといっても過言ではない。勿論この宇宙構造論では「太陽」ならびに「月」までも、北天にある「北斗七星」の回転軸によって動かされているということになる。その宇宙構造論を創出させる契機となったのは、上博楚簡に見える『天子建州』の記述に見える天文現象であったと思われる。

　浅野裕一「上博楚簡『天子建州』における北斗と日月」（『戦国楚簡研究2007』平成19年12月　大阪大学中国学会）の訓によれば、「日月は其の央を得るも、之に根するに玉斗の戟り陳われ、剋く亡ゆるを以てす。行身を尹るを楽しみて二を和し、一ときは喜び一ときは怒る〔第五章〕」とするが、実際この記事にピタリ合致する天文現象は東周恵王十五年の「春分（B.C.662 Ⅲ28）」に見えた衝撃的ともいうべき「日月」の動きであったと考えられるのである。すなわちこの日、太陽が真西に日没した1時間後に、「月」は真東から月齢15日の「満月」として浮上するが、「満月」は「角宿」の最後尾として天空を「二十八宿」とともに反時計回りに動く。そして「太陽」がほぼ真東に日出する時、大地を中央に分けた対角にある真西において「満月」は地平線に顔を沈めるのである。まさに「北斗七星」が「日月星辰」を従える天象は、当時の人々に「玉斗（北斗七星）」が「太陽」と「月」および「星宿」を差配したであろうとの強い印

第3章　中国古代における宇宙構造論の段階的発展と占星術の出現　　77

象を与えたことは想像に難くない。

　ちなみに、これとほぼ類似する天象は以後19年ごとの「春分」に3度(たび)起こるが、まさに「十九年」を「一章」とする「メトン周期」を具現化している。

　とりわけ実質の年初を示す「春分」における「斗柄」の向きは、日没直後に「辰」である↙を示し、天空に「角」以下十四の「星宿」から成る「龍」を出現させるが、その半年後の「秋分」時の日没直後においては「逆辰」である↘を示して「龍」を地に潜ませるのである。このことは繰り返し後で詳述するところではあるが、「龍は鱗蟲の長なり。(中略)春分にして天に登り、秋分にして淵に潜む」(『説文』)の言葉通り、「太陽」だけがもはや「辰」でなく、「北斗七星」も「辰」となったことを明示するものであって、ついに「北斗七星」は「北辰」と名づけられていくのである。

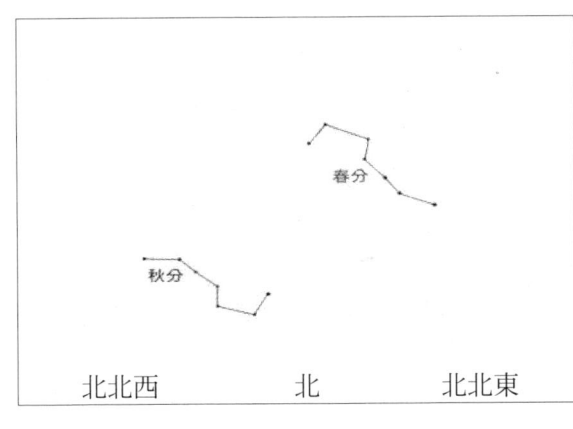

図3
B.C.662における「春分」及び「秋分」時の日没後における「北斗」の向き

　だがこの天文現象はあくまでも契機にすぎず、実質的には内陸において農業を営む必要から編みだされた新たな暦法であったと考えられる。西周の暦法がどのようなものであったかについては明確ではないが、国都を洛邑に置いた東周は殷および魯のような「冬至」年初の暦法を幾分か軌道修正し、名目上「冬至」を正月に据え置きおきながら、実質的には「春分」歳首を念頭においた暦法に転換せざるをえなくなったと見なければならない。

　むろん農業を国力の基礎とする国家にとっては「立春」年初の暦法が最適であるのだろうが、その「立春」を定義づける「二十四節気」の概念自体はまだ

東周の時代（＝春秋時代）には存在せず、あくまでも暦法の基点は「二至二分（冬至・夏至・春分・秋分）」からの選択肢しかなかった。

(3)「北辰」および「星宿」の着想から覗われる東周王朝の宇宙観

　古代バビロニアにおける「春分点」および「秋分点」を示すそれぞれの「星座」は中国の「星宿」のそれと全て対角の関係にあることは前述した。つまり東周王朝は「春分」において、「太陽」の背後にあって見えない「星座（圭宿）」をあえて「春分点」とせず、その対立方向にある「星座」（西洋では「秋分点」に該当する）、すなわち日没直後に地平線の真東に昇っている「星宿」を「角宿」と命名してこれを「春分」の起点とした。このために「秋分」においては、日没直後に地平線の真東から昇っている「星宿」を「圭（＝奎）宿」と命名してこれを「秋分」の起点としている。

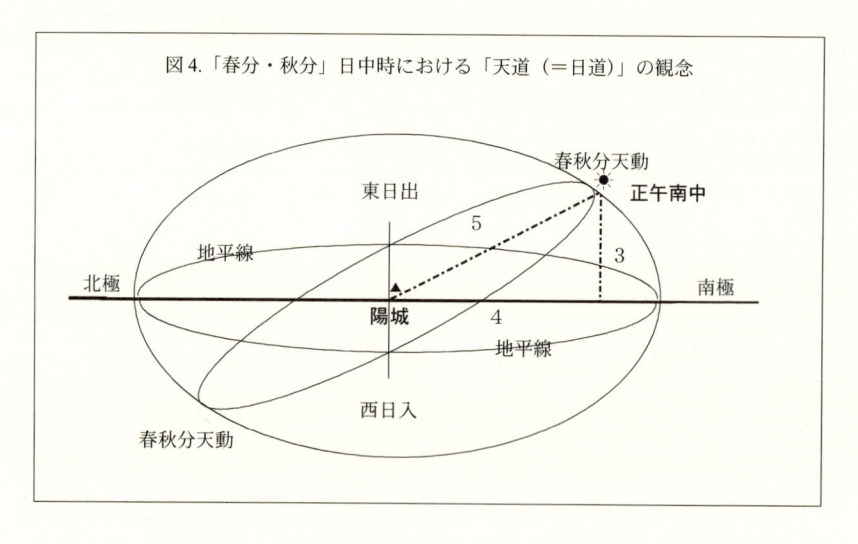

図4.「春分・秋分」日中時における「天道（＝日道）」の観念

　そもそも、東周王朝の天文暦官は日中において、「太陽」に注意を傾けながらもその背後にあるべき白昼の星々がどのように配置されているかをほとんど認知していない。けれども、「春分」および「秋分」におけるそれぞれの昼夜を「太陽」と「星辰」とのテリトリーによって、均等に二分するとの着想が認められることから、昼夜を均等に二分するための目印として「角宿」や「圭宿」

が設定されたと考えなければならないのである。

　しかしながら、戦国時代になると「春分点」は古代バビロニアと同じく「太陽」の背後にあって見えない「星宿」を充て、「秋分点」も同様に「太陽」の背後にあって見えない「星宿」を当てるようになっている。このことは『呂氏春秋』「仲春（＝春分）紀」に「日在奎，〔中略〕律中夾鐘．〔中略〕是月也．日夜分。」とあることから理解でき、「秋分点」を「圭宿」の対角にある「角宿」に移し、「春分点」を「角宿」の対角にある「圭宿」に移している。もっとも、上記の観測をするにあたって基準となった「朔日」とは、「太陽」が「月」といわゆる「天道」上において同じ「星宿」に在る位置を照準としている。すなわち、「black moon」となる「朔日」は、実際のところ「月」が目視できる「三日月（crescent moon）」の場所から2日分遡った場所を「太陽」の位置と想定したものと考えられなくもないが、第1章で述べたとおり「月食」時における「月」の「入宿度」から「180°」隔った地点を「太陽」位置と看做したと思われる。このような情況下において、以後「春分点」は「圭宿」の次宿である「婁宿」に変更されてしまっている。

　この原因は「二十四節気」の順序も時代によって「驚蟄」と「雨水」、「穀雨」と「清明」とがそれぞれ入れ替わったように、春秋時代の「二十八宿」における順序や位置は戦国時代のそれと若干の異同があったと見なければならない。ちなみに「角宿」の「角」とは本来「∨」の字義を示し、「圭宿」の「圭」とは土を堆状にした「∧」の字義を示すものであるが、これは『周髀算経』が示す「句股弦の法」に基づく直角三角形の比、すなわち「句を三、股を四、弦を五」としたピュタゴラスの特殊法による直角三角形の比を具象化したものであって、結局のところ「春分」と「秋分」とになぞらえたものと推察する。それだからこそ「地」の中心は「陽城」すなわち「地中」であるという宇宙構造論がここに確立していたということになる。

⑷　成立当初の「二十八宿」

　「角」以下14個の「星宿」と「圭」以下の14個の「星宿」を合わせたものが

「二十八宿」である。「二十八宿」は全周360°（中国度＝365¼度）の地平線上に見える星空を観察して、天の赤道上に時計針の動きと反対方向（南←西←北←東）へ割り振られた28個の星宿（星座）を指す。かつて藪内清は、『漢書』「律暦志」に所載される天体の位置が度数で表示されていることに関して、歳差を知らない編者劉歆が「冬至日躔」が「牽牛初度」と記されていたことに注目し、この天象が前漢を遡る「B.C.451」に当たることから（能田忠亮『東洋天文学史論叢』473頁　恒星社　1943年）、この記事を観測で得られたものではないと捉えていた（藪内清『中国の科学』53頁）。

そのため、春秋時代には「二十八宿」の成立も疑わしく度数はまだ創始されなかったと思われるとし、さらに「二十八宿」の成立は戦国時代のことであろうとしていたのである（前掲書66頁）。だがその藪内も、戦国時代初期（埋葬上限年代：B.C.433）の「曾侯乙墓出土漆画筐」という新たな「二十八宿」にかかわる出土資料の発見によって、「二十八宿」の成立が春秋時代に遡るとする修正意見を述べ、これに関連して能田忠亮の研究である「礼記月例天文攷」を引用し、『礼記』「月例」に記された天文記事がB.C.620を中心として前後それぞれ100年間の観測に基づくものであることが論証されたと述べるに至ったのである（『科学史からみた中国文明』192頁．1977年　NHKブックス）。

表1. 曾侯乙墓出土漆画筐に見られる「二十八宿」名と他の資料との異同一覧

曾侯乙墓出土漆画筐	呂氏春秋	礼記・月令	馬王堆出土三号墓帛書	汝陰侯墓出土円盤	淮南子	史記
(B.C.433)	B.C.239	未詳	(B.C.168)	B.C.165	B.C.140	B.C.100
角	角	角	角	角	角	角
堃	亢	亢	亢	亢	亢	亢
氐	氐	氐	氐	氐	氐	氐
方	房	房	房	房	房	房
心	心	心	心	心	心	心
尾	尾	尾	尾	尾	尾	尾
箕	(箕)		箕	箕	箕	箕
斗	建星，斗	建星，斗	斗	斗	斗，建星	南斗，建星
牽牛	牽牛	牽牛	牽牛	牽牛	牽牛	牽牛
女	女	女	女	女	女，須女	女，須女
虚	虚	虚	虚	虚	虚	虚

第 3 章　中国古代における宇宙構造論の段階的発展と占星術の出現　81

危	危	危	危	危	危	危
西縈	営室	営室	営室	営室	営室	営室
東縈	東壁	東壁	東壁	東壁	東壁	（東壁）
圭	奎	奎	畦	奎	奎	奎
婁女	婁	婁	婁	婁	婁	婁
胃	胃	胃	胃	胃	胃	胃
茅	（昴）		茅	昴	昴	昴
縪	畢	畢	畢	畢	畢	畢
此隹	觜	觜	觜	觜	觜	觜
参	参	参	伐	参	参	参
東井	東井	東井	東井	東井	東井	東井
輿鬼	弧	弧	輿鬼	輿鬼	輿鬼，弧	輿鬼，弧
栖	柳	柳	柳	柳	柳	柳
七星	七星	七星	七星	七星	七星	七星
菱	（張）		張	張	張	張
翼	翼	翼	翼	翼	翼	翼
車	軫	軫	軫	軫	軫	軫

　宇宙構造論の段階的発展に鑑みれば、「二十八宿」の概念が春秋時代の東周王朝に存在していたことは言を俟たないところであるが、だからといって「礼記月例天文攷」を根拠に「二十八宿」の成立がB.C.620を中心として前後それぞれ100年間の観測に基づくものとするのは、なお検討の余地があると言わねばならない。なぜならば、能田忠亮が根拠とした『礼記』「月例」は十二月ごとの政令を記述したものであるが、能田は各月の条文の冒頭には必ず「日」すなわち「太陽」が所在すると想定する「星宿」を書き留められていると解釈し、「立春・立夏・立秋・立冬」などの12の「節気」のみをもって排列されていると主張されているものの[7]、「節気」は春秋時代には存在せず戦国時代に創出された概念であり、これを裏づけるように『礼記』「月例」の記述は実際のところ戦国時代末期（B.C.239）の『呂氏春秋』「十二紀」における記述と大差ない。

　春秋時代の季節概念は「二至二分（春分・夏至・秋分・冬至）」のみであったが、戦国時代の「四分暦」はこれを細かく24に均等区分したのであって、その際に創出されたのが12の「節気」と12の「中気」であったと考えるべきである。

そして、この二つをまとめて「二十四節気」と称するが、「中気」が従来の「二至二分」を含んでいるのに対して、「節気」は戦国時代における新しい概念であって、『呂氏春秋』「十二紀」は「中気」である「二至二分（春分＝日夜分・夏至＝日長至・秋分＝日夜分・冬至＝日短至）」の前後に「節気」が配置されていることを記している。

表2．		『礼記』「月例」		『呂氏春秋』「十二紀」	
1	孟春之月	日在営室	昏参中,旦尾中	日在営室	立春	昏参中,旦尾中
2	仲春之月	日在奎	昏弧中,旦建星中	日在奎	日夜分	昏弧中,旦建星中
3	季春之月	日在胃	昏七星中,旦牽牛中	日在胃	時雨	昏七星中,旦牽牛中
4	孟夏之月	日在畢	昏翼中,旦　女中	日在畢	立夏	昏翼中,旦　女中
5	仲夏之月	日在東井	昏亢中,旦危中	日在東井	日長至	昏亢中,旦危中
6	季夏之月	日在柳	昏火中,旦奎中	日在柳	大雨	昏心中,旦奎中
7	孟秋之月	日在翼	昏建星中,旦畢中	日在翼	立秋	昏斗中,旦畢中
8	仲秋之月	日在角	昏牽牛中,旦觜 中	日在角	日夜分	昏牽牛中,旦觜巂中
9	季秋之月	日在房	昏虚中,旦柳中	日在房	霜始降	昏虚中,旦柳中
10	孟冬之月	日在尾	昏危中,旦七星中	日在尾	立冬	昏危中,旦七星中
11	仲冬之月	日在斗	昏東壁中,旦軫中	日在斗	日短至	昏東壁中,旦軫中
12	季冬之月	日在　女	昏婁中,旦氐中	日在　女	日窮於次	昏婁中,旦氐中

もっとも、「曾侯乙墓出土漆画筐」（図5）という新出土資料によって、従来における「二十八宿」の解釈は大きな変更を余儀なくされる。すなわち、この画は外筐の中心に篆書された「斗（北斗）」字があり、その右側（東方を示す）には「龍」、左側（西方を示す）には「麒麟」が描かれている。さらに中心の北斗の周囲には、「角」より「車」までの都合「二十八宿」に相当する名が時計回りに配列されているが、起点である「角」の前が空白であることから、その動きは反時計回りであることを明示している。但し、奇妙なことに「星宿」の筆頭である「角宿」（12時の方角）の位置に「龍」の尾鰭があり、「龍」の頭部は反対の方向（6時の方角）にある。そして「龍」の頭部より前に（同じく6時の方角に）「麒麟」の尾があり、「麒麟」（左側）の頭部は「龍」（右側）の尾鰭と同じ高さ（12時の方角）となっている。つまりこの画の「龍」や「麒麟」は「北斗七星」をコンパスの中心にして頭部からではなく最後尾から反時計回りに動いていることを示唆しており、これによって「角」とは必ずしも「龍」の

第3章　中国古代における宇宙構造論の段階的発展と占星術の出現　83

角（つの）を表したものではないことが理解できる。

　次に注目すべきは「麒麟」である。これまで研究者の多くは、後世の陰陽五行説の四獣に基づく「四方宿」すなわち「東方宿（蒼龍宮）」・「北方宿（玄武宮）」・「西方宿（白虎宮）」・「南方宿（朱雀宮）」の先入観に強い影響を受けているために、外筐に描かれた「麒麟」を西方を示す「白虎」と思い込んでいるが、どうみてもこの動物は「白虎」ではない。結論からいえば、頭部に後ろ向きの角（つの）をもつ角獣であって顔は狼ながら身体は鹿の特徴を持ち、しかも尾は牛で蹄は馬のようであるのだから、このような要件を備えている動物は「麒麟」以外にはないと考えられるのである。当初は春と秋を具象化する動物として「龍」と「麒麟」の二獣が創造されたものの、後世これが変質して四季を具象化する動物として四獣の概念が芽生え、この時に「麒麟」は「白虎」に置き換えられたものであろう。実際、班固の『西都賦』の中に「金華玉堂、白虎麒麟」の文言があり、また『白虎通』「封禅」に「麒麟臻、白虎到」とあって、「麒麟」と「白虎」とを同一視していることから、「麒麟」が「白虎」に置き換えられた経緯が汲みとれる。

図5

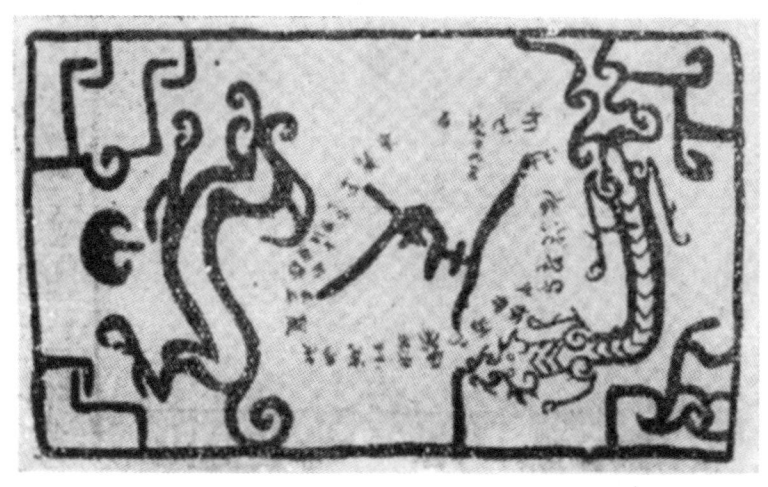

曾侯乙墓出土漆画筐上の「二十八宿」　本
『文物』一九七九年7期　より

図6．「春分」夜間時における「天道(＝星宿)」の観念

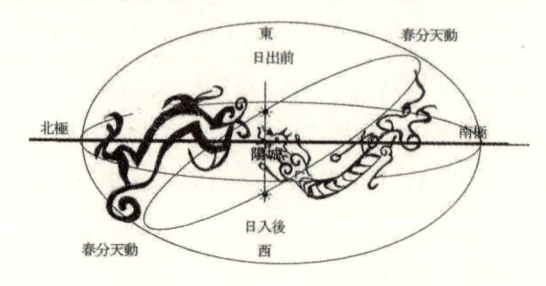

図7．「秋分」夜間時における「天道(＝星宿)」の観念

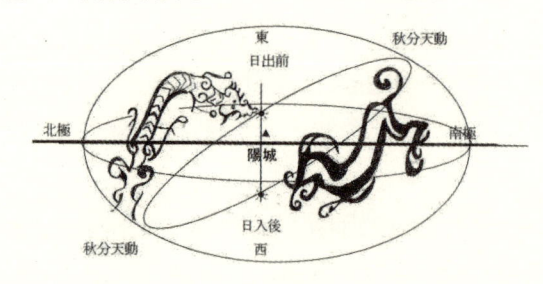

　藪内清は「この二十八宿は、さらに七宿ずつ、東・北・西・南の四方位に分けられる。天は絶えず回転するから、赤道上の星を四方に分けることは、何ら科学的意味はない。しかし、中国では古くから、五行説によって、北極の部分を中央とし、赤道部分を四方位に分けた」と述べられているが（『中国の科学』456頁．1979年　中央公論社)、「曾侯乙墓出土漆画筐」を見る限り「二十八宿」は東西の二方位しか存在しておらず、そのためか「北方」を示す「玄武」や「南方」を示す「朱雀」は描かれていない。藪内の指摘するように絶えず回転する赤道上の星を四方に分けることは何ら科学的意味はなく、後述する戦国時代に発生した「陰陽五行説」に基づいて「四方宿」が出現したものと考えられる。つまり、赤道上の星を四方に分けることによって、「二至二分（冬至・夏至・春分・秋分)」を表現しようとしたのだろうが、辻褄が合わない結果となっている。
　実のところ、本来の「二十八宿」とは「春分」の日出直前において真西より真東に至る天球上のスペースにちょうど合うように配列された「角」より「爨」に至る14宿の「星宿」に、「秋分」の日出直前において真西より真東に至る天

球上のスペースにちょうど合うように配列された「圭」より「車（＝軫）」に至る14の「星宿」とを合わせたものと考えるほうが、極めて科学的で理にかなう。

今この解釈にあわせて、「春分」および「秋分」における「星宿」を示せば図6および図7のようになり、「龍」の頭部が真西となり、その尾鰭が真東に配置される。これは東方を守護するイメージを持たせられた「龍」の配置として理想的な場所にあり、この配置によって西方に配置されている「角」宿（もしくは「亢」宿）が「龍」の頭部と無関係であることも再確認させられる。

(5)「北辰」中心の宇宙観と「二十八宿」

従来の研究で見過ごされていたのは、「北辰」すなわち「北斗七星」を中心とする宇宙観の検証である。なぜ「二十八宿」の中心に回転軸として「北斗七星」が在るのかを検証することによって「二十八宿」と「北斗七星」との関係がはじめて明らかとなる。

東周王朝の天文暦官は北方の天空つまり北天を眺め、「北斗七星」がいわゆる反時計回りの動きを示すものの、これに反して南方の天空つまり南天側の「恒星」はいわゆる時計回りの動きを示す現象に一つの理由を得たとみる。それは北に人物Aを南に人物Bをそれぞれ配置して1本の縄を張り、北のAが南側のBに向かって時計回りに縄を回し、南のBが北側のAに向かって反時計回りに縄を回すいわゆる「集団縄跳び」の原理に気づいたということである。つまり、北のA極と南のB極による回転が織りなす縄の形は鶏卵を横にした形の紡錘状（A◇B）となり、この回転する縄に入った人物Cは北側を向けば「恒星」が全て反時計回り（◯）となって見え、南側を向けば「恒星」が全て時計回り（◯）となって見えることになる。いわゆる後世の「渾天説」が宇宙の外殻を鶏卵の形状に喩えているものの、そもそもその原型はこの鶏卵を横にした形の紡錘状に基づくイメージであったと解せられる。

もっとも紡錘状の周回運動といっても、北天に浮かぶ「北斗七星」は毎日、天の北極を軸に1日を費やし「日周運動」として反時計回りの軌跡を残すが、

北緯側にある土地では南天を向いても天の南極は見えないのだから、実際には天の北極が回転軸となって形成する不完全な紡錘形の軌跡に意を払うことになる。このため、宇宙は天の北極附近にある「北斗七星」の差配を受けて反時計回りに動いているとの考えが生まれた。これは「太陽」についても同様であって、紡錘状の跳び縄に譬えれば、ＡＢ間における縄の中間部分に結び目を付けられて最も高い高度を北向きに対して反時計回りに動かされていると解釈したことは『天子建州』の記述から読みとれる。ここには、もはや冬至における「太陽」を起点とした所謂「一陽来復」のイメージをもつ平面的な宇宙観の「地平座標」ではなく、宇宙の天体は全て「北斗七星」の差配を受けて紡錘状に回転運動するという「渾天説」にほぼ近い三次元的思考の「赤道座標」に転換している。

　簡単にいえば、「太陽」と「月」とを二大天体と見ていた従来の天文観は大幅に変更され、もはや「太陽」と「月」だけが「辰」なのではなく、「北斗七星」が新たな「辰」と見ていることを物語っている。それゆえに「二十八宿」も「北斗七星」によって影響を受けていると思い込んだのも当然の帰結である。いっぽう東周王朝の天文暦官は、天の北極以外に散在する他の「恒星」は季節によって夜間に現れないのは、「太陽」が昇っている時間帯に地上に存在するということも認識していた。いわば「二十八宿」とはこの天象を具現化したものであって、春と秋を具象化する動物として「龍」と「麒麟」の二獣を創造し、「春分」の真夜中に見える「龍」は「秋分」の白昼に在って見えず、逆に「秋分」の真夜中に見える「麒麟」は「春分」の白昼に在って見えないということを示唆したものでもある。したがって『説文』にある「龍は鱗蟲の長なり（中略）春分にして天に登り、秋分にして淵に潜む」との文言は、図6・7の通り「星宿」とは、鶏卵を横にした紡錘形の軌跡をたどることを述べたものである。

(6)「曾侯乙墓出土漆画筐」にみる「北辰」の思想

　「北斗七星」が「斗」として文字資料として現れるのは、前述した戦国時代初期（埋葬上限年代：B.C.433）の「曾侯乙墓出土漆画筐」を以て嚆矢とするが、

第 3 章　中国古代における宇宙構造論の段階的発展と占星術の出現　　87

これは極めて抽象化されているものの簡略された中国最古の星図と考えたい。

　この画の中心には篆書された「斗」の文字があり、既述した如くその右側には「龍」、左側には「麒麟」が描かれている。さらに中心の北斗の周囲には、「角」より「車」までの都合「二十八宿」に相当する名が時計回りに配列されているが、順位第二の「陘」の下に「甲寅三日」の文字が見え、これはある年における「甲寅三日」であることを示している。なお、画の中心に篆書された「斗」の文字は、「二十八宿」に含まれている「斗」宿の「斗」の文字に比べると、偏と旁の長さが大幅にデフォルメされている。

　まず「二十八宿」順位第二の「陘」の下に記された「甲寅三日」の文字についてであるが、その日干支に適した「三日」を埋葬上限年代（B.C. 433）から便宜上前後20年間を張培瑜の『中国先秦史暦表』（1987年　斉魯書社）によって求めると、「陘」宿に関わる「甲寅三日」の年代は、①「B.C. 444 Ⅸ26（甲寅三日）」・および②「B.C. 433 Ⅳ1（甲寅三日）」の２つしかない。そこで、①を第一候補とし、②を第二候補として検証をすすめる。但し、「曾侯乙墓出土漆画筺」は戦国時代の資料であるので、「二十八宿」に該当する距星位置については『漢書』「律暦志」次度を用いることにする。これに関して張聞玉の先行研究「曾侯乙墓天文図象甲寅三日之解釈」（『江漢考古』1993年03期）があるが、張は当初から①を想定していないので氏の選択肢は②のみである。

　そこで第一候補であるが、「秋分」を過ぎたころに陰暦三日となる周貞定王二十五年十一月三日（＝甲寅三日）「B.C. 444 Ⅸ26）」を「角」宿の拒星を乙女座の「αVir（1ᵐ0）」、「陘（亢）」宿の距星を乙女座の「κ星」として想定すると、ちょうど「陘（亢）」宿の位置にある「太陽」は「陘」宿とともに西方に日没する。そして俄に暗くなった西の地平線上にそれまで「太陽」へ近接していて見えなかった三日月が、突然次宿である「氐（距星＝天秤座α星）」宿に出現し、まもなく西方に没することになる。まさに「甲寅三日」とは、「太陽」の位置が「陘」宿に在ることを強く印象づけるようなシチュエーションである。

　次に第二候補であるが、「春分」を過ぎたころに陰暦三日となる周考王八年五月三日（＝甲寅三日）「B.C. 433 Ⅳ1」を「甲寅三日」として検討すると、

「陞（亢）」宿は日出直前において真西の地平線へ沈みかける。「曾侯乙墓」の埋葬上限年代（B.C.433）を鑑みると、この第二候補が最も相応しいと思われるのだが、「三日月」も地中に潜っていてまだ現れていない中で、ただ日出直前に西方の地平線に沈みゆく「星宿」を暦の照準として「甲寅三日」としたというのは説得性に欠ける。以上の検討から、「曾侯乙墓出土漆画筐」、の「陞」の下に記された「甲寅三日」は「B.C.444 Ⅸ26」と判断せざるを得ず、「曾侯乙墓」の埋葬上限年代（B.C.433）より11年前に描かれた資料であるという可能性が高いが、詳細については今後の研究に委ねたい。

3．戦国時代（B.C.453〜B.C.221）における「四分暦」の出現と「二十四節気」および「十二次」の創出
――『左伝』および『国語』の成書時期――

(1)「四分暦」に内包される「二十四節気」に基づく年初の定義

「四分暦」とは太陽系天体の位置を時間の関数として表現した「天体暦」（エフェメリス〔Ephemeris〕）であり、「赤道座標」を暦法に結びつけている。とりわけ「五星」を認識した上で、これを2グループに分け、反時計回りの運動をするグループを「水星・金星」、そして時計回りの運動をするグループを「火星・木星・土星」とした。前者が「内惑星」であり、後者が「外惑星」であるが、馬王堆漢墓出土の「五星占」では「金星・木星・土星」の会合周期と公転周期がそれぞれ記されている。「四分暦」の名称は、一年の長さを「三六五日四分之一（365¼）」と定義づけたことによるが、全天一周の度数も「三六五度四分度之一（365¼）」としているので、西洋が周天を「360°」とするのに対して「四分暦」は「365¼度」と定義する。そのために「四分暦」の一度は「西洋度」の「1°」である「0.9856」に該当している。実は全天を「三六五度四分度之一（365¼）」とする分度法は、「太陽」が「黄道」を一周する日数にほぼ合致している数値である。けれども、戦国時代には「黄道」を認識していないので、この数値は「黄道」の観測から求めたものではない。すなわち全天を「三六五度四分度之一」とする分度法は、「春分（＝秋分）」時の早朝に真東の地上に敷設

第3章　中国古代における宇宙構造論の段階的発展と占星術の出現　89

された定点から昇る「太陽」の平面的な観測データと「星宿」の南中データとを併せて得られたものと推察される。

　この「三六五日四分之一」を12に均等分割し、天の赤道上に沿わせたものが「十二次（十二星次）」であり、24に均等分割したものが「二十四節気」である。いわば「星宿」は反時計回り（↺）に1年をかけて周天するが、一年をかけて反時計回りに動く「星宿」を十二箇月に分割した領域が「十二次」であり、それを更に二分割したものが、「二十四節気」ということになる。実のところ、「十二次」は自らの回転とはまったく反対の回転を示す「歳星（木星）」の動き、つまり時計回り（↻）に12年で周天すると考えられていた「歳星（木星）」の動きと組み合わせられて「占星術」を生ましめ、また「二十四節気」は農業に必須というべき「立春」の概念を創出させた。「十二次」はオリエントの「黄道12宮」の影響を受けた可能性を捨てきれないとする解釈もある（藪内清『増補改訂　中国の天文暦法』49頁）。

　戦国時代に列国で使用されていた暦法は例外なく全て「四分暦」であり、漢初まで使用された「顓頊暦」も「四分暦」である。「四分暦」の基本定数から一朔望日は「二九・五三〇八五日（＝29^d.53085）」となるが、暦元を変えずに漢初になっても使用され続けたために、暦面と天象との間に一日以上のズレを生じさせた。その結果として、『漢書』において「朔」に起こるべき日食が「晦」あるいは「先晦一日」に起こったような記述が多くなっている。したがって、暦面と天象との間にズレがなかった時代を「晦」および「先晦一日」のデータを用いて遡及すると、別記（第5章）のごとく「四分暦」の暦法の制定年代はB.C.445頃であるという結論が浮かび上がってくるが、この年代は楊寛が『戦国史』（第3版　上海人民出版社　七二七頁）で述べる魏文侯元年に相当する。楊寛が主張するように、魏文侯元年がB.C.445に該当するならば、「四分暦」は魏の文侯が制定した暦法と考えるのが至当であろう[8]。「四分暦」は「立春正月」とする暦法といわれるが、「立春」とは「二至二分」を暦法としていた春秋時代には存在せず、明らかに「二十四節気」という「太陽暦」の基準をもって創出された新たな設定値である。

もっとも、「四分暦」は「二至二分」の季節区分を更に24に細分化して「二十四節気」の概念を設けた「立春正月」をテーゼとした暦法であり、閏月は年末もしくは歳尾の月に置かれたと考えられている。しかしながら、「二十四節気」の順序は現在のものと若干の異動があり、「啓蟄」と「雨水」、「穀雨」と「清明」がそれぞれ入れ替わっているので、「立春」の定義についても留意する必要がある。

(2)「四分暦」によって認識された「五星」の存在と「十二次」の概念

　「十二次」と「二十八宿」ならびに「二十四節気」の相互の関係は、『漢書』「律暦志」所載「次度」に比較されている。「十二次」で興味を特に引くのは、「冬至」となる「星紀」の中点が「牽牛（牛宿）」初度となっているということである。藪内は、前述の通り後世に言い伝えられた古い時代の観測データを劉歆が『漢書』「律暦志」に収録したものと解釈しているのに対して、薄樹人は「次度」全てを「太初暦」を改訂した「三統暦」の宿度と考えている（『中国古代暦法』P.449、中国科学技術出版社、2007年9月）。薄の見解は後ほど「第6章」にて吟味するが、「冬至・牽牛初度」の文義は「冬至」の日に「牛宿」の初度が「黄経270°」に合致していたというにほかならない。能田が歳差定数を用いて、この天象が見られた正確な年代を推定し、この天象が前漢を遡る「B.C.451」に当たるとしたことに対して、藪内がこの記事を観測で得られたものではないとする見解を述べていたことは既に触れたところではある。

　だが、逆説的にいえば、もしこの記事が観測で得られたものだとすれば、「十二次」の成立は「B.C.451」ということになるということである。確かに「黄道」の認識は後述するように漢代の「太初暦」以降のものであるから、たとえ「度数」を使っていたとしても、この当時の人々が「太陽」の極めて厳密な位置把握などできていたとは思えない。それは漢代の日食記録を検証しても「太陽」の位置は各「星宿」の度数から東へ数度の偏りが系統的に見られることからも裏づけられる[9]。けれども、当時の人々が「冬至」の日において、「太陽」が概ね「天道」上の「牛宿」の先端部に入っているという程度の認識

第 3 章 中国古代における宇宙構造論の段階的発展と占星術の出現　91

は十分に可能であったといわなければならない。つまり、藪内が指摘しているように、「B.C.451」の「冬至日躔」が厳密かつ精確に「牽牛初度」となることなどわかるはずもないが、「B.C.451」とは、あくまでも「十二次」成立の大まかな目安にすぎないとすれば全く問題はない。

　ちなみに、筆者は先に述べたように「四分暦」の制定年代を「B.C.445」、厳密には「B.C. 446 XII 16」と考えているが、「B.C.451」ときわめて近接していることから、「牽牛初度＝冬至日躔」は本来「四分暦」に包含されていたと見ている。更に筆者はこの旧暦法というべき「四分暦」の宿度およびデータを歳差を知らぬ劉歆が利用して「太初暦」に代わる暦法として、「三統暦」の名をもって施行したものと考えている。

表 2. 『漢書』「律暦志」次度

十二次		二十八宿		二十四節気	十二辰
星紀	初点	斗	十二度	大雪	丑
	中点	牽牛	初点	冬至	
	終点	女	七度		
玄枵	初点	女	八度	小寒	子
	中点	危	初度	大寒	
	終点	危	十五度		
娵訾	初点	危	十六度	立春	亥
	中点	営室	十四度	驚蟄（現,雨水）	
	終点	奎	四度		
降婁	初点	奎	五度	雨水（現,啓蟄）	戌
	中点	婁	四度	春分	
	終点	胃	六度		
大梁	初点	胃	七度	穀雨（現,清明）	酉
	中点	昴	八度	清明（現,穀雨）	
	終点	畢	十一度		
実沈	初点	畢	十二度	立夏	申
	中点	井	初度	小満	
	終点	井	十五度		
鶉首	初点	井	十六度	芒種	未
	中点	井	三一度	夏至	
	終点	柳	八度		
鶉火	初点	柳	九度	小暑	午
	中点	張	三度	大暑	
	終点	張	十七度		

鶉尾	初点	張	十八度	立秋		巳
	中点	翼	十五度	処暑		
	終点	軫	十一度			
寿星	初点	軫	十二度	白露		辰
	中点	角	十度	秋分		
	終点	氐	四度			
大火	初点	氐	五度	寒露		卯
	中点	房	五度	霜降		
	終点	尾	九度			
析木	初点	尾	十度	立冬		寅
	中点	箕	七度	小雪		
	終点	斗	十一度			

　それでは、「B.C.451」を大まかな目安として、「十二次」の概念の成立年代を求めるのにはどうしたらよいのであろうか。この解決には「木星」の動きを12年の「公転周期」であるとした「歳星紀年法」の「初期設定値」を求める手段により導きだすことが可能である。地球の自転にともなって、「日月星辰」および「内惑星（水星・金星）」などが東から西へ向かうのに対し、「外惑星（火星・木星・土星）」は地球よりも公転速度が速いから西から東へ向かって動いている。つまり観測者が北面すれば、「太陽」や「二十八宿」が反時計回り（↺）に運動しているのに対して、「木星」は時計回りに（↻）に運動している。だが、当初は「木星」の「公転周期」が正確には「11.862年」であることをわきまえなかったので、「木星」はちょうど12年で天球上の「星宿」を時計回りに一周するものと解釈していたことは周知の通りである。

　もっともここで注意を払わなければならないのは、次のように反時計回りに「←危（子）← 女← 牛（丑）← 箕← 宿（寅）← 尾←房（卯）←氐← 角（辰）←軫←翼（巳）←張（午）←柳←井（未）←井（申）←畢←昴（酉）←胃←婁（戌）←奎←営（亥）←危（子）」と運動している「二十八星宿」は、本来は（　）内に記されている「十二辰」の順序ごとに移動するということである。「表2」に示した『漢書』「律暦志」の次度において、「十二辰」が逆順に並んでいるのはそのためであって、「二十八宿」に付された「十二辰」は、順序を表しているのであるから、断じて方位を示したものではない。

第3章　中国古代における宇宙構造論の段階的発展と占星術の出現　　93

しかるに、「木星」が「歳星」と呼ばれた由縁はちょうど「十二歳」で周天するということであって、実は「太陽」が「天道」上の「牛宿」の先端部に入ったまさに「冬至」の日に「木星」も同じ位置にいたということにほかならない。いわば「歳星」が周天する起点は、天球上においてほぼ「冬至」の日の「太陽」と同じ位置、つまり「伏」の状態であったと考えられるのである。『左伝』はこの「伏」という言葉を「冬十二月火伏而後蟄者畢」（哀公十二年）として他の天体に対して用いている場合があるが、「伏」となった時には、数日間「歳星」は見えないことになる。「十二次」を着想した本人からすれば、今まで見えていた「歳星」が「冬至」に、「伏」となって実見できなかったという天象は、当然のことながら12年後にも同様に起こり得るものだと堅く信じたであろう。

したがって、この初期設定値を求めることによって「十二次」の成立年代がほぼ明らかとなるのである。そこで先に述べた「B.C.451」を目安とした年代を調べると、「B.C.401 XII 26」の「冬至」に「木星」がちょうど「太陽」に重なって夕星として「伏」の状態になっていることが確認できるが、この仮説が正しいならば「十二次」とは、この年代の頃に成立した概念と推察されるのである。つまり、成立当初の頃は天球上における「十二次」中に区分けされた各均等領域を「歳星」は1年ごとに12年をかけて時計回りのように周天し、遂にはまた「伏」となるという周期性は、永遠に繰り返すものと信じ込んでいたわけである。だが、「木星」の公転周期である「11.862年」を認識していなかった上に、当初設定した起点を「星紀」のちょうど中間地点である「中点」としたため、「木星」は第3周と3分の1にあたる40年後の「B.C.361 XII 26」の「冬至」から「一次」ズレはじめていた。そして「木星」はついに第4周目の「B.C.353 XII 25」になって、第一順位の「星紀」の中点から約「15°」ほど離れた「玄枵」の初点に移動したため、明らかに「一次」ズレてしまったことが露呈されたと解せられるのである。

だが、それまでの「木星」の12年ごとの微妙な移動に気づく者は誰もいなかった筈である。なぜなら、第3周目の36年後までは「木星」は「伏」に近い「伏中」であったから目視できなかったわけであり、そのため「冬至」には「木星」

が「太陽」と重なって「伏」となるものだと引き続き信じ込んでいたからである。だからこそ、第4周目の48年後の「冬至」において、「伏」とならずに早暁の東空に燦然と輝く「木星」（-1^m5）に対して、人々は「天道」に合わない訝しい天文現象と思ったに相違ない。後世になって、「木星」の天球上の位置は約86年で「一次」ズレてしまうことに気づき、これを調整する「超辰法」を暦法に盛り込まざるを得なかったことは周知の通りであるものの、遺憾ながらこれには初期値に設けられた約「15°」の「辰余」が含まれていない。つまり、最初のズレが40年目で起こることを全く想定していないのである。そのため「辰余」を前提としないで「超辰法」を引き合いに出しているこれまでの先行研究も、その見解はほとんど正鵠を射ていないといえる。たとえば新城新蔵「歳星の記事により左伝国語の制作年代と干支紀年法の発達とを論ず」（『東洋天文学史研究』）は、この「辰余」に気づかれながらも、最終的には「太歳紀年法」とは甲寅年をもって元始としたに相違ないと考えられたため、『左伝』の成書年代は「B.C. 365（甲寅年）～B.C. 330」であると結論づけてしまわれた。

　実はこの「辰余」が原因して、「十二次」の概念はわずか48年後に矛盾を露呈したことをはからずも記しているのが、ほかならぬ『左伝』である。なぜなら、『左伝』（襄公二十八年）は「春，歳在星紀，而淫於玄枵．（歳星は星紀にあるはずだが、淫れて玄枵にいる）」と記しているとおり、これは「B.C. 353 XII 25」の以降における「木星」の位置を奇異な天文現象として描写しているからである。この記事は「辰余」が生じるズレが具体的年代に合致する極めて有力なタイムマーカーとなっており、『左伝』が「B.C. 353 XII 25」以降まもない頃に成書したことを雄弁に物語っている。なお、『左伝』の具体的な成書年代については、次項でさらに詳細な絞り込みを行う。ちなみに周天を12年とする「公転周期」であるが、観測能力が低かった当時においては、数日間において「木星」が目視できない「伏」および「伏中」という天象はまとめて「伏」と称したものと思われる。「木星」の場合、「伏」は12年間にちょうど11回見られる。この回数は「会合周期」と称するが、本来は観測によって「会合周期」が求められ、

次に「公転周期」が得られる。

　だが、基本定数が「三六五日四分之一」であるということを最大のテーゼとしている「四分暦」の場合、最初に決められたのは経験則から導かれた12年の「公転周期」であったろう。この「公転周期」自体は大雑把すぎて極めて精度の低い数値なのだが、この数値に「四分暦」の基本定数を掛け、これを12年間に起こる「伏」の回数で割って得られた「会合周期」は極めて精度の高い数値となっている。つまり「四分暦」は1太陽年が「365.25日」なのであるから、12太陽年は「4383日（＝12×365.25日）」となる。そして、この12太陽年を単純に11回の「伏」となる回数で割ったものが、「会合周期」ということになり、その数値は「$398^d 45$（＝4383日÷11回）」となるのである。すなわち、この「会合周期」は戦国時代に成書したと考えられる『甘氏石経』のデータや漢初における「五星占」よりも精度が高い。つまり、「木星」は11会合周期＝1公転周期＝12太陽年＝4383日の周期性を持つ「歳星」として定義づけられたのであろう。後世において、「木星」は地道な観測に基づいて先ず「会合周期」の数値を求め、次に計算から「公転周期」を得ているが、このような単純かつ古拙な手法で結果的に極めて精度の高い「木星」の「会合周期」を導き出しているのは驚嘆に値する。

表3．中国古代における惑星運動の認識（『中国天文学史文集』第2冊1982年による）

惑星	会合周期				公転周期			
	甘氏石経	五星占	五歩之術	現在値	甘氏石経	五星占	五歩之術	現在値
金星	620^dと732^d	584^d4	584^d13	583^d92	−	−	1^y	224^d7
木星	400^d	395^d44	398^d71	398^d88	12^y	12^y	11^y92	11^y86
土星	−	377^d	377^d94	378^d09	−	30^y	29^y79	29^y46

　しかるに、宇宙構造論からみた「四分暦」の最大特徴は、宇宙の外郭が鶏卵を横にしたような紡錘形とする東周の宇宙観を発展させたものである。ただ大地は球面でなく平面であり、「陽城」が「地」の中心となっているという伝統的天文観から脱することはできなかった。「四分暦」は太陽系天体の位置を時間の関数として表現した「天体暦」なのであるが、誤った認識である「天道」によって曲がりなりにも「黄道」附近を通過する「五星」すなわち「惑星」の

存在に気づくことになった。実のところ「惑星」の存在に気づくということは、「火星」などの「惑星」が天球上で速さを変えたり、逆行といって一時期だけ逆に動くという事実を認識するということである。つまり「火星」の逆行を示す記事は、戦国時代から現れるのであるが、この逆行を説明するためには、いくつかの回転方向や速度の異なる複数の天球をそれぞれの「惑星」の運行に用意しなければならない。

　また宇宙の外郭が鶏卵を横にしたような紡錘形とする東周の宇宙観では、「北辰」を「日月星辰」の回転軸として重要視したために全ての天体を北向きに見て逆時針の動きと捉えていたが、「四分暦」は太陽系天体の位置を時間の関数として表現した「天体暦」（エフェメリス〔Ephemeris〕）であるため、「北辰」の動きを特に重要視しなくなったというのも大きな変化である[10]。さらに、「惑星」である「歳星」の動きを「天体暦」によって約12年周期であることを見いだして「歳星紀年法」を編みだしたものの、「歳星」自体は時計回りの運行を示してしまうことから、反時計回りに動く「二十八宿」の「十二辰」の順序に鏡像変換した「歳陰」という架空の「惑星」を創り上げ、これを「太歳紀年」と名づけたのである。だが、この架空の「惑星」を用いた宇宙観が、それまで健全に発展してきた宇宙構造論を歪めたのも事実である。つまり、この架空の概念によって「太歳在子（太歳が子にある年）」というように、太歳の「十二辰」上の位置で年を記述したのである。これは後に太歳とは関係なく、六十年周天（十二支部分は十二年一周）で年を記述する干支紀年法へと発展し、宇宙構造論と暦法との関係が次第に乖離していくことになる。

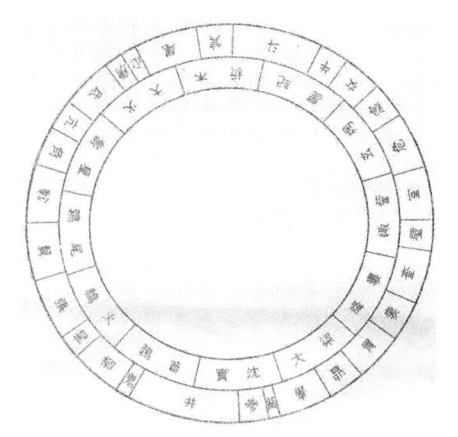

第3章　中国古代における宇宙構造論の段階的発展と占星術の出現　　97

図8 「十二次と二十八宿」（荒木俊馬『天文年代学講話』P.127）

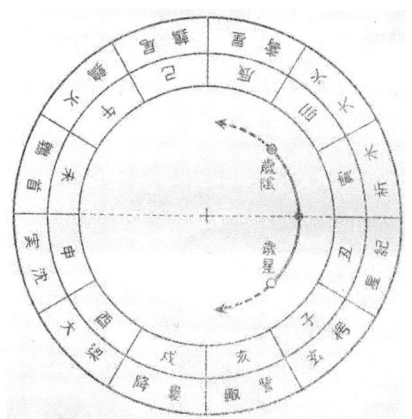

図9 「歳星と歳陰の関係」（荒木俊馬『天文年代学講話』P.130）

(3)「五星」の運行と「十二次」の「分野説」に基づく「占星術（Astrologia）」の出現

「惑星」の発見とその運行の把握は「天文学」の水準を飛躍的に高めると共に「天文学」の付随物というべき「占星術」を生ましめることになる。古代ギリシアでは「天文学」（Astronomia）と「占星術」（Astrologia）とは不可分一体の関係にあったといわれるが、古代中国も同じような過程を踏んでいる。もっとも、洋の東西を問わず「占星術」が生まれる絶対条件は、「逆行」など複雑な

動きを示す「惑星」が、現在どの方角かつどの「星座」付近にいて、どのような軌跡をたどるかを予め把握しておかなければならないということである。

そのため中国の「占星術」は、戦国時代の「四分暦」の出現によって産声をあげたと見なければならない。なぜなら「四分暦」とは太陽系天体の位置を時間の関数として表現した初めての「天体暦（エフェメリス〔Ephemeris〕）」であったからである。換言すれば古代中国において、まず殷（商）は「甲骨」を卜辞とし、周は当初「甲骨」を卜辞としたものの、ついに「筮竹」を卜筮した。そして「四分暦」を用いる戦国時代になって、諸国は「五星」の動きを「星宿」に絡める「天体暦（エフェメリス〔Ephemeris〕）」としての「占星術」を紐解きはじめたのである。

もっとも「占星術」には幾つか種類がある。この中で、「黄道」上に均等配分された12個の「星座」すなわち「黄道十二宮」のうち、個人の誕生時において「太陽」がどの「星座」にあるかを基準とするものが、「ホロスコープ占星術（Holoscope）」である。ただし、藪内が指摘しているように、中国で「ホロスコープ占星術（Holoscope）」が生まれることはなかった（藪内『増補改訂 中国の天文暦法』6頁）。その理由の一つには、前述したように中国では長く「黄道」の存在に気づかなかったという点が挙げられよう。

もっとも、「白道」を十二等分した上で「天の赤道」を12のエリアに均等分割した「十二次」に基づく「分野説」は古代バビロニアから発した「黄道十二宮」に類似する。ただし、「十二次」に基づく「分野説」の内容は、あくまで「天道（＝白道）」に沿っているため、この分野に逆らうことは「天道」に背くことになるとした西方の「神罰占星術（Judicial astrology）」にニュアンスが似ている。ただ、決まりきった周期性をもつ「十二次」だけでは、「占星」としてはまったく意味をなさないので、これに「五星（惑星）」の運行を絡み合わせたことにより、初めて「占星術」（Astrologia）が生まれたと見るべきである。

「十二次」が「B.C. 401」頃に成立したことは前述したが、その「十二次」に基づく「分野説」に加え、同じく戦国時代に認識された「五星」の運行をとりこんでいる『左伝』の記事は、年代を決定する有力なタイムマーカーとなっ

第3章 中国古代における宇宙構造論の段階的発展と占星術の出現 99

ている。実は『国語』も戦国時代に芽生えた「十二次」に基づく「分野説」に加え、同じく戦国時代に認識された「五星」の運行を取り込んでいる。これらは『左伝』および『国語』のそれぞれの編者が、あたかも両書が春秋時代に記されたと見せかけるため用いた操作なのであって、それらは予言の修辞として取り込まれている。特に「木星」すなわち「歳星」の位置に関して、主に『左伝』は「夏」もしくは「夏四月」を占星の対象とするのに対し、『国語』は「十二月」を選んでいる。

　ここでさらに『左伝』の記事に焦点をあて、その成書年代を絞り込んでみたい。すなわち『左伝』昭公十一年（B.C.531）に「夏四月に木星は鶉火の位置にいた」との記述がある。ところが「木星」は数理的な計算によると、魯昭公十一年の夏四月（B.C.531）には「鶉火」に位置していない（現実は「寿星」つまり「角宿」の距星である乙女(おとめ)座の「αVir（1ᵐ0）」付近に位置していた）。したがって、「超辰法」を知らない『左伝』において、「十二次」中の「鶉火」は「張宿」の距星であるうみへび座の「ν1 Hya（4ᵐ1）」を照準としているものであるから、「木星」が「ν1 Hya（4ᵐ1）」およびその前後にいた時を、前述した「B.C.353 XII25」以降の年代から求めればよいことになる。

　つまり、その具体的年代は「B.C.346 IV～V」であり、先に挙げたもう一つの具体的年代を重ねてみると、『左伝』の編者は「B.C.353～B.C.346」における「木星」の軌道を目にしていたことがわかる。ちなみに『左伝』には魯昭公十八年夏五月（B.C.524 V～）「火始めて昏に見る」という記事があるが、「火」を「火星（＝熒惑）」とすると、「火星」はB.C.524 V1～31の間に「太陽」の東231°～205°にあって記事のようには見えない。つまりこれも惑星運動を完全には熟知していなかったための所作なのである。したがって、「火星」が上記期間内で見える情況を数理的な計算で搜すと、「B.C.352 IV～」に「太陽」の東約5°にあって、「太陽」の日没後の「昏」の西空に「火星」が地平線低く輝く現象が認められ、前述した「B.C.353～B.C.346」の枠内に収まっている。結論からいえば、『左伝』は概ね上記枠内における当時の星空を目にしながら、創作の筆を執っていたことが判明するのである。なお平勢隆郎はその著『春秋

と左伝』の中で、『左伝』の成書を歳星記事の検討によって「B.C.353〜B.C. 271」の年代内に解釈しているが、その数理的根拠は示されておらず、なぜその上限年代が筆者と同様の「B.C.353」となっているかについては明らかでない。

翻って『国語』は、『左伝』と同様にその成書が「十二次」の概念が芽生えたと思える「B.C.401」以降であることは確実である。ただ、注目すべきは『左伝』に見られるような「辰余」に基づくズレが記事に認められないことから、「辰余」の影響が生じない頃の著作であることが理解できる。これを解決する史料は『国語』「晋語四」にある 「十月，惠公卒。十二月，〔中略〕歲在大梁．將集天行，（文公）元年始受，實沈之星也。」という記事である。この文義は「十月に晋の恵公が卒したが、本年十二月の冬至における歳星は、暦面とおり、大梁に在るので、来年の晋文公元年に歳星は実沈の星域に在る」というものである。「大梁」は「十二次」の筆頭である「星紀」から第五位である。

第1周目の基点は（B.C.397 XII26）であり、第3周目の（B.C.373 XII26）までは、「冬至」の日に「木星」が当該領域に入っていたが、第4周目（B.C.361 XII26）には「辰余」のために第六位である「実沈」の領域に入ってしまっている。なぜなら、「辰余」による「一次」のズレは「十二次」の筆頭である「星紀」の初期設定値（B.C.401 XII26）から第3周と3分の1に当たる40年後に初めて発生するからである。したがって、「辰余」による「一次」のズレが全く認められない『国語』は「冬至」の日の「大梁」に「木星」が位置した第1周目（B.C.397 XII26）から第3周目（B.C.373 XII26）までの星空を念頭に創作の筆を執っていたことが判明し、『国語』が成書した20〜50年後に『左伝』が成書したという興味深い結論が得られるのである。ただし、『国語』や『左伝』の成書年代が戦国時代以降であるといっても、素材となった文献の成立時期がさらにそれを遡ることは、既述した『競建内之』の皆既日食記事を彗星記事に置き換えた『左伝』の性質からも推し量れる。

ちなみに「十二次」に旧来の「二十八宿」をあてはめた「分野説」は戦国時代に出現したが、具体的には円盤の中心に「北斗七星」を描き、その円周上に

第 3 章　中国古代における宇宙構造論の段階的発展と占星術の出現　101

「二十八宿」を按配した「式盤占星術」を編み出している[11]。これは、本来「北斗七星」が果たしていた「二十八宿」を折半して「春分」と「秋分」に区切る手法、つまり天の赤道を「龍」部分の前半十四宿と「麒麟」部分の後半十四宿に二分する暦法が完全に廃れ、「北斗七星」が迷信的な色彩を強く帯びてしまったことを意味するものである。春秋時代の東周王朝以来、北極は「天」の中心であるという着想があったものの、新たに「五星（惑星）」の認識によって「陰陽五行（＝月・日・五星）説」が生じ、このため天の赤道部分が東西南北を示す四方位（青龍・白虎・朱雀・玄武）に分けられ、結果として「四方宿」という新たな概念を生むことになった。つまり、赤道上の星を四方に分けることによって、「二至二分（冬至・夏至・春分・秋分）」を表現しようとしたのだろうが、赤道上の星を四方に分けることは何ら科学的根拠はなく、辻褄が合わない結果となっている。

　そもそも「二十八宿」とは、「春分」と「秋分」に区切る手法として日没（日入）後において、「北斗七星」の「斗柄」が示す「辰」（「春分」ノ）と「逆辰」（「秋分」ヽ）との形を関連させてこそ有効なのであるから、「春分」や「秋分」以外の季節を把握することは不可能である。なぜなら、「春分」や「秋分」のように「昼」と「夜」との時間が同じであるが、それ以外の季節においては「日出・日入」の時刻にそれぞれ増減を生じるためである。換言すれば、「日出・日入」の時刻にとらわれない現代の「定時法」ならば、「北斗七星」の「斗柄」自体が「年周運動」によって「毎月」時計針で 5 分ほど規則的に反転しているように見えるものの、日没後に現れる「北斗七星」の「斗柄」を照準とするのは「不定時法」なのであるから、「斗柄」の回転を一定の法則として「春分」および「秋分」以外の季節にあてはめることはできないということである。

　新城は『大戴礼記』所載「夏小正」に見られる「（正月）斗柄懸りて下に在り」とする記述に注目し、さらにこれを「一月に斗柄が日暮れに地平線に垂直になって下の寅の方位を示す」と解釈して、ここに記された天文現象は堯舜の治世の頃に相当すると述べられている。『大戴礼記』が漢代の儒者戴徳が古い時代の資料を基に編纂した書物であることは、『大戴礼記』中の二編（『武王践阼』・

『曾子立孝』)が戦国時代中期の楚墓から出土した「上博楚簡」(B.C.342-B.C.282)に含まれていることからも明らかとなっている。しかしながら、それだからといって、原資料の出自を伝説の夏王朝に結びつけるのは、やはり無理があると言わざるを得ない(12)。

　そもそも「占星術」(Astrologia)について、中山茂は「占星術とは古代、帝王学であった。それはわれわれ下じもの者には手のとどかなかない所にあった。(中略)占星術は君主に奉仕する学問として発生し、君主だけがその知識を使用する自由を独占していた。それはバビロニアと中国において、起こるべくして起こったのである」(『占星術』15頁2005年　復刻新装版　紀伊国屋書店)と述べているように、まさに洋の東西を問わず国家や為政者の運命を占う一種の帝王学であって、君主に奉仕する高度な数理的学術として発生し、君主だけがその知識を独占できる権利を有していた。戦国時代がまさに群雄割拠の時代だったからこそ、「四分暦」と密接不可分の関係にある「占星術」は重要な地位を占めることになったのである。

　そして古代中国において、「太陽」「月」「恒星」に次いで「五星」の運行が人々に意識されはじめたということでもある。太陽系天体である「五星(惑星)」は、一定の動きを示す「恒星」とは違い「逆行」など複雑な運行を示す。したがって「占星術」は春秋時代には存在せず、戦国時代になって「四分暦」の普及と共に浸透していったのであり、春秋時代を舞台に「五星」の一つである「木星」を「占星術」の要素として扱っている『国語』や『左伝』が春秋時代に成立しているわけはなく、戦国時代に入ってからの著作であることは既述した通りである。川原秀城は一般に亀卜と易筮を並称する場合「亀策」といい、『史記』「亀策列伝」という篇目はその典型的な例であると述べているが(川原『中国の科学思想—両漢天学考』31頁, 1996年　創文社)。中国における占卜が殷王朝を起源とする亀卜と周王朝を起源とする易筮との二種に区分されたとするならば、この区分に属さぬ「占星術」は当然のことながら周王朝以降の新しい占卜ということになる。

　しかるに惑星運動の把握は、戦国時代における為政者のための「占星術」と

いう副産物をも生み出したが、この時点での宇宙構造論は太陽系天体である「五星」の動きを概ね理解しながらも、「月」の道筋である「白道」を「日月」の共通の道筋である「天道」として誤認していた。そのため月食周期に基づいて日食を予想したのであるが、その暦法は太陽系天体の位置を時間の関数として表現した初めての天体暦（エフェメリス〔Ephemeris〕）となっていたのである。「四分暦」の浸透を契機に中国人の宇宙観は次第に広大なものとなっていった。否、そればかりでない。「月」と「太陽」に対して新たに「五星」を加えた天文観は「陰陽五行説」という新たな着想を生み出したのである。

　もっとも「占星術」であれ、「陰陽五行説」であれ、天において「五星」が「太陽（もしくは「月」）」とどのような位置関係にあり、またどのような順序で排列されているかは「黄道」を認識してから後も詳らかにはされなかった。春秋時代は東周であれ魯であれ、「太陽」の地平線上における日出位置3点をもって「二至二分（冬至・夏至・春〔秋〕分）」の季節区分とし、このうち「太陽」が反転する「冬至」を南限・「夏至」を北限、真東から日出する日を「秋分」および「春分」の定点とした。そのために、年初は「二至二分」のいずれかに限定された。これをベースに戦国時代の「四分暦」は、「二十四節気」の概念を作りあげ、中国の内陸農業に適合させた「立春」という新しい概念を年初に据えたのである。

　つまり「立春」とは戦国時代における「四分暦」の「二十四節気」に内包された概念であり、春秋時代には断じて存在しない概念なのである。したがって春秋時代に存在しなかった「立春（夏正）」の概念が『古本竹書紀年』の「晋紀（春秋時代に相当）」に見えるのは、『古本竹書紀年』が戦国時代の「四分暦」の基準によって記されていることを雄弁に物語っているばかりか、「立春」を暦の筆頭とする『大戴礼記』所収「夏小正」も所詮は戦国時代の産物であって夏王朝時代の暦であるはずがないことを示している。

註

（1）　本書110頁を参照されたい。
（2）　小沢賢二「春秋の暦法と戦国の暦法─『競建内之』に見られる日食表現とその史的背景─」『戦国楚簡研究2007』）。
（3）　斉藤国治・小沢賢二『中国古代の天文記録の検証』P.55-P.67,1992年　雄山閣出版。
（4）　新城新蔵『東洋天文学史研究』「春秋長暦」P.230-P.327　1928年　弘文堂
（5）　小沢前掲論文
（6）　斉藤・小沢前掲書 P.67。但し、本稿は金星の光度を修正してある。
（7）　能田忠亮『東洋天文学史論叢』P.497　1943年　恒星社
（8）　小沢前掲論文
（9）　斉藤国治・小沢賢二　前掲書
（10）　小沢前掲論文
（11）　甘粛省博物館「武威磨咀子三座漢墓発掘簡報」所収「式盤復元図」『文物』1972年第3期
（12）　「斗柄が夕方に丁度垂直になることを建子と称へるが、周初の頃には丁度立春頃に当たり其の差は僅かに半ヶ月ほどであったので、斗柄建子をもって年始の標準として居ったのである」とし、さらに「周より以前は、堯舜時代より夏殷を通じて、建子の翌月を以て正月として居ったように思はれる。堯舜頃には建子翌月が丁度正しく正月に当って居ったが、歳差の現象のために、周初頃に至りては建子月を正月とする方が季節に適合する様になったのである」（新城新蔵『こよみと天文』三五－三六頁．1928年10月　弘文堂）。

第4章
春秋の暦法と戦国の暦法
―『競建内之』に見られる日食表現とその史的背景―

総論．「太陰太陽暦」の成立と発展 ―「一陽来復」の暦法から「立春年初」の暦法へ―

　中国の天文暦法は長い間「太陰太陽暦」に基づいていた。しかし古代中国人が太陽暦と太陰暦とをミキシングした「太陰太陽暦」をなぜ使用したのかについて、具体的に言及した論考は殊のほか少ない。

　実際、中国だけでなく古代人が最も基本的な天体として初めに認識したのは「太陽」と「月」の二つにほかならない。その理由はきわめて簡単である。なぜなら人間の目に映る最大の天体であるとともに、日々の生活に重要な影響力を及ぼす畏怖の対象となる天体でもあったからである。古代人がまず他の天体を差し置いて、眩しいばかりの太陽光と暗闇を照らす月光に意識を向けてしまうのは至極当然のことである。その上、「太陽」は農作業の上で欠くことのできない天体であり、かたや「月」は潮汐を予測する漁業民にとって必須の天体であった。

　月齢十五日の満月（望月）は日没後に東方より昇り、三日月は日没後に西方に現れてそのまま西の地に沈む。上弦の半月は月齢8日にして日没時に南中し真夜中に西へ沈み、また下弦の半月は月齢22日にして日出時に南中し、昼頃に西へ沈む。また太陽の南中高度は夏至が最も高く冬至が最も低いが、逆に満月の南中高度は夏至が最も低く冬至が最も高い。古の人々は白昼は「太陽」の位置で方角と時刻を知り、夜中は「月」の月相（三日月・満月・半月）とその位置とで方角と時刻を知ったのである。

　夜中において「星」の位置で方角を知るようになったのは、「星宿（星座）」の概念が出現した遙か後の時代であり、天文学が芽生えてからのことである。

すなわち暦法の基本は「太陽」および「月」の運行を観測することである。古代より中国人は時刻や時候などを指し示す天体を「辰」と称し、その中で「太陽」を最大の「辰」として畏怖した。特に殷人は二枚貝が殻の外に足を出して歩行しはじめるさま[1]、あるいは胎児の活動を認めることを「辰」と表記したというが[2]、「辰」とは「東南東」の方位から日出した「太陽」が、冬至を起点として逆に東へ移動しはじめる年初の啓示ととらえたものである。『周易』はこの現象を「一陽来復」と称した。

中国古代における方位の測定とは、季節に関係なく東西（卯酉線）を求めることによって南北（子午線）が決められたということが『周髀算経』にも記載されており、藪内清はこれを以下のように解説している。「まず水平な地面に垂直に適当な長さの棒を中心に円を描く。朝に太陽が昇ってくると、はじめ長かった棒の影の長さが次第に短くなり、影の先端がちょうど円上に落ちる点をAとする。やがて太陽は正午に南中し影はもっと短くなり、それから次第に長くなって影の先端が再び円周上の点Bに落ちることになる。このAとBを結んだものが正東西であり、それに対し直角な方角が正南北となる。これはきわめて簡単な方法であり、エジプトのピラミッドもこの方法で方位をきめて造営されたといわれる」（『科学史から見た中国文明』79-80頁。昭和57年 NHKブックス）。

「太陽」によって東西（卯酉線）および南北（子午線）が固定されれば、次は「太陽」が「一陽来復」する定点（冬至）をもって「年初」とし、この方位を「辰」と定めることになる。もちろん、ここでいう「冬至」とは「立春年初」をテーゼとする「二十四節気」以降の名称であって、「冬至年初」の頃は冬至相当の時期をもって「春」と称していたのはいうまでもない。つまりこの頃の季節区分は「春（＝冬至）・夏（＝春分）・秋（＝夏至）・冬（＝秋分）」の4つのみであるが、（　）内における「二至二分」の名称はあくまでも後世の「二十四節気」における節気名であるので留意されたい。しかるに方位および「二至二分」の決定のみで、「太陽」が真東から日出し、真西に日没する日が「夏（＝春分）」と「冬（＝秋分）」であることが精確かつ簡単に把握できる。さらに「冬（＝秋分）」を過ぎて南に向かって日出していた「太陽」が東南東（辰）を

図1　『周髀算経』の方位測定法

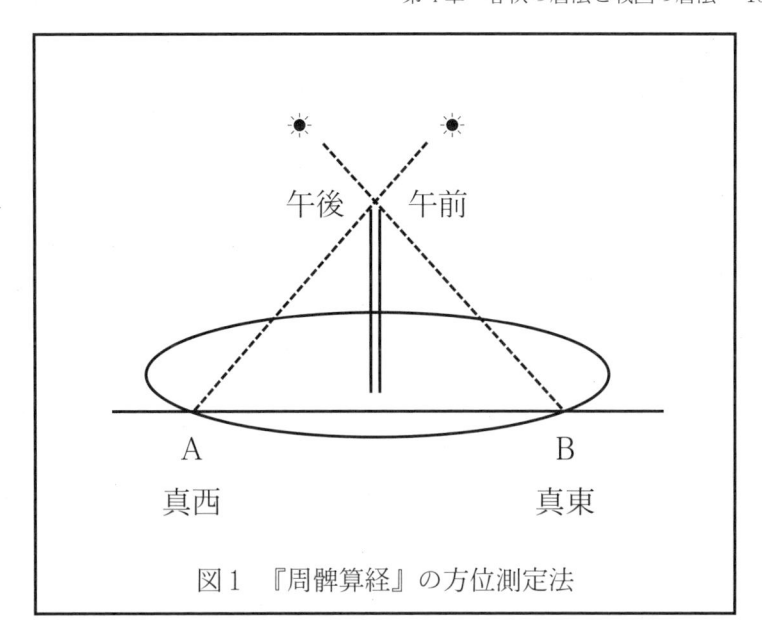

基点に北へ反転（一陽来復）する日が「春（＝冬至）」であり、逆にいわゆる「夏（＝春分）」を過ぎて北に向かって日出していた「太陽」が東北東（寅）を基点に南へ反転する日が「秋（＝夏至）」であることも認識することができる。ここに方位と季節を組み合わせた「十二辰」が芽生えたこは言を俟たないところである。

そして殷の王族が「甲・乙・丙・丁・戊・己・庚・辛・壬・癸」といった十干を示す各十族から構成されていたことは、第12章で述べたとおり持井康孝の研究によって明らかにされているが[3]、これら殷の各王族を示す「十干」に方位を示す「十二辰（十二支）」が組み合わされ、日にちの順列を示す「六十干支」が確立された。この「辰」を基準とした「六十干支」は周にも受けつがれたが、「六十干支」の目的は「太陽＝日(ひ)(sun)」と「曜日＝日(にち)(day)」との組み合わせによって作成された「六十日表」のうち、今日はどこに該当するのかを「日毎(ひごと)」すなわち「一辰(sun＝day)」ごとに確認することにある。

殷人および周人が太陽を「辰」と称し、「辰」をもってその日の干支を指したことは、金文中にみえる殷代末の「隹五月, 辰在丁亥」（商尊,『文物』1978

年第3期)や周初における「隹王八祀,正月辰在丁卯」(師□鼎,『文物』1975年第2期)、あるいは西周中期と推定される著名な「散氏盤」の「隹王九月,辰在乙卯」などの刻文から理解できる。しかし、その後に確立された「十二辰刻」という時刻制度によって、方位基準は時刻順位と交錯されてしまったのである。

隋の袁充は時刻を示す「十二辰刻」と方位および日にちを表す「十二辰」とが混同されていることを明確に指摘したことで名高い(『隋書』「天文志上」)が、筆者は混同の理由の一つとして、天文暦法の発達をあげたい。とくに「二十八宿」という「星宿(=星座)」の着想は、「太陽」あるいは「月」という二大天体を基準にしていた古代中国人が、次第に他の星にも意を払うようになったことを物語っている。ようやくここに「天文」という概念が芽生えたのである。言い換えれば、天文暦法の進歩によって太陽だけが「辰」ではなく、太陽以外の天体である「北斗七星(北辰)」や「大火(大辰)」あるいは「辰星(水星)」も「星辰」と称せられていったのである。

しかし、これらの「星辰」は太陽や月に比べれば、あまりにも小さな天体である。日月と星辰とは所詮対等にはなり得ず、本来「星辰」の存在意義は極めて小さかったと考えなければならない。もっとも後世の人々は、「星辰」が天文暦法の進歩によって新たに生み出されたものであることを考慮していないため、古代における「星辰」を過大評価する傾向にある。つまり、これまでの古代天文学の研究において「太陽」あるいは「月」を日月食や冬至観測として捉える先行研究は数多くあったが、この二大天体がいかに古代の暦法に大きな影響を与えたかについて正鵠を射た論考は殆どない。

むしろ脇役というべき「北斗七星(北辰)」や「大火(大辰)」などの後世において「辰」となった星々に焦点をあてたり、これに誤った「十二辰」の概念を加味して解明しようとする無責任な主張が夙に多く存在した。とりわけ「歳星」を「辰」として捉えることから生じた「超辰法」の問題はまさに不毛な論議に終始したといえるだろう。

さらに古代における素朴な暦法に対して「建子暦」や「建寅暦」などという実際には存在しなかった牽強付会な概念を当て嵌めて解釈しようとしたことも、

第4章　春秋の暦法と戦国の暦法　109

後世に大きな混乱を引き起こす結果を招いた。

　新しく発見された上博楚簡に見られる『競建内之』は、予期せず突然出現した「皆既日食」に畏れ怯える春秋時代における斉桓公の様子をリアルに叙述している。戦国時代ならば、その的中率の精度はともかくとして、月食が確実に起こる周期を援用して日食予報ができるが、日食を観測していただけの春秋時代の暦法では到底不可能である。言い換えれば、上博楚簡『競建内之』に見える「皆既日食」の叙述は「日食」という天文現象を知りながらも、「日食」の発生を予報できなかった春秋時代の天文観を伝えるものとして極めて価値が高い。

　否、上博楚簡『競建内之』の史料的価値はこれにとどまらない。『競建内之』に見える「皆既日食」の叙述を詳細に検証すると、「皆既日食」は斉桓公治世の晩年に一年おきに連続して起こった可能性が極めて高いのである。これは先ず浅野裕一の創見によって『競建内之』の竹簡配列が糺され[4]、次に筆者が浅野の釈文を分析して結論づけたものであるが[5]、時を同じくして中国でも、李学勤が『競建内之』の竹簡配列を糺した上で同じ結論に達している[6]。

　本稿は、まず第一に中国天文暦法上のベースというべき「太陰太陽暦」が漁業と農業とに直結した暦法であったことを解き明かし、新出土史料である『競建内之』を併せ用いて中国古代の天文暦法の発展経過を検証してみる。そして第二に『競建内之』が内包する諸問題を古天文学等々の角度から詳細に検証していくこととしたい。

1．月のみちかけと潮汐「大潮（朔）・小潮（上弦半月）・大潮（望月）・小潮（下弦半月）」

　太陰暦とは、月（太陰）の満ち欠け（＝盈虧）を基準にして作られている暦法である。太陽暦の1年（回帰年）はおよそ365.24日である。太陰暦でこれに近いのは12か月（約354日）なので、12か月を以て1年とする。太陰暦の1年は太陽暦よりも約11日短い。純粋な太陰暦は1年の長さが1回帰年よりも短いため、暦面が実際の季節とずれてゆく。これを解消するために閏月を適宜挿入

することで暦を調整するのが「太陰太陽暦」である。「太陰太陽暦」を広義の太陰暦に含める場合もあり、狭義の太陰暦を純粋太陰暦と呼ぶこともある。太陰暦では月の満ち欠けが約1箇月（29日から30日）かかることを知りえたため、中国ではこの期間を「月」と称した。

しかし、月の満ち欠けによって「朔が一日」・「三日月が三日」・「望（満）月が十五日」であることを知るためだけの理由、つまり単に月相で太陰暦が利用されたとする説は、説得性に極めて乏しい。月相は日にちを知るという点では重要かもしれないが、これでは森羅万象に対してナーバスな古代人の生活にまったく結びつかない。つまり、古代人の暦学知識は実生活に直結したものなのであって、単に日にちを知るだけだという表層的な理由だけでは少しの価値をも持たない。実のところ潮汐を予め推算できることが太陰暦がもつ最大の特徴である。すなわち沿岸漁業では、潮の満ち引きにより作業時間が大きく左右される。現在は潮汐表が書き込まれた太陽暦のカレンダーも存在するが、太陰暦を使った干潮・満潮時刻の算出や大潮（1日と15日）、小潮（8日と22日）の判断は、漁業民としてきわめて基本的な素養の一つなのである。メソポタミア文明がシュメール人による太陰暦を生んだことはよく知られている。太陰暦を用いたシュメール人が沿岸漁業に密接な民族であったことは、出土粘土板に楔形文字で記されていた『ギルガメシュ叙事詩』（『旧約聖書』のノア、ギリシャ神話のデウカリオンに関わる洪水伝説の原型）から容易に推し量れる。メソポタミア文明はティグリス・ユーフラテス両河川の間に栄えた文化と言われているが、両河川の河口はペルシャ湾であり、ペルシャ湾を基盤とした沿岸漁業から太陰暦が生まれたと考えなければならない。

中国の黄河文明も、殷人によって太陰暦が生み出されたとされ、内藤湖南の見解では殷人とは本来黄河河口の渤海をテリトリーとした民族であったとするが、さらに内藤は王国維の説を引き、殷墟から出土した大量の遺物など（子安貝等）から殷都は元来黄河の南から北へ遷都したとの説明を加えている[7]。たしかに殷墟からは大量の子安貝が見つかっており、殷王朝の時代には子安貝（宝貝）が貨幣すなわち貝貨として珍重されていたとの証左となっている。殷

人が創出した漢字の「貝」偏は財貨に関する漢字ばかりであるが、この子安貝は現代でも沖縄・ベトナム・モルディブを中心とした海洋でしか採取できないものであることから、往時の殷人も渤海沿岸を基点に海洋民との交易をはかったことが裏付けられるのである。

我が国でも、本州南岸地域の漁民は「八六算法」という簡易計算を使って、おおよその干潮の時刻を算出していたことはよく知られている[8]。すなわち太陰暦は月の周期を基に日付られているので、月の満ち欠けに影響を受ける「潮（朝の干満）・汐（夕の干満）」とほぼ連動する。計算方法は、太陰暦（旧暦）の日付の日の数字に0.8をかける。朔（一日）は1、三日月（三日）ならば3である。その答えの整数値が時間となり、小数点以下の数値に6をかけると分となる。もっともこの簡易計算は、月の正中時と満潮時刻は地形・緯度により多少の差は出てくるのであくまでも目安にすぎないが、潮汐は天体と地球の間に働く引力と遠心力との差によって起こり、とりわけ月の影響を大きく受ける。天体に面した海面は天体の引力により海水面が盛り上がり、反対側の海面は引力よりも地球と天体との公転による遠心力が強いので、海水面は同じように盛り上がり、どちらも満潮になるのである。

しかし簡易計算といっても、時刻の知識に詳しいとも思われぬ殷人がこのような細分化された干潮の時刻を割り出していたとは考えられない。ただ「太陰暦」を用いているからには、満月（望月）となる十五日の正午（太陽が南中する頃）は干潮となり、この正午より半日前後の時間帯は満潮となること、さらには満潮と干潮以外の潮汐変化である大潮と小潮の存在ぐらいの最低限度の知識は当然持っていたとみなければならない。

ちなみに、大潮が起こるのは「朔日（一日）」と「望月（満月＝十五日）」の前後、小潮が起こるのは「八日」と「二十二日」の前後である。大潮とは、「太陽—月—地球」とが一直線になって、地球から月の照らされた面が見えない朔日（一日）の頃と、「太陽—地球—月」とが一直線になって地球からは月が全面照らされる望月（満月＝十五日あるいは十六日）の頃にあたる。この二つの条件下において、太陽は月よりもはるか遠くにあるが、月の約半分の力で潮汐に

影響を与える。したがって望月（満月）や朔（一日）の時には、月と地球と太陽（朔の時は地球と月と太陽）がおおよそ一直線に並び、月と太陽の引力が重なるので、海面の変化が大きくなるのである。いっぽう小潮とは、大潮と大潮のちょうど中間、つまり上弦や下弦の時（半月）は月と太陽とが直角方向にある時に起こるもので、地球からは月がちょうど半分照らされて見える。上弦や下弦の半月の時には、地球から見て月と太陽は直角の方向にあり、月と太陽の引力が妨げあうので、海面の変化は小さくなって干満の差が小さくなる。

　つまり「太陰暦」を用いていた殷人は、少なくとも①「朔＝一日すなわち大潮」→　②「上弦の月（半月）＝八日すなわち小潮」→「③望月（満月）＝十五日すなわち大潮」→「④下弦の月（半月）＝二十二日すなわち小潮」というような月相に適合した潮汐のローテーションを当然経験上体得していたと考えなければならない。このような基本知識は王朝が殷から周にとって変わったとしても、引き続いて「太陰太陽暦」を用いている限りは、当然受けつがれるものと見るべきである。

　だが、この基本というべき月相に適合した潮汐のローテーションを、遺憾ながら多くの金文研究者はあまり留意していなかったと思える。なぜなら王国維の「生覇死覇考」以来、注目を浴びている周初の金文に見える「初吉」・「既生覇」・「既望」・「既死覇」への文字解釈は、今日に至るも不毛な論考があとをたたないからである。これらの論考の多くは「太陰太陽暦」は沿岸漁業と農業との両面を考慮した暦であるというテーゼを当初から念頭に置かず、むやみに複雑な計算手法を用いて自家撞着に陥っている[9]。

　いうまでもなく古代人の暦学知識は実生活に直結したものであって、その発想は単純かつプリミティブである。したがって「初吉」・「既生覇」・「既望」・「既死覇」の字義は、見てのとおり「初吉（朔）」・「既生覇（月が生まれかかった上弦の半月）」・「既望（望月）」・「既死覇（月が死にかけていく下弦の半月）」と考えるのが極めて至当であって、いわゆる月相に適合した潮汐（大潮および小潮）のローテーションを示したものにすぎない。

　加えて補足するならば、周初の青銅器にのみ「初吉」・「既生覇」・「既望」・

第4章　春秋の暦法と戦国の暦法　113

「既死覇」の金文が存在するものの、それ以降には見あたらないというのは、海洋を半ば基盤としていた殷人と違って、内陸を基盤とした周人の特徴が次第に暦法へ反映されていったと見てとれる。筆者は前項にて、殷人は二枚貝が歩行しはじめる様を「辰」と表記し、その「辰」を「東南東」の方位から日出した太陽が、冬至を起点に反転して北へ移動しはじめる年初の啓示ととらえたとしたが、これはとりもなおさず殷人の暦が「冬至年初」を基盤としたことを示唆するものである。

　藪内清は『春秋』の暦が「冬至年初」であることについて、華北では厳冬の季節にあたることから華北の気候にそぐわない暦法と述べているが[(10)]、そもそも「冬至年初」の暦法は沿岸漁業民であった殷人が内陸進出とともにもたらしたものと解釈すべきである。つまり内藤湖南は殷人とは本来黄河河口の渤海をテリトリーとした民族であったと捉えたが、「冬至年初」という暦法の特性を考えた場合、殷人の出自来歴はさらに南方の沿岸に求められることになる。

　換言すれば原初の「太陰太陽暦」とは、本来沿岸漁業と農業との両面に重きを置いた民族によって育まれた経験律に基づく単純素朴なカレンダーなのであって、後世成立した「四分暦」のように太陽系天体の位置を時間の関数として表現した天体暦（エフェメリス〔Ephemeris〕）とはまったく異なるものである。

　だが、古代より中国で用いられていた「太陰太陽暦」を、農業のみに利用する暦法などとする誤った思い込みは引きも切らない。例えば、「戦国時代中期に至るまで、中国で一般に使われていたのは、天象に基準を求め、農業に利用する原始的な暦であった。冬至が過ぎて正月とすると十ヵ月もすれば農作業は終了する」（平勢隆郎『よみがえる文字と呪術の帝国』44-45頁, 2001年 中公新書）とする根拠なき説である。

　古代人にとって「太陽」と「月」が日々の生活に重要な影響力を及ぼす畏怖の対象となる天体であったのだから、古代暦法の基本は「太陽」および「月」の運行を日々観測することにあった。古代中国の暦法に関する従来の論考は、この簡単な命題をおざなりにしてすすめられてきたといえよう。したがって暦法の本来的意味を踏まえ、「太陽」と「月」とを観測して記録された「日食」

に焦点をあてながら、以下新たな問題提起を行いたい。

2．中国古代における二種類の日食表現

(1) 「日有食之」および「日有食之.既」の来源と表記への疑義

　『春秋』に収録された一般の日食は「日有食之」と記され、また皆既日食に対しては「日有食之.既」という表現を採る。『漢書』は『春秋』の表現に倣い一般の日食は「日有蝕之」と記し、皆既日食や金環食と解せられる日食に対しては「日有蝕之.既」としたが、更に新たな深食の概念を設け、「日有蝕之.幾盡」の表現を加えている。

　『漢書』が新たに「盡」という文字を用いたのは、漢代前期に儒教を国教化させた董仲舒自身によって喧伝された『公羊伝』に「（日有食之.既.）既者何既,盡也（既とは何ぞ？既とは盡くるなり）」という文言があり、これに強い影響をうけたためと解せられる。つまるところ、董仲舒らによる受命改制の建議が契機となって施行されたのが「太初暦」であるとされているのだから、『漢書』の日食が経書である『春秋』の表現に倣ったのは当然の成り行きであって、儒教イデオロギーに潤色された「太初暦（後に劉歆によって増補され「三統暦」と呼ばれる）」を編暦の根底に据えたのは自明の理ともいえるのである。

　『漢書』以後の正史もすべて、所載の日食は『春秋』の表現に倣っている。だが、『春秋』所載の日食は観測に基づく記録であるのに対して、『漢書』以下の正史に所載された日食の多くは暦法の進歩によって予報もしくは推算された産物であり、また『春秋』は冬至を年初とする暦（俗に「周正」と称せられる）であるのに対して、『漢書』以下の正史は立春を年初とする暦法（俗に「夏正」と称せられる）であって両者の性質は全く異なっている。

　ただ、『春秋』に所載されている「日有食之」という文言は、本来『春秋』に存在していたものか些かの疑義がある。なぜならば、『競建内之』は皆既日食を「日既」と表現し、これをさらに「日之食也」と詳述しているからである。

『春秋』は日食記事を「日有食之」および「日有食之.既」としていることは上述した通りである。だが、語法上「日有食之」という表現についていえば、所有を表す動詞「有」の位置がどう考えても不安定である。もっとも、「日有食之」という表現は『詩経』「十月之交」にも引かれる著名な表現であるから、『春秋』の経文に「日有食之」という文言が存在しなかったとは言いにくい。では、この不安定な語法の来源は何なのであろうか。

前述した通り、周初の金文に見える「初吉」・「既生覇」・「既望」・「既死覇」の字義は「初吉（朔）」・「既生覇（月が生まれかかった上弦の半月）」・「既望（望月）」・「既死覇（月が死にかけていく下弦の半月）」と考えるのが極めて至当であるとしたが、金文の表記では「隹世又七年,正月初吉庚戌……」（「膳夫山鼎」、『文物』1965年7期）および「隹十又三年,九月初吉戊寅……」（「十三年□壺〔甲〕」、『文物』1978年3期）などのように、二桁の数字と一桁の数字間に「又」の文字を挿入する。

つまり、「又」の文字は『春秋』や『論語』では「有」という文字に一律置換されていることは周知の通りであるが、これは「又」と「有」とが同音同義であることによるものであろう。それならば本来「日又食之」と記されていたものが、一律「日有食之」と書き換えられたのではないかという可能性が出てくる。一つの解決策としてここに提案する次第である。

次に触れなければならないのが、『競建内之』における皆既日食表現「日既」である。金文における「既」は本来「月（moon）」に対して用いる文字であり、この表現は周初から出現するが、全円（100%）の状態を抽象する字義をもつ。そのため満月に対して「既望（100%）」とし、上弦の月（半月）には「既生覇（50／100〔%〕）」、下弦の月（半月）には「既死覇（50／100〔%〕）」としているのであって、「初吉（＝朔）」に「既」の文字が冠らせられていないのは、そもそも「朔」とは実見できない月であって全円を母体としないからである。そのため「既」と「盡」とは同義ではなく、「既とは盡である」とした『公羊伝』の解釈は誤っていることが理解できるとともに、『競建内之』に表現された「日既」とは太陽に全円状態の月が覆うさまを述べたことも理解できる。

つまり「日既」とは太陽が「虧(かけ)」たのではなくて、まさにネガティブの全円状態になったということを示しているのである。これは極めて正鵠を射る表現であって、本来は『春秋』の原史料にも存在したと推測されるが、編纂過程あるいは伝写過程の中で、「日既」の「日」字のみ意図的に刪節されたものと考えられる。なぜならば、「既」の字義は上述した通り、本来「月(moon)」に対して用いる文字であり、太陽に単独で使用することはあり得ないからである。まさに『競建内之』の発見は中国古代の天文学を解き明かすに重要な鍵となったといっても過言ではない。

(2) 『春秋』の暦法と閏月の挿入方法(春王正月当作春閏正月)

『春秋』の暦法がどのようなものであったかについては、かつて新城新蔵・飯島忠夫両氏との間に激しい論争がくり広げられたが、現在では筆者らの数理的検証によって「一定の暦法に拠らない随時の観測によって調節された暦」であることが明らかになっている[11]。すなわち『春秋』の暦法とは太陽と月の合朔を随時観測する原始的なものであるが、実際の観測記録に基づく日食であったため日食総数37例のうち的中率は95%(37例)となっている。この数値は中国歴代史書の的中率の平均が70%以下であることを考えると最も高い的中率であるといえる。『春秋』の暦法は、予め日食を推算できるほどの精密さはないものの、後世へ精確な日食記録を残したといえよう。

観測によって調整された暦法は「観象授時暦」とも称せられるが、「観象授時暦」には「北斗七星」などの恒星観測を含める場合もあるので、『春秋』の暦法に対して筆者は敢えてこの術語を用いず、以下本稿では「随時の日月観測によって調整された暦法」と表現することにする。

では『春秋』が基礎においた「随時の日月観測によって調整された暦法」とは具体的にどのようなものであったかというと、太陽と月の運行を随時観測し、「太陽―月―地球」が一直線になった時の朔を朔日(一日)とし、併せて一太陽年にも準拠して閏月を挿入するものであって、いわば戦国時代の「四分暦」のように平均的な朔望月(二九・五三〇五八九日)を用いて予め朔の時間を決定

第 4 章　春秋の暦法と戦国の暦法　117

する暦法（経朔法）というものではなかったと理解する。つまり戦国時代の「四分暦」は予め法則化された暦法から朔日を推算するものであるのに対して、春秋時代における魯の天文官は観測された「朔（日月の合朔）」を基礎に対症療法的な暦法を作りあげていったのである。

　だからこそ『春秋』の暦法は、「太陽─月─地球」が一直線になった時の朔を朔日と定めるために、随時の観測を余儀なくされた。特に日食現象は朔の時に起こるものであるから、日食観測は作暦に欠かすことができないものとなる。この観測記録の中において、はからずも魯の天文官が後世に残した貴重なメッセージは、「日出帯食」および「日入帯食」といった特殊な日食に対しては、「朔（一日）」に発生した日食と認めず、そのためこの種の日食には「朔」という文字を意図的に添えなかったことである。

　「日出帯食」とは、日出の時に日食となっているものであって、魯の天文官はこれを「朔（一日）」と見なさず、これを前月（＝昨日）における「晦（晦日）」に発生した日食と解釈したのである。いっぽう「日入帯食」とは、日没の時に日食となっているものであって、魯の天文官はこれを「朔（一日）」と見なさず、これを翌日つまり「二日」に発生した日食と解釈したのである[12]。魯の天文官はこのように二四〇年間に及ぶ精確な日食記録を伝えたのであるが、「随時の観測によって調整された暦法」を使用していたことは、1太陽年を24等分した「二十四節気」の概念が芽生えていなかったことを意味する。

　それでは、「太陰太陽暦」である『春秋』の暦法はどのようにして、冬至を年初として閏月を適度に挿入できたのだろうか。結論からいえば、『春秋』は「冬至年初」の暦法であったということなのだから、「秋分」と「冬至」におけるそれぞれの日出地点を予め決定しておき、「秋分」の初期値を十月朔日、「冬至」の初期値を翌年正月朔日としておきさえすれば、問題は簡単に解決する。そして、この2つの初期設定は結局「春分」を四月朔日、「夏至」を七月朔日にそれぞれ初期値とすることにもなり、春秋時代は太陽暦の基準を「二至（冬至・夏至）二分（春分・秋分）」に置いていたという背景も鮮やかに浮かび上がってくるのである。

単刀直入にいえば、「二十四節気」が認識される以前のプリミティブな「二至二分」の暦法が『春秋』の暦法なのであって、理論上この暦法では年初（もしくは歳首）あるいは閏月の挿入月となりえるのは「冬至」・「夏至」・「春分」・「秋分」中のいずれかとなる。

ちなみに殷人が太陽を「辰」とし、「辰（東南東）」の方位から日出した冬至の太陽を東へ移動しはじめる年初の啓示ととらえたことは総論で既述した。これが「十二辰」の来源であり、殷の暦も「冬至年初」であったことを示唆するものである。したがって、いわゆる「殷正（年始が冬至の一か月後）」・「夏正（年始が冬至の二か月後の立春）」などとする主張は所詮「二十四節気」成立以降、つまり戦国時代以降に発生した空想概念に過ぎないことも明白となる。このように基本的なことが今日まで触れられず、「周正」・「殷正」・「夏正」などの不毛の論議が喧しく続いているのは残念である。

ここで、冬至を年初とする『春秋』の暦法がどのようにして閏月を適度に挿入できたのかを、「地平座標」で図示（図2）して「秋分」日出地点および「冬至」日出地点と暦面の閏余を具体的に説明することにする。すなわち『春秋』は「冬至年初」の暦法であったという大前提に立って考えると、「秋分」と「冬至」におけるそれぞれ2箇所の日出地点を予め測定し、ここを恒久の定点（＝照準）として高い目標物をもって固定しておかねばならない。真東から太陽が昇るのが「秋分（春分）」である。つまり、真東の設定によって「秋分」の日出地点が見極められれば、次は「冬至」の日出地点を決定すればよい。すなわち「秋分」を契機に太陽の日出は東南に向かい、遂に「冬至」において南限となる。そして「冬至」を境に太陽の日出は今度は真東に向かって移動しはじめる。つまり『周易』にいうところの「一陽来復」である。だから「秋分」における日出地点の初期値を十月朔日、「冬至」における日出地点の初期値を翌年正月朔日としておけば、「太陰暦」による閏余によって、十月に見える「秋分」の日出現象が十一月に起こってしまった場合、暦はすでに「太陽暦」との間に一か月の乖離を生じていることが容易に把握できる。このような場合、冬至前または冬至の時点で「閏月」を挿入すれば、乖離した暦面は簡単に初期

値に復元する。

　言い換えるならば、閏月を挿入するか否かは冬至90日前の「秋分」を含む月によって予め推測できるということであり、「秋分」が「十月」に含まれていれば閏月の挿入は不必要だが、「秋分」がすでに「十一月」に含まれていれば、冬至前または冬至の時点で「閏月」を入れなければならないことになる。つきつめていうならば、「冬至年初」を前提条件にこの手法で閏月を挿入しようとした場合、挿入しなければならない閏月は「十三月」（年末）あるいは「閏正月」（年初）のどちらかに固定されなければならないということになる。

　これに関して、筆者は図説によって両論を併記しておくこととしたが、閏月を「十三月」（年末）あるいは「閏正月」（年初）のどちらに固定するかについては、『春秋』の経文に閏月の記述（「十三月」あるいは「後十二月（閏十二月）」）などの記述がないことや『春秋』の年初は「春王正月」と記されていること等に配慮して、閏月は「閏正月」として固定されていたものと考えるのも一つの解決策とする。なぜなら、特に「春王正月」の文言に関しては、古来さまざまな解釈が施されているが「春正月」の中に「王」の字句が挿入されているのをまことしやかに解釈するのは、どう考えても無理がある。元来『春秋』は「春壬（＝閏）正月」として一部箇所に記されていたものであったのだが、『春秋』編纂時に「春王正月」と見誤ったため、当初は「春正月」となっていた記録も一律に「春王正月」と置換されたと考える方が文義はきわめて明瞭となる。

　張培瑜の論考に「春秋魯国暦法」（『中国古代暦法』第三章　早期推歩暦法蠡測所収．2007年　中国科学技術出版社）がある。張自身は気づいていないのだが、「春王正月」の解釈を氷解させる重要なヒントがこの論考の「各書所述史実及所対応的暦日」に提示されている（データ１）。すなわち、ここで注目しなければならないのは『史記』「晋世家」晋厲公八年の時系列である。すなわち厲公八年は、①「十二月」・②「閏〔十二〕月」で終了して、③悼公元年「正月」となる。これに対応する魯の時系列は「〔魯〕成公十有七年十有二月丁巳（54）朔,日有食之」という「日食」記事（$JD1512064＝B.C.574\ X22$）を起点に置き、精確な日時が判明するためその比較が可能となる。

換言すれば、この「日食」の日時を起点に魯の日干支と晋の記事との比較を以てすれば魯の暦譜が復元可能となるのである。すなわち筆者による修正案であるデータ２のとおり、まず「魯成公十有八年」の「春王正月」は「丁亥（24）朔（*JD*1512094＝B.C.574 XI21）」となる。そこでこれに連なる「魯成公十有八年, 春, 王正月〔二十九乙卯日＝52〕．晋殺其大夫胥童（*JD*1512122＝B.C.574 XII19）」と「庚申（57）、晋弑其君州蒲．（*JD*1512127＝B.C.574 XII24）」の記事は、この後に「二月丙戌（23）朔, （B.C.573 I 19＝*JD*1512153）」が設定されているので、ともに「正月」となる。しかし、「春王正月」の「丁亥（24）朔」から「庚申（57）」までは33日も経ているので、ここに「正月」が２個存在していることが判明し、前者が「閏月」であることは『史記』「晋世家」の記事からも明らかとなる。したがって、筆者の仮説として申し述べた「春王正月」とは、本来「春閏正月」であったということがここに証明されたといってよいだろう。

筆者は2009年２月15日に張培瑜宛に「春王正月」とは、本来「春閏正月」であり、魯の暦法は「閏正月」・「正月」の順次となっているのではないかとの内容の E-mail を送ったところ、２月17日付にて張より返信があった。その文面は、当初筆者の仮説に否定的な見解であって「そもそも閏月とは、十月・閏（再）十月のように閏は後行するものであって、先行するものではない。また春秋時代の暦法は帰余于終つまり年終置閏であって、十三月あるいは再十二月や又十二月を用いるものである」との内容であった。しかし、２月21日に筆者がデータ２の修正案を送付し、魯の暦法は「閏正月」・「正月」の順次となっている可能性を呈示したところ、同日張から「考慮に値するものと思われるので、時間をかけたい」との返信がもたらされた。筆者としては、「春王正月」をめぐる問題は、ここに解決をみたと考えている。

第4章　春秋の暦法と戦国の暦法　121

データ1	張培瑜「各書所述史実及所対応的暦日」 (『中国古代暦法』325頁所載, 2007年9月　中国科学出版社)		
	『春秋』	『左伝』	『史記』「晋世家」
	成公十有七年十有二月丁巳 (54) 朔, 日有食之.	成公十七年十二月	晋厲公八年
	〔壬午＝19〕晋殺其大夫郤 錡, 郤犨, 郤至.	壬午 (19), 胥童, 夷羊五, 帥甲八百……以戈殺駒伯苦成叔於其位.	十二月壬午 (19), 公令胥童以兵八百人襲攻殺三郤.
	成公十有八年, 春, 王正月, 〔乙卯＝52〕晋殺其大夫胥童.	公遊于匠驪氏, 欒書, 中行偃遂執公焉···閏月, 乙卯 (52), 晦, 欒書中行偃殺胥童.	閏月乙卯 (52), 厲公游匠驪氏, 欒書, 中行偃以其黨襲捕厲公, 囚之, 殺胥童.
	庚申 (57), 晋弒其君州蒲.	成公十八年, 春, 王正月, 庚申 (57), 晋欒書, 中行偃, 使程滑　厲公.	悼公元年正月庚申 (57), 欒書, 中行偃弒厲公.
		庚午 (7), 盟而入, 館于伯子同氏	厲公囚六日 (＝丁卯＝4) 死, 死 (＝庚申＝57) 十日庚午 (7), 智罃迎公子周來, 至絳, 刑雞與大夫盟而立之, 是為悼公.
		辛巳 (18), 朝于武宮, 逐不臣者七人.	辛巳 (18), 朝武宮.
	齊殺其大夫國佐.	甲申 (21) 晦, 齊侯使士華免以戈殺國佐于内宮之朝, 師逃于夫人之宮, 書曰, 齊殺其大夫國佐.	
		二月, 乙酉 (22) 朔, 晋侯悼公即位	二月乙酉 (22), 即位.

データ2	小沢修正案「各書所述史実及所対応的暦日」		
	『春秋』	『左伝』(戦国時代編纂)	『史記』「晋世家」
	魯成公十有七年十有二月丁 巳 (54) 朔, 日有食之. (B.C.574 X22). (JD1512064＝B.C.574 X22)	魯成公十七年十二月丁巳 (54) 朔.	晋厲公八年十二月丙辰 (53) 朔.
	〔二十六壬午日＝19〕晋殺 其大夫郤錡, 郤犨, 郤至. (JD1512089＝B.C.574 XI16)	十二月壬午 (19), 胥童, 夷羊五, 帥甲八百……以戈殺駒伯苦成叔於其位.	晋厲公八年十二月壬午 (19), 公令胥童以兵八百人襲攻殺三郤.
	〔魯成公十有八年, 春, 王 (閏) 正月丁亥 (24) 朔〕 (JD1512094＝B.C.574 XI21)		〔晋厲公八年閏十二月丙戌 (23) 朔〕 (JD1512093＝B.C.574 XI20)
	春, 王 (閏) 正月〔二十九	公遊于匠驪氏, 欒書, 中行	閏月乙卯 (52), 厲公游匠

乙卯日＝52〕．晋殺其大夫胥童．(JD1512122＝B.C.574 XII19)	偃遂執公焉……閏月，乙卯(52)，晦，欒書中行偃殺胥童．(JD1512122＝B.C.574 XII19)	驪氏，欒書、中行偃以其黨襲捕厲公，囚之，殺胥童．(JD1512122＝B.C.574 XII19)
〔正月丁巳朔（54）〕(JD1512124＝B.C.574 XII21)		〔悼公元年正月丙辰朔（53）〕(JD1512123＝B.C.574 XII20)
〔正月〕庚申（57），晋弒其君州蒲．(JD1512127＝B.C.574 XII24)正月庚申〔四日〕	成公十八年，春，王正月，庚申（57），晋欒書，中行偃，使程滑弒厲公．	悼公元年正月庚申（57），欒書、中行偃弒厲公．(JD1512127＝B.C.574 XII24)正月庚申〔五日〕
（冬至 JD1512130＝B.C.574 XII27＝癸亥〔七日〕）		（冬至 JD1512130＝B.C.574 XII27＝癸亥〔八日〕）
	庚午（7），盟而入，館于伯子同氏	厲公囚六日（＝丁卯＝4）死，死（＝庚申＝57）十日庚午（7），智罃迎公子周來，至絳，刑雞與大夫盟而立之，是為悼公．(JD1512137＝B.C.573 I 3＝庚午〔十五日〕)
	辛巳（18），朝于武宮，逐不臣者七人．	辛巳（18），朝武宮．(JD1512148＝B.C.573 I 14＝辛巳〔二十六日〕)
齊殺其大夫國佐．	甲申（21）晦，齊侯使士華免以戈殺國佐于内宮之朝，師逃于夫人之宮，書曰，齊殺其大夫國佐．(JD1512151＝B.C.573 I 17＝甲申晦)	
〔二月丙戌（朔＝23）〕(JD1512153＝B.C.573 I 19＝丙戌〔朔〕)	二月，乙酉（22）朔，晋侯悼公即位(JD1512152＝B.C.573 I 18＝乙酉〔朔〕)	二月乙酉〔朔〕（22），即位．(JD1512152＝B.C.573 I 18＝乙酉〔朔〕)

　ちなみに、ここで「ノーモン（Gnomon＝土圭）」について少し述べて置きたい。なぜなら巷説では、冬至における太陽南中時点における日影の長さが最大になると考えられてきており、そのため「冬至」測定には「ノーモン」という日影長（晷）を観測する簡易工具が使用されたと信じられているからである。けれども、「ノーモン」は斉藤国治も指摘しているように「しかし詳しくいえば、太陽の赤緯がもっとも南の限界に達した日時が冬至の日時であるわけで、それは必ずしも真正午、すなわち太陽の南中時に起きるとは限らない」（『宇宙

からのメッセージ』106頁、1995年　雄山閣出版)、「しかも、冬至が近づくと真正午の日影の長さはその延び方がますます微少となってくるから、日影観測の日付さえなかなか決めにくい。そのうえ当日曇天で欠測となれば、この年の冬至日影観測はできなかったことになる」(『日本・中国・朝鮮　古代の時刻制度―古天文学による検証―』294頁、平成7年　雄山閣出版)というものであるから、冬至をリアルタイムで観測する器具としてはさまざまな欠点を有している。

実際「ノーモン」のウィークポイントが理論上払拭されたのは、はるか下って劉宋時代の祖沖之（429-500年没）以降のことであったが、それでも「ノーモン」では「冬至」と判明する時期は「冬至」を数日過ぎてからの話となるという（斉藤前掲書294-298頁）。これは日々の日影長を比較して「冬至」の時期を事後になって遡及するためなのだが、これでは「二至二分」を基盤とした「冬至年初」の暦法には適合しない。ならば「ノーモン」とは「立春」の日を求めるために作られた観測工具であって、「冬至」を数日過ぎてから先ず「冬至」の日を遡及して割り出し、次にその割り出された「冬至」日より45日目を「立春」と想定するために用いたと考えざるをえない。つまりこの着想は「二十四節気」以降によることは明らかであって、むやみに時代を古く遡らせるほどの観測工具ではない。

俗にまた、「二至二分」のうちで、最も把握しやすいのは「冬至」だとして、それは「ノーモン」を使えば容易であるようなまことしやかな謬説がまかり通っている。だが、最も把握しやすいのは「春分」と「秋分」とにほかならない。

春秋時代の曲阜を観測地として設定した時、「秋分時点における太陽の日出方位は89.3°、冬至時点の日出方位は119.0°」となり、見かけ上の太陽の視直径は腕をのばした状態で手に持った現行「五円黄銅孔貨」の「孔」の大きさにほぼ等しい。畏友中国国家天文台（北京）の韓延本の御示教によれば、春分から冬至にかけての太陽の平均視直径は「0.54°」に近い値とのことである。ならば、見かけ上の太陽は「秋分」日出地点（真東に設定した定点を「壼」と表す）から「冬至」日出地点（東南東に設定した定点を「壼」と表す）へ向かって約90日を費やして移動するが、これは距離にして上記の見かけ上の太陽を約55個並べ

た長さ、つまり（119.0°−89.3°）／0.54°≒55個分に相当する。

尤も筆者は見かけ上の太陽の視直径を「0.53°」と見なしているので、約90日は（119.0°−89.3）／0.53°≒56個分の見かけ上の太陽に相当すると考えるが、本図は韓延本の見解を尊重して作成してある。したがって見かけ上の太陽1個の大きさを☀で表し、約90日分に相当する55個の太陽を☀で表現して地平座標軸に配置した。また、この座標軸上に春分日出時および冬至日出時の太陽の位置を☀で示した。また1か月の区切り（朔日）を便宜上30日に想定して▽あるいは▼で示したが、「太陰暦」における「一朔望月」に考慮して「月相」を「● ○」で具象化した。
　　　朔　望

ところで、『春秋』に見られる閏月の挿入は極めて原始的な置閏と呼ぶべきだが、19年7閏の「メトン（Meton）」周期に合致していることは、データ上裏付けられるものである。これに対して戦国時代の「四分暦」は19年7閏の「メトン（Meton）」周期を一章と称し、これを基礎に連大月を矛盾なく配置した76年28閏の「カリポス（Calipos）」周期を一部（四章七十六年）と称していることから、明らかに「カリポス（Calipos）」周期に基づく暦法であることがわかる。だが、魯の天文官が「メトン」周期や「カリポス」周期の存在まで気づいていたかについては明らかでない。

図2a.「秋分・冬至間」における初期設定段階（閏余なし）

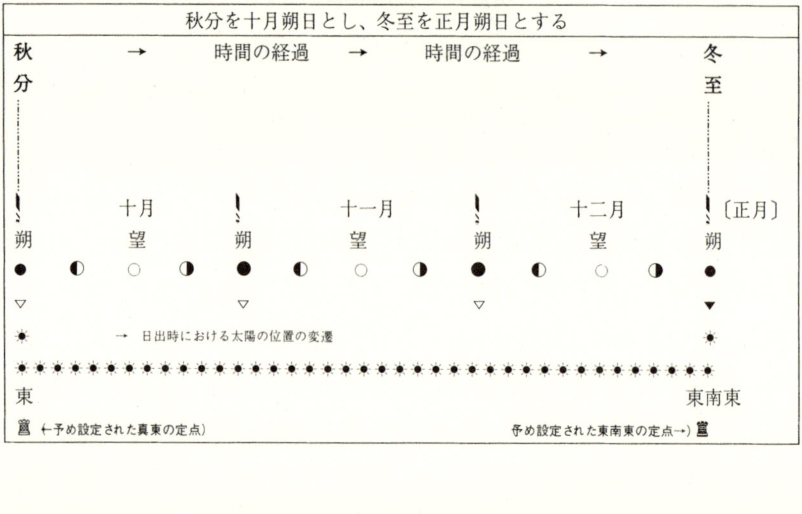

第4章　春秋の暦法と戦国の暦法　125

図 2b.「冬至・春分間」における初期設定段階（閏余なし）

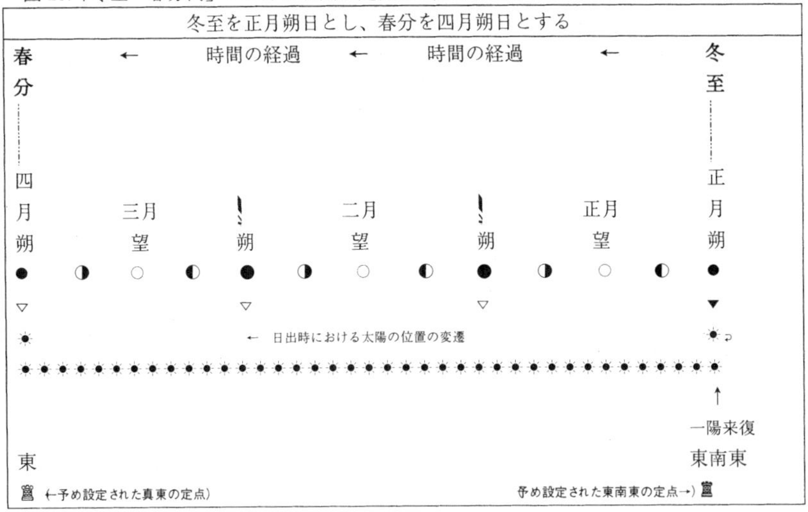

| 冬至を正月朔日とし、春分を四月朔日とする |

春分　←　　時間の経過　　←　　時間の経過　　←　冬至

四月朔　三月望　朔　二月望　朔　正月望　正月朔

← 日出時における太陽の位置の変遷

↑
一陽来復

東　　　　　　　　　　　　　　　　　東南東
（←予め設定された真東の定点）　　　（予め設定された東南東の定点→）

図 2c. 閏余が出ているものの、閏月を挿入するには至らない段階

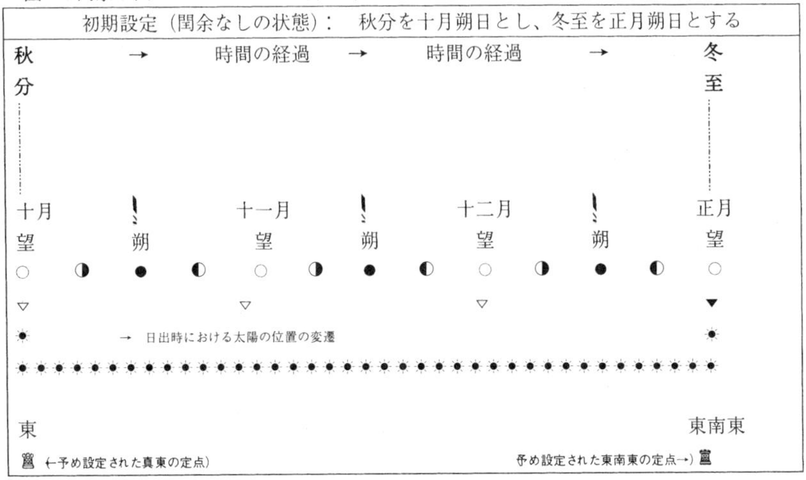

| 初期設定（閏余なしの状態）：　秋分を十月朔日とし、冬至を正月朔日とする |

秋分　→　　時間の経過　　→　　時間の経過　　→　冬至

十月望　朔　十一月望　朔　十二月望　朔　正月望

→ 日出時における太陽の位置の変遷

東　　　　　　　　　　　　　　　　　東南東
（←予め設定された真東の定点）　　　（予め設定された東南東の定点→）

図 2d.閏月〔十三月〕を挿入しなければならない段階での処理（閏余の限界点）

秋分を十月朔日とし、冬至を正月朔日とする

秋分　→　時間の経過　→　時間の経過　→　冬至

十一月　　　　十二月　　　　十三月　　　〔正月〕
朔　　望　　朔　　望　　朔　　望　　朔

→ 日出時における太陽の位置の変遷

東　　　　　　　　　　　　　　　東南東
（←予め設定された真東の定点）　　　（予め設定された東南東の定点→）

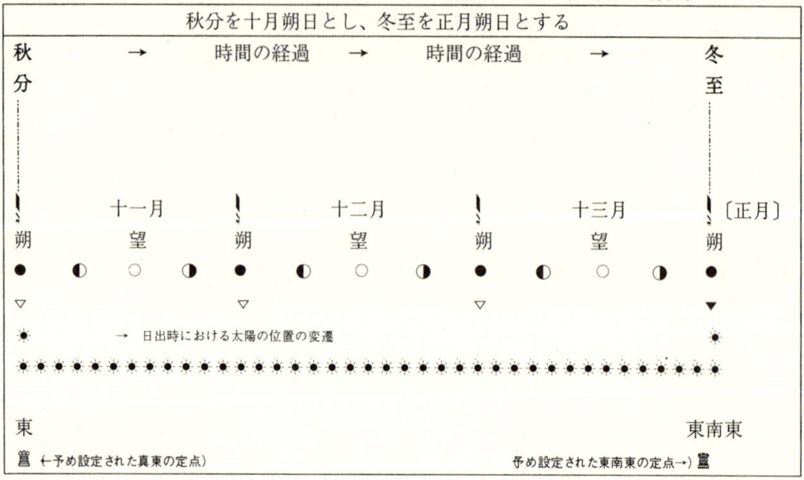

図 2e. 閏月〔閏正月〕を挿入しなければならない段階での処理（閏余の限界点）

秋分を十月朔日とし、冬至を正月朔日とする

秋分　→　時間の経過　→　時間の経過　→　冬至

十一月　　　　十二月　　　　〔閏正月〕　　〔正月〕
朔　　望　　朔　　望　　朔　　望　　朔

→ 日出時における太陽の位置の変遷

東　　　　　　　　　　　　　　　東南東
（←予め設定された真東の定点）　　　（予め設定された東南東の定点→）

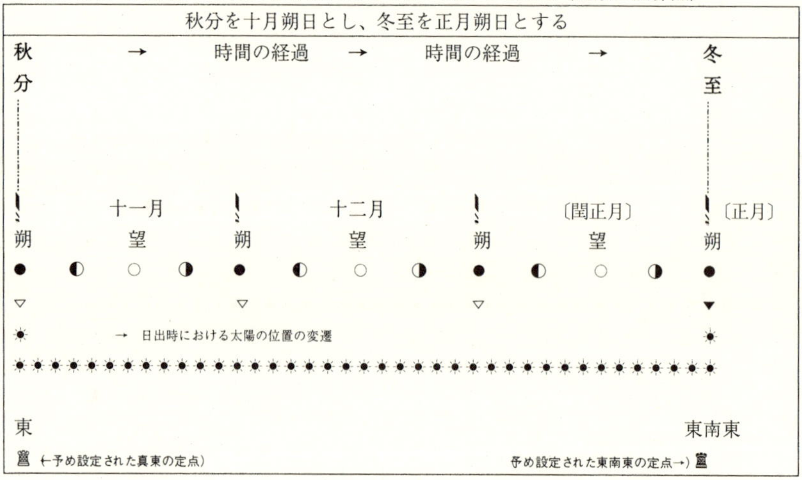

(3) 春秋時代における東周の暦法と「北斗七星」および「二十八宿」について

筆者は前項において、『春秋』は「二至二分」を基盤とした所謂「一陽来復」の発想を持つ「冬至年初」の暦法であったとして、「二至二分」の初期値は、それぞれ「秋分」（十月朔日）、「冬至」（正月朔日）、「春分」（四月朔日）、「夏至」（七月朔日）になり、この暦法では年初（もしくは歳首）あるいは閏月の挿入月となりえるのは「冬至」・「夏至」・「春分」・「秋分」中のいずれかであるとした。

『春秋』が「冬至年初」の暦法であり、これを遡るまた殷代の暦法も「冬至年初」の暦法であるなら、その時系列の間に存在する西周そして『春秋』と同じ時系列にある東周の暦法も「冬至年初」であったと推測したいところである。しかし生憎なことに、『史記』「暦書」に「周襄王二十六年〔B.C.626〕閏三月，而春秋非之」との記述があるので『春秋』の暦法とは些か異なっていたことがわかる。ならば、「太初暦」以前の暦法では閏月は年末（あるいは年初）に挿入せざるをえないのだから、閏三月を挿入したということは三月が実質上の年末すなわち歳尾となり、四月が実質上の年初すなわち歳首であることを明示している。換言すれば、東周襄王の暦法は名目上「一陽来復」の発想を持つ「冬至年初（正月冬至）」の暦法ながら、実質上は四月朔日が春分になるような初期値設定をして、これを歳首とした暦法ということになる。

ここで述べておかなければならないのが、「角宿」より「軫宿」に至る「二十八宿」である。「二十八宿」は全周360°（中国度三六五度）の地平線上および地平線下における星空を観察して、天の赤道上に時計針の動きと反対方向（南←西←北←東）へ割り振られた28個の星宿（星座）を指す。「二十八宿」の最古の史料は出土資料である戦国時代初期の「曾侯乙墓出土漆画筺」であり、この画は外筺の中心に篆書された「斗（北斗）」字があり、その右側には「龍」、左側には「麒麟（※筆者註：この動物を白虎とみなす考えがあるが、明らかに誤りである）」が描かれている。さらに中心の北斗の周囲には、「角」より「車（軫）」までの都合「二十八宿」に相当する名が時計回りに配列されているが、起点である「角」の前が空白であることから、実際の回転は時計の針と逆回転であることを明示している。類似の資料として、前漢「汝陰侯墓出土二十八宿円盤」

がある。この円盤の中心にはやはり「北斗七星」が描かれ、また大円縁には時計とは逆廻りに「角」から始まる「二十八宿」が配列されている。

しかし、この「二十八宿」を天空上に配置するモデルとなった時代と季節および日時はいつなのか、ということは今まで正確に論究されたことがなかった。なぜなら、研究者の誰もが「二十八宿」とは、古代における「冬至」を基準とした「子の刻」時点の「星宿」を十二方位で表し、その筆頭である「角宿」は「辰（＝東南東）」に位置するものだと信じて疑わなかったからである。だが、これは隋の袁充が指摘しているように、時刻を示す「十二辰刻」と方位および日にちを表す「十二辰」とが混同されてしまったことを示すものであり、まったく根拠がない。

時刻を示す「十二辰刻」と方位および日にちを表す「十二辰」との混同は、睡虎地出土秦簡の「日書」の中に見られることから、この着想は戦国時代までは遡れるものの、「子の刻」という時刻の呼称自体が存在しなかった春秋時代に断じてあろうはずもない。そのため「冬至」の「子の刻」において筆頭となる「角宿」の位置は、かろうじて「辰（＝東南東）」に配置されているものの、その他の「星宿」は十二方位に対応していない。

しかし、この誤った「二十八宿」が示す方位が古代からの正しい位置と長く信じられてきたのも事実である。たとえば近年における平勢隆郎の研究などはその代表的な例となる。すなわち平勢は、戦国時代中期において大転換された宇宙観として、「子を基準として五つの音を発すると、五番目の辰の方位にいきあたる。この方位は、地上のそれとしては冬至の未明において乙女座（角宿）やサソリ座（房宿・心宿・尾宿）」といった夜空を代表する星座が見える方位でもあった」（『世界の歴史２ 中華文明の誕生』P.37-P40, 1998年 中央公論社）と述べている。けれどもこの見解は平勢の思いこみにすぎず、春秋時代であれ戦国時代であれ、中国で冬至の未明ならば乙女座（角宿）はすでに「辰」（東南東）を通り超してしまっている。これらは簡易天文ソフトで検証が可能である。

実のところ、本来「角宿」とは「春分」時に真東に設定された「星宿」である。なぜなら「角宿」は、春秋時代前期（紀元前六六二年頃）から戦国時代直前

（紀元前四四四年頃）に至る約二二〇年間の北緯「34°8'」（東周の国都洛邑）の地点または「34°24'」の（洛邑より南東55kmにある陽城）の地点において、「春分」の日没時には真西に沈む「太陽」の反対方向の真東に位置した。そして更に、この「春分」の日没時において真東の地上に浮かび上がった「角宿」は、「辰（時計針で4時の方向である〵の形）」を示す「北斗七星」の「斗柄」を回転軸として逆時針の回転をはじめ、「角宿」以下の「二十八宿」とともにちょうど24時間を経て、また真東の位置に戻ったのである。

いっぽう「北斗七星」は、24時間を経て「斗柄」自体の位置を「辰（〵）」から「辰（〵）」へと逆時針に1回転（360°）させながら、併せて天球の「二十八宿」も北向きに真東から真西へ逆時針に天空を一周（360°）させるが、この発想ならば同じく「太陽」も北向きに真東から真西へ逆時針に天空を一周させられている立場にある。そこでもし、「月」を満月にし「太陽」と同じ立場（真東日出・真西日入）に見立てさせて、「北斗七星」が「日月星辰」を従えるような天象を想定した場合、それは東周恵王十五年の「春分（ユリウス暦B.C.662 Ⅲ28）」に限定される。すなわちこの日、太陽が真西に日没した1時間後に、「月」は真東から月齢15日の「満月」として浮上するが、その移動の軌跡は「角宿」の最後尾として連なり、奇しくも「二十八宿」に含まれる。そして「太陽」がほぼ真東に日出する時、「満月」は真西に沈むのであるが、まさに「北斗七星」が、二大天体である「太陽」と「月」とを天地の央である東西に差配する天象は、上博楚簡に見える『天子建州』の記述（「日月得其央,根之以玉斗戟陳剋亡,楽尹行身和二,一喜一怒」〔第五章〕）に奇しくも合致する。

ちなみにこれにほぼ類似する天象は、以後19年ごとの「春分」に三度（「B.C. 643 Ⅲ28」・「B.C.624 Ⅲ28」・「B.C.605 Ⅲ27」）起こったはずである。しかし、「B.C. 586 Ⅲ28」以降の地上から浮上する「満月」は、真東からやや南にズレはじめ、翌朝になって沈む方角もやはり真西からやや南にズレる。

精確な一朔望月も十分に把握できず、また複雑な月の運行も予期しえなかったこの時代に、19年ごとの「春分」に「満月」が「北斗七星」に差配されるような運行をみせたのは興味深い。周知のとおり「十九年七閏」とは「メトン周

期」を指すが、「満月」が起こった当日のちょうど19年後も当然「満月」ということである。したがって、「周襄王二十六年閏三月,而春秋非之」については、張培瑜の『中国先秦史暦表』(1987年 斉魯社出版)に随って「B.C.626」としたものの、19年の周期を鑑みた場合に「周襄王二十六年」とは「B.C.624」であった可能性も捨てきれない。

このように「二十八宿」の着想の契機は、東周恵王十五年の「春分」日没時において、「斗柄」の向きが「辰ミ（春分）」から出現する「北斗七星」を北天の中心にした時系列の天文座標であったことが概ね判明する。だが、この天文現象は予め推算されたものではなく、人々は「北斗七星」のなせる業に見えたものと解する。それゆえ「北斗七星」を円の中心とした天然の大時計がくりひろげる「二十八宿」の1回転（このうち「秋分」時に出現する「麒麟」部分に該当する「奎宿」以下の十四宿は、日中に在って目視できない）は、強い衝撃をもって天文暦法に大きな関心を持たせたに違いない。以上のことから「二十八宿」の起源と『天子建州』第五章の記述の出自はこの頃であったと推定される。

とりわけ実質の年初を示す「春分」時において、「斗柄」の向きは日没直後において「辰」であるミを示して天空に「龍」部分の十四宿を出現させ、その半年後の「秋分」時の日没直後においては「逆辰」であるミを示して「龍」部分の十四宿を地に潜ませて、逆に「麒麟」部分の十四宿を浮かび上がらせた。このことは、「龍は鱗蟲の長なり（中略）春分にして天に登り、秋分にして淵に潜む」（『説文』）の言葉通り、「太陽」だけがもはや「辰」でなく、「北斗七星」も「辰」となったことを明示するものであって、ついに「北斗」は「北辰」と名づけられていくのである。したがって「曾侯乙墓出土漆画筐」や「汝陰侯墓出土二十八宿円盤」に描かれた「北斗七星」と「二十八宿」とがペアで一対の関係であることの意味が理解できる。もっとも、「北斗」が「北辰」となっていく経緯については、「月建」にかかわる問題も含めて第3章に詳しく述べた次第である。

なお「北斗七星」を「天然の大時計」として捉えたのは堯舜の頃であったと主張しているのは新城新蔵および宮島一彦である。新城は『大戴礼記』所載

「夏小正」に見られる「(正月)斗柄懸りて下に在り」とする記述に注目し、さらにこれを「一月に斗柄が日暮れに地平線に垂直になって下の寅の方位を示す」と解釈して、「紀元前二千年以上の堯舜時代には、頗る極に近く極を軸として其のまわりに一昼夜に一回転して居った筈であるから、恰も北方の空に高く懸れる天然的大時計の針とも見るべく、夜の間は時刻を示す役目をも果したであろう」と述べている（新城新蔵『こよみと天文』三五－三六頁．1928年10月　弘文堂）。

　また宮島一彦は『大戴礼記』を「伝説的な夏王朝の時代の書物」として捉え、この記された天文現象は紀元前二〇〇〇年頃に相当すると述べている（「北斗七星と東洋の星座」95-96頁、『日経サイエンス』2007年№.02.第37巻第2号、通巻425号、日経サイエンス社、2007年2月）。『大戴礼記』とは漢代の儒者戴徳が古い時代の文献を基に編纂した書物であることは、『大戴礼記』中の二編（『武王践阼』・『曾子立孝』）が戦国時代中期の楚墓から出土した「上博楚簡」(B.C.342-B.C.282)中に含まれていることからも明らかとなっている。しかしながら、それだからといって、原史料の出自を伝説の夏王朝に結びつけるのは、やはり無理があるのではないだろうか。

　「二十八宿」の出現は、「太陽」と地上の目標物とを接点とした「一陽来復」の暦法が、「太陽」と天空上の「星宿（星座）」を接点とする暦法に発展していく過程を如実に示している。つまり「二十八宿」は農業の営み（種蒔きの時期を把握する点）に重点を置くために、厳冬の季節にあたる「冬至年初」の暦から脱却しようとして着想されと思われる。ただし、この暦法も建前上は「二至二分」を念頭に置いた「冬至年初」の暦法であり、あくまでも発展途上の産物である。「二十八宿」について、湯城吉信は「中井履軒の暦法と時法—その『華胥国暦』を読む」（『中国研究集刊行』第43号 2007年6月 大阪大学中国哲学研究室）の中で、中井履軒が不規則に配列されている「二十八宿」の不合理を述べて「二十四宿」にすべきこと主張していると紹介されているが、履軒の見解はまさに正鵠を射ている。

　「二十八宿」の概念自体は消滅することはなかったが、「二十八宿」に基づく

「春分」把握の暦法は、後に出現する「二十四節気」を基準とした暦法にとってかわれる。すなわち、西北地方の気候に合わせた「立春年初」に基づく暦法の誕生であり、この暦法は「四分暦」と呼ばれた。

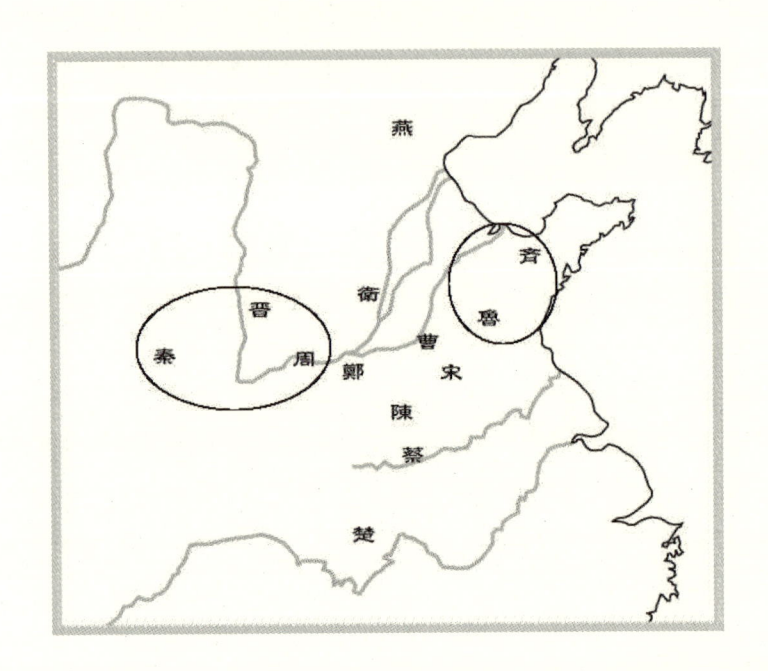

(4) 戦国時代の「四分暦」に基づく「日食」および「日食.昼晦」の表現

『春秋』の暦法以降に出現したのが「四分暦」である。だが、『春秋』の暦法を受けついで成立したのが「四分暦」であるとは必ずしも断定できない。「四分暦」の成立は『春秋』の暦法以降であるというにすぎず、その過渡期には前項で述べた「春分歳首」と考えられる東周の暦法の存在も想定できるからである。すなわち「四分暦」は「立春年初（立春正月）」とする暦法である。「立春」とは「二至二分」を暦法としていた春秋時代には存在せず、明らかに「二十四節気」という太陽暦の基準をもって創出された新たな設定値である。「四分暦」の基本定数はその名の通り、一年の長さを「三六五日四分日之一」とするから一朔望日は「二九・五三〇八五日（＝$29^d.53085$）」となる。

第4章　春秋の暦法と戦国の暦法　133

　戦国時代において全ての列国はこの暦法を使用したが、この暦法に基づく一般の日食は「日食」と記され、皆既日食または深食の場合は「日食.昼晦」と記されていることも併せて認識しなければならない。ただし、「日食.昼晦」としている場合は暦譜の予報記載ではなく、実見記録であったと思われる。

　『史記』は戦国時代における秦の歴史記録である『秦記』を基本史料にしているので、『史記』「秦表（六国年表）」および「秦本紀」に「日食.昼晦」という記述が認められ、また魏の編年史というべき『古本竹書紀年』にも「〔日食〕昼晦」と記されている。これに関してかつて筆者は、秦と魏が皆既日食もしくは深食という特異な日食現象に対して同一の表現「昼晦」を採っているのは、両者がともに中国西北部という隣接地域にあって、同一の天文暦法すなわち「立春年初（立春正月）」の「夏正」すなわち「四分暦」を使用していたからだと想定したことがあるが、上述した通り「四分暦」は戦国時代において全ての列国が使用していたわけであるから、「日食.昼晦」という日食表現は戦国時代における一般的呼称であったと考え直さなければならない。

　秦が用いた暦法は十月歳首制を敷いたもので「顓頊暦」と称せられているが、基本定数は「四分暦」そのものであるし、結局のところ立春が正月であるのだから「四分暦」であることに何ら変わりはない。この「顓頊暦」は、前漢武帝の太初元年（B.C.104）夏五月の「太初暦」による改暦まで使用されている。そのためB.C.181Ⅲ 4. オッポルツェル日食№2441tの皆既日食に関して、『史記』「呂太后本紀」では「四分暦」に基づいて「（呂太后七年正月）己丑.日食. 昼晦」としているが、これは太初改暦以前において漢が前王朝秦の「顓頊暦」（四分暦）を踏襲していたことを意味するものである。

　「太初暦」改暦以降、後漢になって『漢書』が編纂されたが、実はこの時に「太初暦」以前の「四分暦」に基づく日食記録は、全て遡って経書である『春秋』の日食表現に書き換えられてしまっている。例えば上述した『史記』「呂太后本紀」における「（呂太后七年正月）己丑.日食. 昼晦」の日食記事は『漢書』「高后紀」、同「五行志」では「高后七年正月己丑晦.日有蝕之. 既」となっている。けれども日食表現を書き換えても当該日食が「朔」ではなく「晦」に起こっ

たと記してしまっているのは、長い期間「暦元」を変えないために天象と暦面との間に一日のズレを生じさせた「四分暦」の姿を露呈している。

太初改暦は単に科学的要請から行われたわけではなく、儒教を背景とした受命改制の説が背景にあったと藪内は指摘しているが（『中国の天文暦法』P.22. 昭和44年平凡社）、この結果『漢書』は「顓頊暦」（四分暦）の日食表現を廃し、新たに経書である『春秋』の日食表現を採ったのである。「太初暦」は立春を年初とする暦法でありながら、日食表現だけを『春秋』（冬至を年初とする暦法）に倣ったに過ぎない。太初改暦については、天文暦法を主宰する太史令の職にあった張寿王なども、施行された約30年後の元鳳年間（B.C.80〜B.C.75）に至って強硬な反対意見を述べているほどである。これは改暦の施行がいかに困難で浸透しなかったかを物語る事例として興味深い。

ちなみに、「太初暦」（B.C.104）以後の日食が89.7％（29例中26例が的中）の高い的中率なのに対して、「太初暦」以前の「四分暦（顓頊暦）」が約53.1％（32例中17例が的中）という極めて低い的中率を示していることは既述したが、「四分暦（顓頊暦）」では、5割強しか日食が的中しなかったことに批判が浴びせられたと推察される。

『漢書』は「太初暦」施行以前の「四分暦」に基づく日食記事すべてを遡って『春秋』の日食表現をもって書き換えているが、これは春秋期相当の『史記』「十二諸侯年表」の日食表現にも同様なことがいえる。すなわち『史記』「十二諸侯年表」に見られる日食記事は『左伝』からの引用記事であるものの、それは「日有食之」ではなく、「四分暦」に基づく日食表記である「日食」となっている。これは極めて重要な意味合いをもつことであって、戦国時代における魏の『古本竹書紀年』も当然「四分暦」の影響を強く受けていたのであるから、「皆既日食」を「（日食,）昼晦」と表現している（「表1」№8）。実は『漢書』が「太初暦」以前の日食記事をすべて「太初暦」に合わせて表現を書き換えたように、『古本竹書紀年』も「魏」を遡る「晋」の編年に関しては、立春年初（立春正月）の「四分暦」の基準に置き換えている。

周知の通り、杜預『春秋経伝集解』「後序」によれば、『（古本竹書）紀年』は

第4章　春秋の暦法と戦国の暦法　135

晋荘伯の十一年十一月が魯隠公の元年正月となっており、『(古本竹書)紀年』はみな「夏正建寅之月」を「歳首」とした編年記録であったとする。晋荘伯の十一年十一月が魯隠公の元年正月(冬至)に等しいということは、晋荘伯の十二年正月とは立春ということになるのだから、これはB.C.722つまり春秋時代初期にあたる。けれども、春秋初期に「二十四節気」が存在していたことなどあり得ないのであるから、「二十四節気」によって新しい規準値とされた「立春」を年初とする暦法が、春秋初期における晋荘伯の編年に用いられているのは、どう考えても辻褄があわないことになる。このことから、『古本竹書紀年』も春秋時代に相当する「晋」の編年に関しては、後人(戦国時代の魏国関係者)が戦国時代に立春年初(立春正月)の「四分暦」の基準に置き換えたと見なければならないのである。

表1　『史記』「六国年表」の時代に含まれる日・月食関連記事(『史記』「六国年表」および「秦本紀」ならびに『古本竹書紀年』)とその比定

No.	天変の種類	年表記載の年次	記　事	比定される食
1	日食	B.C.443	秦厲共公三十四年日蝕.昼晦.星見 (年表) 厲共公三十四年日食. (秦紀)	B.C.444 X 24. (No.1842r)
2	日食	B.C.435	秦躁公八年日蝕.六月雨雪.日月蝕 (年表)	B.C.436 V 31 (No.1860t)
3	月食	〃	〃	B.C.436 V 17 (No.1192p)
4	日食	B.C.410	秦簡公五年,日蝕. (年表)	B.C.411 I 27 (No.1918t)
5	日食	B.C.397	秦恵公三年,日蝕. (年表)	B.C.397 IV 21 (No.1952r)
6	日食	B.C.382	秦献公三年,日蝕.昼晦. (年表)	B.C.382 VII 3 (No.1987t)
7	日食	B.C.375	秦献公十年,日蝕. (年表)	B.C.375 II 18 (No.2002t)
8	日食	B.C.369	秦献公十六年,民大疫,日蝕. (年表) 梁恵成王(魏恵王)元年、昼晦. (開元占経所引古本竹書紀年)	B.C.369 IV 11 (No.2017r)
9	日食	B.C.301	秦昭〔襄〕王六年……日蝕.昼晦. (年表) 昭襄王六年……日食.昼晦. (秦本紀)	B.C.300 VII 26 (No.2172t)
10	日食	B.C.248	秦荘襄王二年……日蝕. (年表)	B.C.248 IV 24 (No.2288t)
11	日食	B.C.247	秦荘襄王三年……四月日食. (秦本紀)	荘襄王二年の重出か

(斉藤国治・小沢賢二　『中国古代の天文記録の検証』P.69による)

では戦国時代に使用されていた「四分暦」とは、いつ頃作暦されたのだろうか。この解決の糸口は漢初まで使用され続けた秦の「顓頊暦」に求められる。

すなわち秦の「顓頊暦」は、なんども説明してきているように「四分暦」の一種であるが、暦元（起点）を変えずに漢初になっても使用され続けたために、暦面と天象との間に一日以上のズレを生じさせていた。新城新蔵はこれに関して、合朔が正しく暦日にあった時代を「太初暦」以前にある日食記録の「朔・晦・先晦一日」の合計数から簡単かつ明解な計算で遡及し、「四分暦」の暦法の制定年代をB.C.410年頃と推定されている〔後述するように晩年は、B.C.443年頃と修正している〕[13]。

　だが、新城が収集したデータは『漢書』「五行志」からのものであって、「本紀」から収集したデータに漏れが（晦日に起こった日食数2つ）あり、かつ単純な計算ミスも認められる。そのため正確なデータによって改めて計算式を求めると、「四分暦」の暦法の制定年代はB.C.445年頃であるという極めて興味深い結論が突然浮かび上がってくるのである。

　奇しくも「秦表（六国年表）」に所載される最古の日食は、「秦厲共公三十四年日蝕.昼晦.星見（B.C.444×24. (No.1842r)」とする深食の記事であって、これ以前すなわち紀元前四四五年以前に日食記事はない。実をいうと楊寛は『戦国史』（第3版　上海人民出版社　P.727）において、魏文侯元年は周定王二十四年に相当するとしてB.C.445年であると強く主張している。魏文侯は魏を開宗した人物であるが、楊寛は魏文侯を評して、即位以前から弟の魏成子や翟璜そして法家の李悝を相国として重用し、最も早く富国強兵策を推しすすめた人物とする。楊寛が主張するように、魏文侯元年がB.C.445年に該当するならば、「四分暦」は魏の文侯が制定した暦法と考えるのが至当であろう。

　ちなみに厳密な「四分暦」の「暦元」について、筆者は「B.C.446 XII 16（十一月甲子朔）」としている。これについては、次章で詳述したい。

資料1
　以下の計算式は新城新蔵『東洋天文学史研究』昭和3年　弘文堂（四八四-四八五頁）にあるが、計算式に見える具体的数字には何もコメントがないので筆者が解説をほどこすことにした。

$$\frac{206+104}{2}+0.83\times310=410\text{B.C.}$$

＊
206は『漢書』に見える「四分暦」を用いた漢初における日食初見記事の年代（−206 XII 20すなわちB.C.205 XII 20.）であり、104は「四分暦」の使用下限年を示す。310はB.C.を求めるための係数。

＊＊
新城が掲げた朔以前の平均値である0.83の内訳は以下の数式Aのとおりだが、実際は「晦」の総数は新城が挙げた21よりも2つ多い23である。また「先晦一日」の場合は「晦」の前日であるので、「朔」以前の平均値を出す場合には、分子を延べ数として「晦」の2倍としなければならない。すなわち正しい朔以前の平均値は、数式Bから求められる0.935である。

A
$$\frac{\text{晦日以前の日食総数24（内訳：24＝晦21＋先晦3）}}{\text{日食総数29（内訳：29＝朔5＋晦21＋先晦3）}}≒0.83$$

B
$$\frac{\text{晦日以前の日食延べ数29（内訳：29＝晦23＋晦6〔先晦3＝晦6〕）}}{\text{日食総数31（内訳：31＝朔5＋晦23＋先晦3）}}≒0.935$$

したがって正しい「四分暦」の制定年代を求める計算式は以下のとおり

$$\frac{206+104}{2}+0.935\times310≒445\text{B.C.}$$

＊＊＊
もっとも、筆者が些か気にかかるのは、漢初における日食初見記事の年代「−206 XII 20」である数値を「206」としたところである。計算式には310というB.C.を求めるための係数があるのだから、やはり「B.C205 XII 20」とすることの方が適切ともとれる。
また、この計算式は日食自体（非食も対象とする）としたものでもあるのだから、「四分暦」に基づく日食観測の使用下限を「B.C.107」と解釈し直すべきであろう。つまり『漢書』「五行志」にある「武帝元封四年六月己酉朔（B.C.107 VI 24），日有食之．」にある日食記事「B.C.107」に求め、「104」の数値を「107」とする。
すなわち、これに基づく別案を示せば以下の如くになり、ここにあらためて「B.C445」の数値が求められる。

別案
$$\frac{205+107}{2}+0.935\times310≒445\text{B.C.}$$

なお、筆者は本書校正中に京都大学人文科学研究所新城文庫に新城が講演のために書きおろした「天文暦法より見たる支那古代史論」（京大新城文庫№240）の原稿を確認す

ることができた。当該資料は新城晩年のものであるが、日食総数および「先晦一日」の数値設定のミスに気付き、原稿用紙74頁および76頁に、「四分暦」の暦法の制定年代を以下のように「紀元前四四三年頃」と軌道修正しているのは興味を引く。

但し、この計算式には後述するように根本的な誤りがある。

新城改訂案
$$\frac{204+107}{2}+0.926\times310\fallingdotseq443\text{B.C.}$$

上記A改訂数値の0.926については、新城の原稿に詳細な説明があるが、翻刻にあたり、理解しやすいよう更に言葉を補うこととする。

新城改訂案の「0.926」概要
$$\frac{0\times5+(-1)\times19+(-2)\times3}{\text{日食総数27（内訳：27＝朔5＋晦19＋先晦3）}}\fallingdotseq-0.926$$

すなわち日食総数は32.このうち比月食が4対ある。ともに前者4例は日食だが、後者4例は食でない。また1つの誤記（筆者註：これは『史記』「孝文本紀」に見える「二年十二月望、日又食」とするOppolzel No.1580tの皆既月食記事のことを指したものと解せられる）もあるので、日食実数を27とする。
その内訳
朔に該当するものが5　（朔の日だから±0とする）
晦に該当するものが19（朔以前一日目だから－1とする）
先晦に該当するものが3　（朔以前二日目だから－2とする）

〔筆者註：まず数式に見える「204」は『漢書』「五行志」に見える「四分暦」を用いた漢初における日食初見記事についての年代である。すなわち新城は、これを「高帝三年十一月癸卯晦（B.C.204 I 18.)、日有食之、在虚度三度.」の「B.C.204 」に求めているのだが、これでは新城がサンプルとして不適と判断した比月食に相当する。次に、「107」は「四分暦」の使用下限を「B.C.107」と解釈したのであろう。つまり新城はこれを『漢書』「五行志」にある「武帝元封四年六月己酉朔（B.C.107Ⅵ24)、日有食之.」にある日食記事「B.C.107」に求めたものと思われる。ちなみにこの日食も新城が不適とする非食である。新城の改訂案を活用するとすれば、逆に新城の定義に従って非食を排除しなければならなくなり、かえって成立しなくなる〕

3．『競建内之』の日食とその検討

(1) 『競建内之』と竹簡排列の是正

一九九四年に上海博物館が香港の骨董市場から購入した上博楚簡は、浅野裕

第 4 章　春秋の暦法と戦国の暦法　139

一の見解によれば戦国中期（B.C.342年～B.C.282年）の後半、B.C.300年前後の写本と推定されているという。このうち『上海博物館蔵戦国楚竹書（五）』（上海古籍出版社。2005年12月）所収『競建内之』[14]には斉の桓公の治世に皆既日食（「日既」「日之食也」）が起きたとの記事が見え、これを「星変」と解釈している。

まず、『上海博物館蔵戦国楚竹書（五）』所収『競建内之』の文義を検討してみる。もっとも原史料の竹簡は竹簡を結んでいた糸が切れてしまったために、竹簡本来の排列が不明であるという。まずはじめに竹簡の整理にあたった陳佩芬の排列に基づく釈文を挙げる。

「陳佩芬の排列に基づく釈文」

　　……王埜。隰朋與鮑叔牙從。日既、公問二大夫。日之食也曷爲。鮑叔牙答曰、星變。子曰、爲齊……」（第一簡）

　　……兵。隰朋曰、羣臣之辜也。　昔高宗祭、有雉雛於彝前、譟祖己而問焉曰、是何也。祖己答曰、昔先君……」（第二簡）

　　……祭、既祭焉、命行先王之法、廢古虡行古作、廢作者死、弗行者死。不出三年、狄人之背者七百……」（第三簡）

　　……里、今此祭之得福者也、周量之以寖汲、既祭之、後焉、修先王之法。高宗命傳説、量之以……」（第四簡）

　　……言曰多、鮑叔牙答曰、曷將來、將有兵、有憂於公身。公曰、然、則可奪與。隰朋答曰、公身」（第五簡）

　　爲亡道、不踐於善而奪之、可虐於。公曰、當在吾、不溝二三子、不諦恕、寡人至於辯日食、鮑叔牙……」（第六簡）

　　……客王、天不見禹、地不生龍、則訴諸鬼神曰、天地明棄我矣。從臣不諫、遠者不方、則修者郷……」（第七簡）

　　……邦。此能從善而去禍者。公曰、吾不知其爲不善也、今内之不得百姓、外之爲諸侯笑、寡人之不……」（第八簡）

　　……剝也。豈不二子之憂也哉。　隰朋與鮑叔牙皆拜、起而言曰、公身爲亡

道、進芋明子以馳於倪」(第九簡)
　廷。迮犬畋鄉、無旗、度、或以豎刁與易牙爲相、二人也、朋黨、羣獸遝、朋取與詋、公告而僯」(第十簡)

　陳佩芬の釈文は、上記のように竹簡を排列する。だがこの排列に従ったのでは、文意が接続しない。そこで浅野は排列を組み替え、第一・五・六・二・三・四・九・十・八・七簡の順番に排列とした。陳は「第一・五・六簡」、「第二・三・四簡」、「第九・十・八簡」はそれぞれひとまとまりであるが、この三者が必ずしも直接接続するわけではなく、また「第七簡」は全体の中での位置関係が全く不明なので、便宜上最後に置いている。実は前述の通り、浅野によってこの提案された同じ排列を李学勤も提唱しており、両者の見解が見事に一致している。筆者は浅野の見解を是とした上で、日食の年代を決定する竹簡は「第一・五・六簡」のみを検討材料とすることで十分であると考えている(他の竹簡は日食年代決定には無関係であると判断した)。

「浅野裕一の排列に基づく釈文」
(第一・五・六簡)

　……王坴。隰朋與鮑叔牙從。日旣、公問二大夫。日之食也曷爲？。鮑叔牙答曰、星變。子曰、爲齊……」(第一簡)
　……言曰多？、鮑叔牙答曰、曷將來、將有兵、有憂於公身。公曰、然、則可奪與。隰朋答曰、公身」(第五簡)
　爲亡道、不踐於善而奪之、可虐於。公曰、當在吾、不滿二三子、不諦恕、寡人至於辯日食、鮑叔牙……」(第六簡)

「浅野裕一の釈文」に基づく「書き下し」(小沢による)

　……介　。隰朋と鮑叔牙従ふ。日旣(つ)きたりて、公　二大夫に問ふ。

第 4 章　春秋の暦法と戦国の暦法　141

「日の食せるは曷為（なんすれぞ）？」。　鮑叔牙答えて曰く、「星変なり」。子（＝公）曰く、「斉の為……（後欠）」（第一簡）

〔公曰く〕「（前欠）……言いて曰く、多きは？」。鮑叔牙答えて曰く、「害将に来らんとす。将に兵有りて、公の身に憂い有らん」。公曰く、「然らば則ち説(はら)うべきか？」。

隰朋答えて曰く、公は身ずから」（第五簡）

亡道を為し、善を践まざるに之を説わんとするは、可ならん」。公曰く、「甚だしきかな、吾の二三子に頼らざるや。寡人を謫怒(たくど)せざれば、変じて日食するに至ると。　鮑叔牙〔答えて曰く〕…」（第六簡）

「口語訳および（意訳）」（浅野による口語訳および意訳をを小沢が部分的に手を加えたもの）

　　　……介 。隰朋と鮑叔牙が随伴した。皆既日食が起こって、桓公は二大夫に日食が起きたのはなぜなのかと訊ねた。これに対して鮑叔牙は「星の異変です」と答えた。子（桓公）はまた次のように言った。「斉のために……（後欠）」（第一簡）

〔桓公は〕「（前欠）……多いのはなぜか」と言った。鮑叔牙は答えて、「まもなく災害がやって来るでしょう、兵乱が起こり、我が君の身に由々しき事態が起こるでしょう」と言った。桓公は、「それならば祭祀によって災厄を祓うことができるだろうか」と言った。隰朋は次のように答えた。「我が君は自ら進んで（第五簡）

無道な行いをし、善行を積んできていないのですから、どうして祭祀によって災厄を祓うことなどできましょうや」と。桓公は言った。「私が諸君の意見に従わなかったせいで、こんなにも深刻な事態に陥ってしまった。諸君が私の過失を糾弾しなかった結果、天界に異変が生じ、日食にまで至ってしまった」と。　鮑叔牙は（答えて言った）「……」（第六簡）

（桓公が隰朋と鮑叔牙とを伴っていたとき、斉に皆既日食が起きた。そこで桓公は二人に日食が起きた原因を訊ねる。すると鮑叔牙は、星の異変であり、斉に兵乱の危害が生じて、桓公の身にも危険が及ぶ予兆だと答えたところ、今度は桓公が、祭祀によって兵乱の災厄を祓うことが可能かどうか訊ねる。すると隰朋は、善行を積まずに失政ばかりを重ねてきたのであるから、この期に及んで祭祀で災厄を祓うことなど不可能だと回答した。それを聞いた桓公は、従前の行状を思い起こし、両名の諫言を無視し続けた結果、皆既日食を招くに至ったのだと反省の弁を述べた。）

(2) 『競建内之』における斉桓公の皆既日食記事と『左伝』における斉侯の彗星記事

① 『左伝』における斉侯の彗星記事

『競建内之』の記述で興味を引くのは、斉では『春秋』が編まれた魯と同様の皆既日食の表現（「既」）を採っていたことと、この皆既日食現象を予知できなかったという二点である。このうち後者については、皆既日食に畏れ怯えた斉桓公が家臣にこの天象の意味を訊ね、家臣の真摯に諫言を受容するくだりから容易に理解できる。つまり、随時の日月観測によって調整された『春秋』の暦法とおなじ水準であり、この逸話が春秋時代に作られたという高い可能性を示している。

主君が家臣からの諫言を真摯に受容することは、いうまでもなく殷周革命を正当化するイデオロギーに基づくものであって、これは『淮南子』「道応訓」に見えるように、周王朝によって討伐された殷の紂王をアンチテーゼとし、あらためて紂王を「諫言する者を殺した悪逆非道の為政者」と定義づけしたことによる。すなわち皆既日食の意味を説く家臣からの諫言を真摯に受容することは、周に封建された国家の為政者としては当然の行為なのであり、逆に家臣からの諫言を軽んじれば殷の紂王と等しき行為となる。だが、日食を予報する「四分暦」が浸透していた戦国時代になると、たかが日食の発生で君主が怯えることなどあり得ない。つまり『競建内之』に記された日食に怯える斉桓公の逸話は戦国時代になると説得性を持たなくなるのである。ここで注目したいの

第 4 章　春秋の暦法と戦国の暦法　143

が、彗星の出現に怯えた斉公が家臣にこの天象の意味を訊ね、家臣から諫言を受ける『左伝』の記事である。両者は異常なまでにその内容が酷似している。上述したとおり、「四分暦」とは太陽系天体の位置を時間の関数として表現した天体暦（エフェメリス〔Ephemeris〕）であって、その的中率の精度はともかくも、月食の周期に基づく日食の予報や惑星の運行をある程度把握できる暦法である。したがって、『競建内之』に記された日食の逸話を予知が不可能である「彗星」に書き換えるなら、この話は当時の発展しつつあった天文学に合致してより一層面白みを増すことになる。なぜなら、古代人にとって「太陽」と「月」が日々の生活に重要な影響力を及ぼす畏怖の対象となる天体であったが、これが「彗星」という実生活に何ら関係のない新たな天体に目を向けられるほど、『左伝』の編者は天文学の発展を実際に享受していたと見なせるからである。

　単刀直入にいえば、『左伝』の中にある斉公が遭遇した彗星の出現の記事は、本来『競建内之』に記された斉桓公の皆既日食記事が原型であった可能性は極めて高いといわなければならない。
そのため、ここで問題となる『左伝』の箇所を挙げることとしたい。

（a）「原漢文」（建長七年　清原教隆手識及び加点『群書治要』所収『春秋左伝』）

　廿六年.斉有彗星.斉侯使禳之.晏子曰無益也.祇取誣焉.天道不諂.不貳其命.若何禳之.且天之有彗.以除穢也.君無穢徳.又何禳焉.若徳之穢禳之何損.詩曰惟此文王小心翼々.昭事上帝聿懐多福.厥徳不回.以受方国.君無違徳方国将至.何患於彗.詩曰我無所監夏后及商.用乱之故.民卒流亡.若徳回乱.民将流亡.祝史之為.無能補也.公説乃止。

（b）「書き下し」（建長七年　清原教隆手識及び加点『群書治要』所収『春秋左伝』
　　による）

〔魯昭公〕廿六年　斉に彗星有り。斉侯は之を禳（はら）はしめんとす。晏子曰く、益無きことなり。祇（まさ）に誣（しふる）を取らんか。天道は諂（うた

かは)ず、其の命を貳(ふたつ)とせず。若何(いかん)ぞ之を禳はん。且つ天の彗有るは、以て穢(けからはしき)を除かんとなり。君に穢徳無ければ、又た何ぞ禳はん。若し徳の穢ば、之を禳うとも何ぞ損せん。詩に曰く、惟(こ)れ、此の文王、心を小(せ)め翼々して、昭(あきら)かに上帝に事え、聿(これ)に多福を懐ふ。厥徳は回(たか)はず、以て方国を受けたりといへり。君は違徳を無くし、方国将に至らんとす。何ぞ彗を患へん。詩に曰く、我は夏后と商に監みること無からん。乱の故を用ふる。民は卒(ことごとく)流亡すといへり。若し徳回乱せば、民は将に流亡せん。祝史の為(する)も、能く補うこと無けんと。公は説び乃ち止(や)んぬ。

(c)「口語訳」(筆者による)

　魯昭公二十六年(前五一六年……斉景公三十二年に相当)、突然斉の上空に彗星が現れた。彗星の祟りをイメージした斉公はこれに怯えてお祓いをさせようとした。だが宰相の晏嬰は次のように述べた。「お祓いをしても、効果などありません。どうして神を偽るのですか？」「なぜなら天道は常に定まっているので、地上の為政者の行為に影響されて二通りの命など下したりはしないものです。どうして祓ったりすることができましょうや？」「そのうえ天空に彗星(ほうきぼし)が現れるのは、地上の汚れを掃除しようとするからです。だから君主のあなた様に徳の汚れがないのなら、どうしてお祓いをする必要がありましょうや。もしあなたの徳が汚れているのなら、お祓いをしたところで、天罰を免れることなどできはしません。」「周王室の『詩(詩経)』には次のようにあります。思い起こすにこの文王さまは、細やかな心遣いで天の上帝にお仕えし、福多からんことを祈念しました。その徳は邪なるものではなく、四方の国々も心を寄せたものでしたと。」「ですから君主のあなたさまに徳の汚れがなければ、四方の諸国も帰順して参ります。どうして彗星の祟りに怯える必要がありましょうや。」「また『詩』には次のような記述もあります。私は夏と殷の末路に鑑みずにはいられない。政りごとが乱れたせいで、臣民は流亡の民となったと。」「もしあなたの徳とするところが、実際邪悪なものであれば、斉の民は故

第 4 章　春秋の暦法と戦国の暦法　145

郷を駆逐されて流亡の民となることでしょう。そうなってしまえば、祝官や史官たちがどんなにお祓いに精を出しても、何の効果もありはしません」。これを聞いた斉公は喜んで、お祓いを取り止めにした。

②『左伝』彗星記事への疑義

ⅰ．第一の疑義—春秋時代に彗星の名称なし—

　『左伝』の中にある斉公が遭遇した「彗星」の出現の記事は、古天文学上おおいに問題がある。実は表 2 の通り、「彗星」という言葉は『史記』における表現なのであって、『春秋』では一律「星孛」であり、『左伝』もこれに従う。換言するなら『史記』は、戦国時代の基礎史料に『秦記』（秦国の歴史記録）を用いているので、『秦記』には「彗星」という表現が存在したことが推察される。だが、『史記』「十二諸侯年表」に見える彗星表記は、あくまで『春秋』（あるいは『左伝』）を参考としただけのものであるから、『春秋』の「星孛」を「彗星」の表記に書き換えただけにすぎない。つまり、春秋時代には「彗星」という言葉自体が存在していなかったということになる。ならば、唯一の例外として『左伝』に「魯昭公廿六年,斉有彗星.斉侯使禳之.」の記事が孤立して存在しているのは大いに不審であり、疑義を抱かせる。

表 2　『史記』・『春秋』・『左伝』に見られる「星孛」および「彗星」記事

		『史記』	『春秋』（経）および『左伝』（伝）
1	B.C. 613	魯文公十四年,彗星入北斗. （十二諸侯年表「魯表」）	魯文公十有四年秋七月,有星孛入于北斗.（経） 魯文公十四年秋七月,有星孛入于北斗.（伝）
2	B.C. 525	魯昭公十七年,彗星見辰. （十二諸侯年表「魯表」）	魯昭公十有七年冬,有星孛于大辰.（経） 魯昭公十七年冬,有星孛于大辰西及漢.（伝）
3	B.C. 516		魯昭公廿六年,斉有彗星.斉侯使禳之.（伝）
4	B.C. 500	秦恵公元年,彗星見. （十二諸侯年表「秦表」）	
5	B.C. 482		魯哀公十有三年十有一月,星孛于東方.（経）
6	B.C. 481		魯哀公十有四冬…有星孛.（伝）
7	B.C. 470	秦厲共公七年,彗星見. （六国年表「秦表」）	
8	B.C. 467	秦厲共公十年,彗星見.	

		（六国年表「秦表」）	
9	B.C. 361	秦孝公元年,彗星見西方. （六国年表「秦表」及「魏世家」）	
10	B.C. 305	秦昭〔襄〕王二年,彗星見. （六国年表「秦表」及「秦本紀」）	
11	B.C. 303	秦昭〔襄〕王四年,彗星見. （六国年表「秦表」及「秦本紀」）	
12	B.C. 296	秦昭〔襄〕王十一年,彗星見. （六国年表「秦表」及「秦本紀」）	
13	B.C. 240	秦王政七年,彗星先出東方,見北方. 五月見西方…彗星復見西方十六日（秦始皇本紀）.秦王政七年,彗星見北方,西方.（六国年表「秦表」）	
14	B.C. 238	秦始皇帝九年,彗星見,或竟天…四月,彗星見西方,又見北方.從斗以南八十日（秦始皇本紀）.秦始皇帝九年,彗星見,竟天…彗星復見（六国年表「秦表」）	
15	B.C. 234	秦始皇帝十三年,彗星見,. （秦始皇本紀）	

ⅱ．第二の疑義―彗星の特性に反する記述―

　実のところ『左伝』の当該記事は、杜預が「斉の分野に出現したので魯では見えず、そのため春秋には記録されなかった（＝出齊之分野,不書,魯不見）」と見解を述べている。この現象がもし彗星ではなく皆既日食だったのならば、食帯によって発生する地域が限定される上に、実見できるか否かは天候にも左右され、かつ発生時間も極めて短いので整合性もある。けれども、彗星が斉の地域だけに出現するというのはまったくあり得ない。なぜなら、彗星は何日もかけて天空を移動するわけであるし、実見できる地域も限定されない。それなのに斉に近接する魯では見えなかったというのはあまりにも彗星の特性にそぐわない。これが第二の疑義である。

ⅲ．第三の疑義―内容の酷似―

　浅野の見解によれば、「『競建内之』は、上天・上帝→天道（予兆）→禍福→

君主の為政といった天人相関思想の枠組みを維持しながらも、呪術的方法の有効性を否定して、無道を排して善行を実践するといった君主の人為的努力の側に問題解決の鍵を求め、これと良く似た構図を、『左伝』魯昭公二十六年（＝斉景公三十二年相当）の記事にも見受けられる」としている[15]。浅野は、隰朋と晏嬰の立場は完全に一致すると指摘しているが、この創見は極めて興味深い。

　私見によれば、『左伝』ではこの後の魯定公九年（＝斉景公四十七年相当）に、晏嬰とは別の家臣である鮑文子という人物が斉侯の失政に対して諫言をしているが（「斉侯将許之鮑文子諫曰臣嘗為隷於施氏矣.」）、これは『競建内之』における鮑叔牙の話と重なるものである。つまり『左伝』の記事は「星変」によって斉公から回答を要請された晏嬰と鮑文子ら二名による意見具申であり、『競建内之』の記事は「星変」によって斉公から回答を要請された隰朋と鮑叔牙ら二名による意見具申であって、上記の『左伝』に引かれる斉侯（斉景公に相当する人物）とは『競建内之』に引かれる斉公と同一人物であったと考えるほかはない。

　すなわち晏嬰が天道の権威自体は承認した上で、祝官や史官の呪術によって天道に作用を及ぼそうとする考え方を排除する姿勢は、まさに「惟れ此の文王、心を小め翼々（小心翼々）として、昭らかに上帝に事え、聿に多福を懷ふ」との『詩（詩経）』の引用が示すように、上天・上帝信仰に基づく天人相関の枠組みを維持しながら、呪術の有効性のみを否定するものであって、隰朋と晏嬰の立場は奇しくも完全に一致しているのである。実は当該『左伝』記事は、『史記』「斉太公世家」の斉景公三十二年の項にも引かれており、司馬遷は『史記』「斉太公世家」において「斉太史書」という書物の名を引用しているが、実際『左伝』に認められる「斉公」に関わる両個の記事については、魯昭公二十六年は斉景公三十二年に相当し、また魯定公九年は斉景公四十七年に相当することから、「斉太公世家」を編纂する時に「斉景公」のできごととしてまとめたものではないかと解せられるのである。

　もっとも、浅野が指摘されているように、鮑叔牙と管仲の死の先後関係や桓公が豎刁と易牙の二人を重用し始めた時期に関して、『競建内之』と『史記』「斉太公世家」との間などには大きな齟齬が見られる。この指摘は極めて重要

であって、実は『左伝』における記事の時系列を鑑みた場合、記事が錯綜して攙入してしまった可能性を十分想起させ、『左伝』に見える斉景公三十二年の「星変」が、本来斉桓公三十二年の「星変」であった可能性を考慮しなければならない。筆者は記事の錯綜を踏まえながらも、上述の検討結果から『左伝』の編纂者は意図的に『競建内之』に所載される日食記事を彗星記事に書き換えたと考える。その編纂者は戦国時代の儒家であったと見なしたいが、残念ながら人物の特定まではできない。

4.『競建内之』にみえる斉桓公の皆既日食とその発生年代について

(1) 想定される日食候補

　以下、皆既日食の記事は歴史的事実を踏まえたものであるとの前提に立って『競建内之』に見える日食の年代について検討してみる。筆者が当該記事を皆既日食と見なした根拠は、いうまでもなく「日既」および「日之食也」という表現であって、まさに皆既日食であることを示す具体的な文言を用いていることにほかならない。とりわけ「既」という文字を付すことは、暦官にとって当然果たさなければならない重大な責務だったからである。ただし、前項で可能性を提示しているような皆既日食は斉桓公三十二年に起こったものではないかという前提には立たない。先ずは『競建内之』に見える斉桓公の皆既日食記事の検討から、この記事が斉桓公の治世何年であるかを特定することとする。これに関しては浅野が指摘されているように皆既日食がおこった当時、管仲が宰相在任中であって桓公が豎刁と易牙を国相に任命する事態など想定することはあり得ないのだから、いずれにせよそれは桓公晩年の出来事として考ざるをえないのである。

　この条件にたてば、当該皆既日食が斉の都である「臨淄（りんし）」で実見できたとした場合、桓公晩年における日食候補とは中国国家天文台の畏友韓延本の提案によれば、

A．僖公五年・桓公三十一年（B.C.655 Ⅷ 19.オッポルツェル日食№.1311t）の「皆既日食」か

B．僖公七年・桓公三十三年（B.C.653 Ⅱ 2.オッポルツェル日食№.1314r）の「金環食」の

どちらかであるとする。もし当該日食記事が前者である場合、この日食は『春秋』日食と重複するものであるが、皆既日食であることによって、改めて「ΔT」の研究に頗る有益なデータを提供できることになる（また後者ならば『春秋』の日食に含まれていない記事ということになるので貴重なデータを提供する）。

斉藤国治・小沢賢二『中国古代の天文記録の検証』（雄山閣出版・一九九二年）第Ⅱ章「『春秋』の中の天文記録」によれば、斉桓公の在位期間と解せられる（前六八五～前六四三年）中に該当する『春秋』の日食記事は、次に示すように七回（①～⑦）ある。

表3．春秋時代において実見されたと考えられる山東地方の日食

	魯国公名	魯都曲阜における食の特徴	斉国公名	斉都臨淄における食の特徴
①	荘公十八年	（前六七六年）日入帯食	桓公十年	
②	荘公二十五年	（前六六九年）深食	桓公十七年	
③	荘公二十六年	（前六六八年）半食	桓公十八年	
④	荘公三十年	（前六六四年）深食	桓公二十二年	
⑤	僖公五年	（前六五五年）深食	桓公三十一年	（前六五五年）皆既日食（t-t）
●	僖公七年		桓公三十三年	（前六五三年）金環食（r-r）
⑥	僖公十二年	（前六四八年）日入帯食	桓公三十八年	
⑦	僖公十五年	（前六四五年）非食	桓公四十一年	

(2) 特定された日食とその特異性

浅野によれば『競建内之』は、斉の桓公は皆既日食が起こった原因が自らの失政であることを隰朋と鮑叔牙に指摘され、両名の諫言を聞き入れて、桓公が反省したとの構成を取る説話という。私見では浅野の指摘を尊重し、更に『競

建内之』という説話の特徴は、この斉の桓公と家臣である隰朋および鮑叔牙との間に短いセンテンスの問答形式（Q＆A）を構成していることから、この問答が斉桓公の晩年になされたとする前提に立ち、当該問答形式（Q＆A）の構成を詳細に分析することによって皆既日食が起こった年代を限定していくことができると考えている。

そのため「第一・五・六簡」を以下のごとく四つの短いセンテンスの問答形式（Q＆A）に分け、その構成を提示することにした。

桓公が隰朋と鮑叔牙とを伴っていたとき、斉に皆既日食が起きた。
そこで桓公は二人に（Q）「なぜ皆既日食が起きたのか？」と訊ねる。
すると鮑叔牙は、（A）「これは 星の異変であり、斉に兵乱の危害が生じて、桓公の身にも危険が及ぶ予兆だ」と答えた。

次に桓公は（Q）「では（かくも皆既日食が）多いのはなぜか？」か問うた。これに対して鮑叔牙は（A）「まもなく災害がやって来て、兵乱が起こり、我が君の身に由々しき事態が起こるでしょう」と答えた。

更に桓公は（Q）「では祭祀によって兵乱の災厄を祓うことが可能かどうか？」と訊ねた。すると今度は隰朋が、（A）「善行を積まずに失政ばかりを重ねてきたのであるから、この期に及んで祭祀で災厄を祓うことなど不可能だ」と回答した。

それを聞いた桓公は、従前の行状を思い起こし、両名の諫言を無視し続けた結果、皆既日食を招くに至ったのだと反省の弁を述べた。

この文をまず一般的に解釈すれば、斉桓公は皆既日食に初めて遭遇して（＝初見）、狼狽したとの印象に受けとれるのであるから、その日食とは斉に近い魯（曲阜）でも実見できた日食（B.C.655 Ⅷ 19. No.1311t ＝『春秋』魯僖公五年）と捉えるべきである。なかんずく斉都「旧臨淄（北緯36°.51'.3）（東経118°.20'.5）」

〔「臨淄（北緯36°.854）（東経118°.341）」〕で皆既日食が起こったとするなら「ΔT（地球の自転速度の永年減速）」の研究上、当該日食記事は頗る貴重なデータを提供する。もっとも、『競建内之』という説話の特徴は、この斉の桓公が家臣である隰朋および鮑叔牙との短いセンテンスの問答形式（Q＆A）構成されているのであるが、些か気になるのは〔公曰く〕「（前欠）……言いて曰く、多きは？」という文言である。

なぜなら、この「多きは？」という表現は「なぜ（かくも皆既日食が、なぜ）多いのか？」という、皆既日食が短い期間に連続して起こったことの疑問を示したのではないかという可能性を有しているからである。つまり、皆既日食の初見に狼狽したのか、短い期間の皆既日食の連続（初見・再見）に遭遇して狼狽したのかのどちらかになる。もっとも論理的に言えば、この場合どちらにせよ「初見」の皆既日食は認められることになるから、皆既日食が起こった地点を斉都「旧臨淄（北緯36°.51'.3）（東経118°.20'.5）」に定めることとする。

これによって、「ΔT」の研究上、当該日食記事は頗る貴重なデータを提供することになるが、興味深いことに、この「初見」の皆既日食（B.C.655Ⅷ 19. №.1311t）を起点として地球の自転速度の永年減速を考えると、次に皆既となる「食経路」は、わずか二年後の斉都「旧臨淄（北緯36°.51'.3）（東経118°.20'.5）」を覆うことになり、奇しくも「皆既」に近い金環食が再見される（B.C.653Ⅱ 2. №.1314r）ことになる。[16]

ちなみに、前項（二）において皆既日食は斉桓公三十二年に起こったものではないかという前提に立ち戻った場合、奇しくもこの年代はいうまでもなく斉桓公三十一年皆既日食と斉桓公三十三年金環食が起こった挟間の年代を示すものとなる。したがって『上海博物館蔵戦国楚竹書（五）』所収『競建内之』に見える斉の桓公の皆既日食記事は、『春秋』の日食記事が具体的にそれぞれの魯公の治世年月日（朔日干支）を記しているのに対して、その示す年代が甚だ不明瞭であるが、上記の検討から概ね斉桓公三十一年に起こった皆既日食とわずかその二年後の斉桓公三十三年に起こった金環食の両個のできごとを示したものであったと想定できそうである。このことは『春秋』未載の日食一例が金

環食として斉都「旧臨淄（北緯36°.51'.3）（東経118°.20'.5）」を「皆既」が覆うことにもなり、今後「ΔT」の研究上貴重なデータを提供するものと期待するところである。文献学的に見ても『左伝』や『左伝』を参考とした『史記』の記述に時系列的な錯綜が認められることから、歴史分野でも頗る貴重な史料と解せられ、『上海博物館蔵戦国楚竹書』に関して今後もさまざまな分野からのアプローチを望むところである。

註

（1）　丁福保『説文解字詁林』1928年　上海医学書局
（2）　赤塚忠「漢字文字干支」（『赤塚忠著作集』P.278. 1989年　二松学舎大学中国文学研究室）
（3）　持井康孝「殷王室の構造に関する一試論」（『東京大学東洋文化研究所紀要』紀要第82冊1980年3月）
（4）　浅野裕一「上博楚簡『鮑叔牙與隰朋之諫』の災異思想」（湯浅邦弘編『上博楚簡研究』汲古書院, 2007年5月）
（5）　小沢賢二「上博楚簡による春秋日食記録の検討 」（「歴史記録と現代科学研究」研究会集録P.133-P.142. 平成18年12月　国立天文台〔三鷹〕）
（6）　李学勤「試釈楚簡隰朋与鮑叔牙之諫」（『文物』2007年　第9期）
（7）　内藤湖南『支那上古史研究』P.88およびP.73.　昭和19年　弘文堂書房
（8）　本州南岸沿岸漁業民（北緯20°〜25°前後の地域の沿岸漁業民）は太陰暦によって潮汐の簡易計算を以下のごとく行っていた。すなわち太陰暦は月の周期を基に日付られているので、月の満ち欠けに影響を受ける潮汐とほぼ連動する。計算方法は、太陰暦（旧暦）の日付の日の数字に0.8をかける。朔（一日）は1、三日月（三日）ならば3である。その答えの整数値が時間となり、小数点以下の数値に6をかけると分となる。「八六算法」は、「旧暦の日にち」×0.8ではじまるが、かつては×0.8ではなく、×8（整数）で行われていた。この計算手法は1月、2月、といった月に関係なく、日にちが決まれば干潮の時刻は決まってしまうものであるが、月によっては2時間余りの誤差がでることもある。その他、地形や気圧配置、場所などの条件によっても誤差が生じる。しかし、この誤差のことさえわかっていれば、この計算方法は干潮のおよその時刻を知る有効な方法であるといえる。

例）旧暦一日の場合
1×0.8=0.8……時間は0時の時間帯を指す
8×6=48……分は48分

この日の干潮は深夜0時48分となる。
満潮は、その6時間～7時間後である。

また、旧暦十五日（満月）を超える場合であるが
旧暦の6月28日などの15日を越える日は15を引く。
例）旧暦二十八日の場合
28−15=13日
13×0.8=10.4
4×6=24
この日の干潮は10時24分となる。
満潮は、その6時間～7時間後である。

(9) 浅原達郎「西周金文と暦」（『東方学方』第53冊 昭和61年東方学会）に諸説紛々の様子が詳しく紹介されている。

(10) 藪内清『歴史はいつ始まったか』P.76, 中央新書 昭和55年 中央公論。

(11) 斉藤国治・小沢賢二『中国古代の天文記録の検証』P.55-P.67, 1985年 雄山閣出版。

(12) 斉藤・小沢前掲書P.55-P.67,

(13) 新城新蔵『東洋天文学史研究』P.484-P.485, 昭和3年 弘文堂

(14) 浅野前掲論文によれば「競建内之」なる篇題は、首簡冒頭の四文字を取った可能性が高く、そのために内容全体との関連性が感じられないのであろう。しかも篇の冒頭部分が失われてしまったため、より一層残存部分との間に繋がりが見出せないのだと考えられるという。

(15) 浅野前掲論文による。なお、浅野は「競建内之」と「鮑叔牙与隰朋之諫」を同一の文献と見なす立場から前稿を修正し、「『鮑叔牙与隰朋之諫』の災異思想」（湯浅邦弘編『上博楚簡研究』汲古書院2007年）を発表しているので参照されたい。

(16) 李学勤（清華大学教授・歴史学）は『文物』（2007年 第9期〔9月発行号〕90-96頁）に「試釈楚簡隰朋与鮑叔牙之諫（上博楚簡「隰朋と鮑叔牙の諫め」についての解釈序説）」で、浅野裕一と同じ竹簡配列を主唱したが、天文学者である張培瑜（前、南京紫金山天文台研究員）の協力を受け、『競建内之』所載の皆既日食記事に関しては筆者と同様に、概ね①僖公五年・桓公三十一年（B.C.655 Ⅷ 19. オッポルツェル日食№1311t）と②僖公七年・桓公三十三年（B.C.653 Ⅱ 2. オッポルツェル日

食No.1314r）と比定している。

　もっとも、李論文は張培瑜の著作『三千五百年暦日天象』所載「中国十三歴史名城可見日食表」（1997年　大象出版社）に引用されている日食観測地である魯都曲阜が斉都臨淄に近いという理由で、曲阜を想定した張のデータを臨淄に見たてている。つまり、①「B.C.655Ⅷ 19. No.1311t」は食分0.94であり、②「B.C.653Ⅱ 2. No.1314r」は食分0.73とし、ともに全食ではないが全食に近い程度の日食として処理している。

　実は『文物』の論文を見ただけでは、『競建内之』所載の皆既日食記事が連続する二個（①②）の日食に該当しているかは明確ではないが、筆者は張培瑜と2007年4月28日、中国科学院紫金山天文台（321号室）にて深く議論を交したところ、張培瑜自身が「『競建内之』所載の皆既日食記事は連続する二個（①②）の日食であると解せられる」と述べ、さらに臨淄を観測点とした場合の詳細なデータを披瀝してくださり、李論文の正鵠が理解できた次第である。そしてこの議論を通じて、張は必ずしも②についていえば、深食ながらも全食（金環全食）であったとは考えていないことが確認できた。もっとも当該論文では、李学勤本人が『競建内之』所載の皆既日食記事を史実というよりは単なる古伝承として捉えてしまっており、「全面的には信じることができない」と述べている。

第5章
「顓頊暦」の暦元

1. はじめに

「顓頊暦」とは「四分暦」の一つである。太初改暦以前の暦法はすべて「四分暦」に属すものである。「四分暦」の名称は「1太陽年」を「三六五日四分之一（365日¼＝365ᵈ.25000）」と看做したことに拠っている。当然ながら「太陰太陽暦」であるから、1箇月は「1朔望月」を基準とし、19年に7回の閏月を挿入する。このため19年は「235朔望月」となるので、「1朔望月」は365¼×19÷235＝29^{499}⁄₉₄₀日の値（29ᵈ.53085）となる。

「顓頊暦」は「四分暦」と基本定数（1太陽年＝365ᵈ.25000, 1朔望月＝29ᵈ.53085）が同じであるが、十月を歳首とし、閏月を歳尾である九月の次に「後九月」として配置する手法をとっていた。勿論、年初は正月であり、二十四節気の起点とした。この「顓頊暦」は戦国時代末の秦から前漢武帝の太初元年（B.C. 104）五月の太初改暦まで使用されている。ところが、この「顓頊暦」について唐時代の僧一行が「顓頊暦上元甲寅歳正月甲寅晨初合朔立春」（『新唐書』「歴志」「唐書大衍歴議日度議」）と言及し、その推算となる暦元を甲寅歳—正月朔（夏正の正月では寅月）—甲寅日—寅刻に日月が合朔となる「B.C. 366」及びそれより一元4560年前である「B.C. 4926」が基準となっていると誤って解釈したのである。暦元（上元）とは当該暦法の起点なのであるが、「顓頊暦」についての暦元はあくまでも僧一行が自らの想像で推算した「仮想暦法」にすぎない。

しかし、この「仮想暦法」の暦元が実際の「顓頊暦」の暦元のように記されていたことから、後世における多くの研究者が翻弄されることとなった。日本では大正七（1918）年から昭和八（1933）年にかけて、京都帝国大学教授の新

城新蔵（1873年—1938年没）と学習院教授の飯島忠夫（1875年—1954年没）両氏が中国古代の天文暦法問題について熾烈な論争を行ったことはよく知られているところである。両氏の共通点は唐時代における僧一行が推算した「顓頊暦」を実在の暦法であると信じていたことであった。しかし論争が次第にエスカレートする中、昭和三（1922）年八月に新城が刊行を予定していた『東洋天文学史研究』の最終校正段階において、新城は僧一行が推算した「顓頊暦」は実在もしない「仮想暦法」であって戦国時代における「顓頊暦」ではないことに気づくことになった。したがって新城は当初予定していた原稿を差し替え、かつ応急措置として『東洋天文学史研究』数か所に、このことをわずか数行の「追記」で示し、自らの主張を撤回するとともに飯島説も成り立たないことを一方的に宣言して論争をほぼ終結させたのである。

このような背景をもって刊行された『東洋天文学史研究』であるからこそ、急遽挿入された「追記」の存在は目に触れにくい体裁となったが、これは上海で発兌された中国語版でも同じ仕様になってしまっているのが実状である（中国語版では「追記」は「補記」と訳語されている）。そのため、天文暦算の碩学として著名な張培瑜（南京紫金山天文台研究員）も長きにわたって僧一行が推算した「顓頊暦」を実在の暦法であると信じ、また平勢隆郎（東京大学東洋文化研究所教授）は『東洋天文学史研究』の「追記」の見落としなどによって、『春秋』と『左伝』とは戦国時代の斉国と韓国がそれぞれ偽撰した史書であると主張するに及んだのである。

もっとも張培瑜は南京紫金山天文台を訪れた筆者と対談し、筆者との協議を経てすぐさま自説を撤回され、僧一行が推算した「顓頊暦」は「仮想暦法」であって、戦国時代に用いられていた「顓頊暦」とは全く別のものであることを認められた。

この後、筆者は研究途上において新城が飯島に謹呈した論文の抜刷等の資料を縁あって入手する機会に恵まれた。当該資料は『東洋天文学史研究』における原稿の基幹を占めるものであり、全九篇のうち第一篇の「東洋天文学史大綱」（『内藤博士還暦祝賀支那学論叢』所載. 大正十五年五月 弘文堂刊）の抜刷（京都大学

新城文庫№1139と同種)のみを欠く。特に注目すべきは飯島の疑問や批判が赤鉛筆や黒ペンなどによって夥しく書き入れられている部分である。これは「顓頊暦」の混乱を氷解させる重要資料であり、従来の問題点を時系列をもって整理することができる。本稿の主眼は、これら資料を有効に活用して戦国時代に用いられていたと考えられる「顓頊暦」の暦元を新たに見出すことにある。

2．発表論文とその変遷

筆者は平成二十一(2009)年一月十四日、長期間に渉って捜索中であった『東洋天文学史研究』第八篇「戦国秦漢の暦法」の別刷(抽印本)を東京都千代田区神田神保町の書肆「秦川堂」から購入した。そしてこれを精査したところ、当該書目は新城新蔵が飯島忠夫に謹呈した別刷(抽印本)であることに気づいたので、「秦川堂」にストックされている関連の資料群を併せて追加購入して便宜上番号を付した。「秦川堂」の説明では、筆者が購入した書籍は長野市松代町の飯島家が売却した資料(『秦川堂書店総合目録 平成二〇年十一月号(PP.208)』に掲載)の一部であるという。

筆者が購入した資料は概ね次の六種(【A】〜【G】)に区別されるが(「表1」)、本稿では【A】および【B】を採り上げるとともに(「表2」・「表3」)、新城・飯島両氏の論争かかわる他の論文と講演について、国会図書館新城文庫資料および京大新城文庫資料等々を加味して時系列にまとめた(「表4」)。

表1．抽印本概要
【A】．新城新蔵による一連の謹呈抜刷(抽印本)で、飯島忠夫による批判的な書き入れが存在する資料群。抽印本に綴じ込まれていた関連史料も含む。
【B】．飯島忠夫が旧蔵していた飯島論文の抜刷(抽印本)などの資料群。抽印本に綴じ込まれていた関連史料も含む。
【C】．藪内清による謹呈抜刷(抽印本)「殷周より隋に至る支那暦法史」(『東方學報 京都』第十二冊第一分冊別冊, 昭和十六年六月)(※「左上に黒インクにて」

| 謹呈）と「宋代の星宿」（『東方學報 京都』第七冊抜刷 昭和十一年九月）」.
| 【D】．能田忠亮による謹呈抜刷（抽印本）「夏小正星象論」（『東方學報 京都』第12冊第2分別冊 昭和十六年八月）
| 【E】．平山清次謹呈抜刷（抽印本）「暦時改良意見」（『天文』第二巻第四号別刷 昭和十四年五月六日）．（※挿入紙あり鉛印にて「謹呈 平山清次／〔横書き論文への事情説明〕／昭和十四年／四月．）
| 【F】．宮崎市定による謹呈抜刷（抽印本）「賈似道略伝—支那古今人物略伝」（『東洋史研究』第6巻第3号別刷）および）「晋武帝の戸調式に就て」（※「左上に黒インクにて」謹呈．）
| 【G】．諸橋轍次による謹呈抜刷（抽印本）「避諱攷」（『倫理教育研究』第7巻第24号抜刷）

すなわち「【A】新城新蔵謹呈飯島忠夫旧蔵抽印本資料」および「【B】飯島忠夫旧蔵自己抽印本資料」の概要は以下のとおりである。このうち新城謹呈の抽印本（抜刷）に限って言及すれば、当該資料は新城の『東洋天文学史研究』全九篇中の第二篇から第八篇（三四頁〜六一頁）に合致するものであって、僅かに第一篇「東洋天文学史大綱」（一頁〜三三頁）を欠くものである。特に新城に対する飯島の反論や疑問がペンあるいは鉛筆にて書き入れられているのは、両氏に関する論争の本質を知る上で極めて高い価値を有すると考えられる。したがって本稿はこの新出資料を有効に用いて論を進めてみたい。なお、当該資料は広く学界に供すべきものと考えられるので、新城文庫がある京都大学人文科学研究所へ同年二月一日付けをもって寄託した次第である。

| 表2.【A．新城新蔵謹呈飯島忠夫旧蔵抽印本資料】
| 【A．新城新蔵謹呈飯島忠夫旧蔵抽印本資料№1】．当該資料は合冊の形態である。そのため枝番号を付す。
| 【№1−1】＊表紙「歳星資料によりて左傳國語の製作年代と干支紀年法の發達を論ず 新城新藏著 〔黒インクにて〕謹呈 著者」，＊＊抽印（A5版 一

第 5 章 「顓頊暦」の暦元　159

頁〜六六頁　大正七年十一月『藝文』第九卷第十一月號原載「歲星資料によりて左傳國語の製作年代と干支紀年法の發達を論ず（一）」および大正七年十二月『藝文』第九卷第十二月號原載「歲星資料によりて左傳國語の製作年代と干支紀年法を論ず（其二）」合綴．＊＊＊内題（〔黒インクにて〕大正七年十一月十二月）．※飯島忠夫の黒インクおよび黒ならびに赤鉛筆による「書き入れ」有り、その数量15余条におよぶ。※※【京大新城文庫資料№.1062】と同版の抽印本．

【№.1－2】＊表紙「大正七年一月一日　史林第三卷第一號抜刷　二十八宿の傳來を論ず　理学博士　新城新藏〔黒インクにて〕謹呈　著者」、＊＊抽印（大正七年一月一日『史林』三卷第一號原載, A5版　一頁〜二五頁）．※※【京大新城文庫資料№.1063】と同版の抽印本．

【№.1－3】　Ginzel「Handbuch der mathematischen Chronologie（二十八宿比較図）」(264㎜×366㎜)※筆者註：当該資料は【№.4－2】に折り込まれていたものであるが、『東洋天文学史研究』所載第三篇「二十八宿の傳來を論ず」には存在せず、新城新藏『こよみと天文』所収「東洋文明の淵源に関する論争」七十頁と七十一頁の間に折り込まれた資料に酷似する。但し、後者資料は料紙裏面に「二十八宿比較図／Ginzel-Handbuch der mathematischen Chronologie」等々の鉛印があるので別種である．

【№.1－4】「大正十五年三月十四日　東京朝日新聞　第六面（小野翁一生の業績『天文要覽』を讀む理学博士　新城新藏）」※【京大新城文庫資料№.1331】と同版の新聞記事．

【№.1－5】「支那古代に於ける天文學の發達」B4版ガリ版刷2枚1組．（筆者註：当該資料は大正十年十月に催された学士院における講演のレジュメである）．

【№.1－6】＊表紙「再び左傳國語の製作年代を論ず　附　公羊穀梁兩傳に就

て 新城新藏〔青インクにて〕謹呈　著者」、＊＊抽印（大正九年『藝文』第十一卷 八月號原載, A5版一頁~二八頁）．＊＊＊內題（〔黑インクにて〕大正九年).
※飯島忠夫の黑インクおよび黑鉛筆による「書き入れ」有り、その数量15条におよぶ。【京大新城文庫資料№.1065】．

【№. 1－7】＊表紙「漢代に見えたる諸種の曆法を論ず　新城新藏」、＊＊抽印（大正九年『藝文』第十一卷第八月号原載, A5版 一頁~二七頁 ）、＊＊＊內題「漢代に見えたる諸種の曆法を論ず　新城新藏（一）」※飯島忠夫の黑インクおよび黑鉛筆による「書き入れ」有り、その数量7条におよぶ。※※【京大新城文庫資料№.1134および1064】と同版の抽印本.

【№. 1－8】＊表紙「漢代に見えたる諸種の曆法を論ず　新城新藏（二）」、＊＊抽印（大正九年『藝文』第十一卷第九月号原載か, A5版 一頁~二八頁 大正九年『藝文』 抜刷.
※飯島忠夫の青インクおよび黑鉛筆による「書き入れ」有り、その数量5条におよぶ。※※【京大新城文庫資料№.1134および1064】と同版の抽印本.

【№. 1－9】＊表紙「漢代に見えたる諸種の曆法を論ず　新城新藏（三）〔黑インクにて〕謹呈　著者」、＊＊抽印（大正九年『藝文』第十一卷十二月号原載, A5版 一頁~三一頁 ）※飯島忠夫の黑インクおよび黑鉛筆による「書き入れ」有り、その数量4条におよぶ。※※【京大新城文庫資料№.1134および1064】と同版の抽印本.

【№. 1－10】＊新聞切抜5枚「東洋文明の淵源に關する論爭　一~五」を貼り合わせて、前記抜刷に綴込．「〔青インクにて〕大阪朝日／大正十年十月二十八日．〔黑インクにて〕大正十年／十月下旬／大阪／十一月下旬／東京」．※【京大新城文庫資料№.1193~1193】と同版同版の新聞記事.

【No.1 －11】＊表紙「干支五行説と顓頊暦　新城新藏（一）」，＊＊抽印（大正十一年二月『支那学』第二巻第六号原載，A5版 p.387～p.415 ），＊＊＊内題〔黒インクにて〕大正十一年二月『支那学』第二巻第六号」，※飯島忠夫の黒インクおよび黒鉛筆による「書き入れ」有り，その数量25条余におよぶ。

【No.1 －12】＊表紙「干支五行説と顓頊暦　新城新藏（二）」，＊＊抽印（大正十一年三月『支那学』第二巻第七号原載，A5版 p.495～p.516 ），＊＊＊内題〔黒インクにて〕大正十一年三月『支那学』第二巻第七号」※飯島忠夫の黒インクおよび黒鉛筆による「書き入れ」有り，その数量3条におよぶ。

【A．新城新藏謹呈飯島忠夫旧蔵抽印本資料No.2】
＊表紙「狩野教授還暦記念支那學論叢抽印／　春秋長藏　／新城新藏〔黒インクにて〕謹呈　著者」，＊＊抽印（昭和三年二月　弘文堂　『狩野教授還暦記念支那學論叢』原載，B5版 P.447～P.522〔一頁～七六頁〕．および附図3舗）※飯島忠夫の黒および赤鉛筆による「書き入れ」有り，その数量15条におよぶ。※※【京大新城文庫資料No.1133、国会図書館新城文庫No.YD5-H-特244-26】と同版の抽印本．

【A．新城新藏謹呈飯島忠夫旧蔵抽印本資料No.3】
＊表紙「支那学第四巻第四号號抜刷／　周初の年代　理学博士　新城新藏〔黒インクにて〕謹呈　著者」，＊＊抽印（昭和三年五月刊　『支那学』第四巻第四号原載，A5版 P.471～P.620〔一頁～一五〇頁〕．および附図2舗）※飯島忠夫の赤鉛筆による「書き入れ」有り，その数量8条におよぶ。※※【京大新城文庫資料No.1135】と同版の抽印本．

【A．新城新藏謹呈飯島忠夫旧蔵抽印本資料No.4】＊表紙「戰國秦漢の暦法　新城新藏」，＊＊抽印（昭和三年八月十五日第一版，弘文堂『東洋天文学史研究』原載，A5版　一頁～六一八ノ二頁　および　附図4舗）※飯島忠夫の赤鉛筆による

「書き入れ」有り、その数量60余条におよぶ。※※【京大新城文庫資料No.1132、国会図書館新城文庫No.YD5-H-449.3-Sh63】と同版の抽印本

表3.【B．飯島忠夫旧蔵自己抽印本資料】

【B．飯島忠夫旧蔵自己抽印本資料No.1】．当該資料は合冊の形態である。そのため枝番号を付す。

【No.1－1】＊表紙「東洋學報第十一卷第一號抜刷　支那の上代に於ける希臘文化の影響と儒教經典の完成（一）　飯島忠夫　〔右下に正方形朱印にて〕飯島．〔右上に黒インクにて〕大正十年」，＊＊抽印（大正十年一月『東洋學報』第十一卷第一號原載，B5版．一頁～六八頁）※飯島忠夫の黒インクおよび黒鉛筆による「書き入れ」有り、その数量90余条におよぶ。※．※当該抽印本二四頁と二五頁の間に方眼紙に青インクにて〔顓頊暦・三統暦・太初暦・殷暦等の上元が〕算出推算されている。

【No.1－2】＊表紙「東洋學報第十一卷第二號別刷　支那の上代に於ける希臘文化の影響と儒教經典の完成（二）　飯島忠夫．〔右上に黒インクにて〕大正十年」，＊＊抽印（『東洋學報』第十一卷第二號原載，B5版　一頁～六〇頁）．※飯島忠夫の黒インクおよび黒鉛筆による「書き入れ」有り、その数量20余条におよぶ。

【No.1－3】＊表紙「東洋學報第十一卷第三號別刷　支那の上代に於ける希臘文化の影響と儒教經典の完成（二）　飯島忠夫．〔右上に黒インクにて〕大正十年」，＊＊抽印（『東洋學報』第十一卷第三號原載，B5版　一頁～五一頁）．．※飯島忠夫の黒インクおよび黒鉛筆による「書き入れ」有り、その数量20余条におよぶ。

【No.1－4】＊表紙「東洋學報第十二卷第一號抜刷　支那古暦法餘論　飯島忠夫．〔右上に黒インクにて〕大正十一年」，＊＊抽印（『東洋學報』第十二卷第一號原載，B5版一頁～三四頁）．※飯島忠夫の黒インクおよび黒鉛筆ならびに赤鉛筆による「書き入れ」有り、その数量6条余におよぶ。

【No.1－5】

＊表紙「東洋學報第十参卷第二號抜刷（大正十二年七月）印度の古暦と吠陀成立の年代　飯島忠夫」、＊＊抽印（『東洋學報』第十三卷第二號原載, B5版　一頁〜七七頁）．※飯島忠夫の黒インクおよび黒鉛筆ならびに赤鉛筆による「書き入れ」有り、その数量10条余におよぶ。

【B．飯島忠夫旧蔵自己抽印本資料№2】
＊表紙「東洋學報第十参卷第二號抜刷　印度の古暦と吠陀成立の年代　飯島忠夫」、＊＊抽印（『東洋學報』第十三卷第二號原載, B5版　一頁〜七七頁）※【B．№1－5】と重複する抽印本だが、書き入れはない。

【B．飯島忠夫旧蔵自己抽印本資料№3】＊表紙「東洋學報第十七卷第一號　昭和三年四月號發行別抜刷　干支の起源について（下）飯島忠夫」、＊＊抽印（『東洋學報』第十七卷第一號原載, B5版　四三頁〜九七頁）．

【B．飯島忠夫旧蔵自己抽印本資料№4】
＊表紙「支那文字の創作者と其の製作の法則　飯島忠夫」＊＊抽印（昭和四年　斯文会編『支那學研究』原載, A5版　P.131〜P.183〔一頁〜五三頁〕．）

【B．飯島忠夫旧蔵自己抽印本資料№5】＊表紙「市村博士古稀記念　東洋史論叢抜刷（昭和八年八月九日）支那上古史の紀年に就いて　飯島忠夫．〔右下に黒インクにて〕家蔵」、＊＊抽印（『市村博士古稀記念 東洋史論叢』原載, B5版　一八七頁〜二一九頁）

【B．飯島忠夫旧蔵自己抽印本資料№6】＊表紙「東洋學報第貳拾壹卷第一號抜刷（昭和八年十月）殷墟文字の年代　飯島忠夫」、＊＊抽印（昭和八年十月『東洋學報』第二十一卷第一號原載, B5版　一頁〜四四頁）．

【B．飯島忠夫旧蔵自己抽印本資料№7】
＊表紙「岩波講座 東洋思潮〔東洋思潮の諸問題〕陰陽五行説　飯島忠夫　岩波書店」、＊＊抽印（昭和九年九月十五日 岩波講座　『東洋思潮』原載, A5版（一頁〜五三頁））．

【B．飯島忠夫旧蔵自己抽印本資料No.8】

＊表紙「東洋學報第貮拾四卷第四號（昭和十二年八月）抜刷　橋本氏の十干十二支を讀む　飯島忠夫〔右下に青インクにて〕謹呈」，＊＊抽印（昭和十二年八月『東洋學報』第二十四卷第四號原載，B5版（三七五頁〜四三五頁）).

【B．飯島忠夫旧蔵自己抽印本資料No.9】

＊表紙「歷史教育　第十三卷第七號（昭和十三年十月）抜刷　支那占星術の形式化　飯島忠夫」，＊＊抽印（昭和十三年十月『歷史教育』第十三卷第七號原載，A5版 P.917〜P.926（一頁〜一〇頁).）

【B．飯島忠夫旧蔵自己抽印本資料No.10】

＊表紙「支那文字の創作者と其の製作の法則　飯島忠夫」＊＊抽印（昭和四年　斯文会編『支那學研究』原載，A5版P.131〜P.183（一頁〜五三頁).）

【B．飯島忠夫旧蔵自己抽印本資料No.12】

＊表紙「長野短大紀要第四輯抜刷 孔子とゾロアスター　飯島忠夫〔右下に黒インクにて〕（昭和二十七年四月）」＊＊抽印（A5版（一頁〜一一頁).）

※飯島から新城へ送付された資料については、京大新城文庫に飯島忠夫からの封書の書簡（No.444．年代不詳 九月十一日消印）一通が確認されるのみである。

年代	表4．新城飯島両氏の論争に関係する論文もしくは演題（時系列）	
	新城新蔵	飯島忠夫
1912年 1月〜9月		「漢代の暦法より見たる左傳の僞作（上）・（下）」（『東洋學報』第二卷第一號・第二號）
1913年 2月	「支那上代の暦法と北斗七星」（『天文月報』第六卷、第二号）	
1913年	「支那上代の暦法（一）・（二）・	

第 5 章 「顓頊暦」の暦元　165

5月〜9月	（三）・（四）」（『藝文』第四巻 五・六・七・九月號）	
1917年9月	「天文学の發達」（大阪朝日新聞社編『朝日講演集』第2輯　朝日新聞合資会社）	
1918年1月	【A. No. 1－2】「二十八宿の傳來を論ず」（『史林』三巻第一號）.	
1918年11月〜12月	【A. No. 1－1】「歳星資料によりて左傳國語の製作年代と干支紀年法の發達を論ず（一）・（其二）」（『藝文』第九巻 十一・十二月號）	
1919年5月		「再び左傳著作の年代を論ず」（『東洋學報』第九巻第二號）
1920年8月	【A. No. 1－6】「再び左傳國語の製作年代を論ず　附 公羊穀梁兩傳に就て」（『藝文』第十一巻　八月號）	
1920年8月〜12月	【A. No. 1－7】【No. 1－8】【No. 1－9】「漢代に見えたる諸種の暦法を論ず（一）・（二）・（三）」（『藝文』第十一巻 八・九・十二月號）	
1921年1月〜		【B. No.1－1】【B. No.1－2】【B. No.1－3】「支那の上代に於ける希臘文化の影響と儒教經典の完成（一）・（二）・（三）・」（『東洋學報』第十一巻第一號・二號・三號）
1922年1月		【B. No. 1－4】「支那古暦法餘論」（『東1月洋學報』第十二巻第一號）
1922年	【A. No. 1－11】【A. No. 1－12】	

2月～3月	「干支五行説と顓頊暦（一）・（二）」（『支那学』第二巻第六・第七號）	
1922年 7月		「支那古暦の淵源について」（帝国学士院での講演）
1922年 10月21日～12月	【A. No. 1－5】「支那古代に於ける天文學の發達」（帝国学士院での講演）	
1922年 10月28日～	【A. No. 1－10】「東洋文明の淵源に關する論爭 一～五」（『大阪朝日』大正十年十月二十八日～）」	
1923年 7月		【B. No.1－5】【B. No.2】「印度の古暦と吠陀成立の年代」（『東洋學報』第十三巻第二號）
1924年 1月25日	「春秋の暦に就て」（支那学会での講演）	
1925年 7月		「支那天文学の成立について―新城博士の駁論に答える」（『東洋學報』第十五巻）
1925年 11月22日	「天文学上より見たる支那上代の文化」（支那学会での講演）	
1925年 12月		「支那天文学の組織及び其起源」（『白鳥博士還暦記念論文集』）
1925年 12月15日		単著『支那古代史論』（東洋文庫論叢第五 PP.541）付印
1926年 5月	「天文學上より見たる支那上代の文化」（岩波書店『思想』第五十五號）	
1926年 5月	「東洋天文学史大綱」（弘文堂『内藤博士還暦祝賀支那学論叢』）	
1927年	「支那上代の紀年」（歴史と地理	

第 5 章 「顓頊暦」の暦元　167

6月	史学地理学同攷会第二十卷一號)	
1927年12月～1928年4月		「干支の起源について（上）」（『東洋學報』第十六卷第四號）【B. No.3】「干支の起源について（下）」（『東洋學報』第十七卷第一號）
1928年2月	【A. No. 2】「春秋長暦」（弘文堂『狩野教授還暦記念支那學論叢』）	
1928年5月	【A. No. 3】「周初の年代」（『支那学』第四卷第四號）	
1928年7月8日	「支那古典の年代に就て」（京大史学研究会での講演）	
1928年6月	【A. No. 4】「戰國秦漢の暦法 」	
8月15日	単著『東洋天文学史研究（九篇）』刊行（第一版 弘文堂A5版　PP.673）	
1928年10月1日	単著『こよみと天文』刊行（第一版 弘文堂 A5版PP. 346）	
1928年12月	「孔孟紀年」（『高瀬博士還暦記念支那学論叢』弘文堂）	
1929年1月	「支那古典の年代に就て」（『史林』第十四卷第一號）	
1929年5月～8月		「支那古暦と暦日記事（上）・（下）」（『東洋學報』第十七卷第四號・第十八七卷第一號）
1929年10月	「上代金文の研究」（『支那学』第五卷第三号）	
1930年1月		単著『支那暦法起原考』刊行（岡書院　A5版PP. 624）
1931年		「支那印度の本星紀年法の起源

1月		について」(『桑原博士還暦記念東洋史論叢』 弘文堂)
1931年 8月		「支那の暦法」(『東亞研究講座』第40輯　東亞研究會)
1932年 7月	「支那古代の天文学」 (『科学知識』七月号)	
1933年 7月	中国語版『東洋天文学史研究(十篇)』刊行(沈璿訳,中華學藝社〔上海〕A5版　PP.674)	
1933年 8月		【B. No.5】 「支那上古史の紀年に就いて」 (『市村博士古稀記念 東洋史論叢』.富山房)
1933年 10月		【B. No.6】「殷墟文字の年代」 (『東洋學報』第二十一卷第一號)
1936年	中国語版「中国上古天文(＝支那古代の天文学)」 (沈璿訳,『學藝語彙』三八, 商務院書館)	
1937年 8月		【B. No.8】「橋本氏の十干十二支を讀む」(『東洋學報』第二十四卷第四號)
1938年 8月1日	新城新蔵、大腸カタルのため同仁会南京医院にて急逝．享年66歳	
	講演遺稿「天文暦法より見たる支那古代史論」(京大新城文庫No. 240)	
1939年 2月		単著『支那古代史と天文學』刊行 (恒星社 A5版 PP.333)
1941年 6月		「支那の暦法に就いて」(『東洋大学紀要』)

3．論争の発端

「表4」に示すとおり、新城と飯島の論争は新城が大正七（1918）年に『藝文』（京都帝国大学文学部 京都文学会）第四巻十一月号および十二月号において発表した「歳星資料によって左傳國語の製作年代と干支紀年法の發達を論ず」（一）・（二）という論文の抜刷（【A. No. 1 − 1】）を飯島に送りつけたことに端を発している。この背景には明治四十五（1912）年一月から大正元年九月（明治四十五年七月三十日に明治天皇崩御により改元）にかけて、飯島が『東洋學報』第二巻第一號および第二號に発表した「漢代の暦法より見たる左傳の僞作（上）・（下）」の論文に対して新城が大きく触発されたことにあった。

すなわち飯島は『左伝』に記載された推算に基づく歳星記事を根拠に、『左伝』は漢の劉歆が偽作したものであることを主張したところ、新城は飯島が述べる『左伝』偽作説を認めながらも『左伝』は戦国時代中期の所産であるとの反論を歳星記事の数理的検証から展開し、『左伝』所載の歳星記事を戦国中期の創作とみた。その理由として、新城は「歳星紀年法」は、この直後に出現したと考えられる「顓頊暦紀年法」の暦元が「紀元前三六六年」となっていること等々から、歳星紀年法の使用下限を「紀元前三六五年」と看做したのである。

だが、これに対して飯島は「顓頊暦」の暦元である「紀元前三六六年」を認める一方で、「このように寅年・寅月・寅日・寅刻などの十二支が都合よく一律に立春になるように合致することなどあり得ない」と切り返し、だからこそ「顓頊暦」体は戦国時代末の「紀元前三〇〇年」頃に制定されたものであり、その基準となる十干と十二支も「顓頊暦」に都合よく排列されて意図的に制定されたとの立場をとった。そして、飯島は大正八（1919）年五月に「再び左伝著作の年代を論ず」とする批判論文をあらためて『東洋学報』に発表したのであった。

新城はこれを受けて、大正九（1920）年八月に「再び左傳國語の製作年代を論ず　附　公羊穀梁兩傳に就て」という論文を『藝文』に掲載し、その抜刷

(【A. No. 1 - 6】）を飯島に送付したのであるが、飯島は大正十一（1922）年一月から七月までに「支那の上代に於ける希臘文化の影響と儒教經典の完成」という論文を『東洋学報』（【B. No.1-1】・【B. No.1-2】・【B. No.1-3】）に発表した上で、同年七月の帝国学士院例会において「支那古暦の淵源について」という演題にて講演を行ったのである。その内容は「詩・書・易・春秋の経典は悉く、紀元前三〇〇年頃の戦国時代に西方文明の影響を受けて完成したものである」との主張であったが、江湖の求めに応じ帝国学士院は反論の機会を新城に与えた。

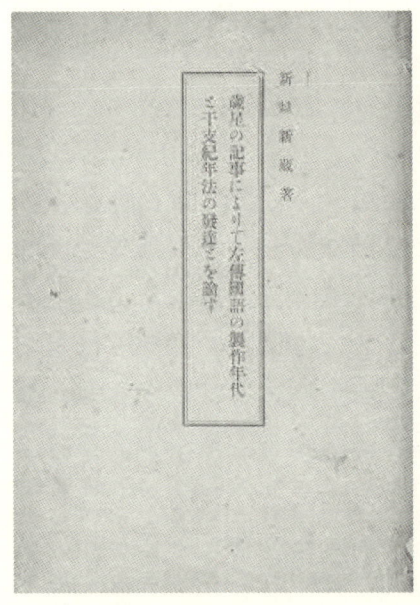

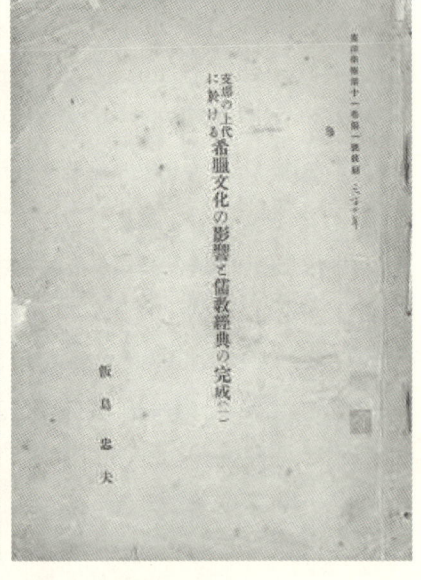

【A. No. 1 - 1】 新城新蔵
「歳星資料によりて左傳國語の製作年代と干支紀年法の發達を論ず（一）・（其二）」
（『藝文』第九巻 十一・十二月號）

【B. No.1-1】 飯島忠夫
「支那の上代に於ける希臘文化の影響と儒教經典の完成（一）」
（『東洋學報』第十一巻第一號）

　そして飯島の講演から三か月を経た大正十一年十月二十一日、この日を初回として十二月まで東京上野の帝国学士院会館講堂にて「支那古代に於ける天文學の發達」という連続講演（毎週金曜日午後一時から三時まで）を行ったが、この時に頒布されたレジュメが「B4版ガリ版刷2枚1組」（№1-5）として現存する。ちなみに新城は、講演の概要を『大阪朝日新聞』に5回に渉って連

載（【No. 1 - 10】）したのである（この新聞記事は後に『こよみと天文』「東洋文明の淵源に關する論争（其一）」に収録）。そして、京都に戻った新城は十二月三十一日付で成田勝郎（東照宮三百年祭記念会理事長）宛に「東洋古代の天文に関する材料の蒐集及整理（大正十一年末に至るまでの経過報告書）」を送付している（京大新城文庫No. 1550.）。

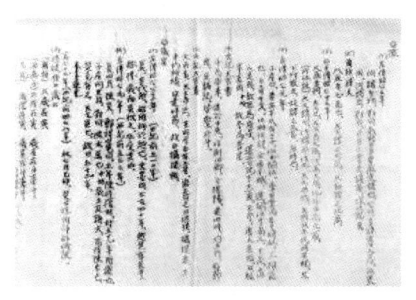

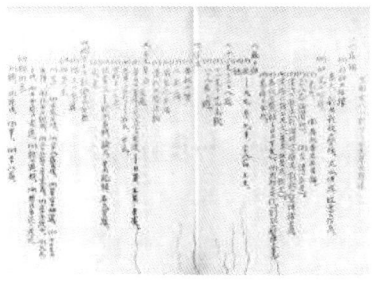

【A. No. 1 - 5】　　　　　新城新蔵
「支那古代に於ける天文學の發達」（帝国学士院での講演レジュメ）

この蒐集及び整理作業を新城から依頼されたのが倉石武四郎（のち東京大学名誉教授、京都大学名誉教授）であり、その開始時期は伝存資料から大正十一年五月二十二日であることがわかる（京大新城文庫No. 1544.）倉石の東大時代の卒業論文は「恒星管窺」つまり天体分野説や古占星術に関するものである。倉石に師事した戸川芳郎（東京大学名誉教授）から筆者が拝聴したところによると、実のところ倉石はこの種の研究が東大ではできないので新城がいる京大の大学院に移ったという。

4．論争の展開と感情の軋轢

当初は穏やかに見えた新城と飯島の論争は、帝国学士院での講演後に次第にエスカレートしていった。実はその契機となったのが大正十四（1925）年七月に発表された「支那天文学の成立について―新城博士の駁論に答える」（『東洋學報』第十五巻）という論文であり、この副題に新城は「駁論とは何事か？」と激昂し、飯島に苦言を強く呈したといわれている。新城の苦言に飯島も感じ

るところがあったのか、この論文については自らの参考文献に全く引用しておらず、不快の念を抱いた新城もこの論文名については一切触れていない。むろん飯島旧蔵本にもその存在が確認されなかった。

ちなみに論争の焦点として両者が共通の認識として有していたものが、唐の僧一行が引用した「顓頊暦」の暦元であった。新城は四分暦の一種である「顓頊暦」を評して、「寅の月（夏正の正月）の甲寅の日の寅刻（晨初）がちょうど合朔で立春である時を以て基準とし、この歳を暦元として、甲寅の歳」とし、更に「紀元前三六六年及びそれより一元四五六〇年前である紀元前四九二六年を以て、この両者の孰れをも暦元として、甲寅の歳とするもの」と堅く信じ込んでいた。実は論争相手の飯島も新城と同じく、僧一行が記した「紀元前三六六年」の暦元は正しいものであるとの認識をもっており、両氏はともに『左伝』は後世の偽作であると考えていた。

但し、飯島は戦国中期の「紀元前三六六年」が暦元となっている「顓頊暦」というものは、戦国末期の「紀元前三〇〇年」頃に推算されて作製されたものと解釈し、さらにこれを基盤とする戦国時代における干支起源説を主張していたので、当然ながら『春秋』の日食記録もすべて後世の推算と決めつけたのである[1]。上述した如く飯島の論文副題によって心証を害された新城は、さらにこの五か月後の大正十四（1925）年十二月に刊行された飯島の著作『支那古代史論』（東洋文庫論叢第五）に大きな衝撃を受ける。

なぜならば飯島は、新城の批判を十分検討し自らの論文抜刷および新城から謹呈された論文抜刷に夥しい書き入れを施し、これらをまとめあげて五百頁の大著としたからである。

実は飯島の大著が刊行される直前の同年十一月に開催された支那学会において、新城は「天文學上より見たる支那上代の文化」と題する口頭発表を行ったばかりだったが、衆目は飯島の大著に集まり、学界は飯島を「泰山北斗」として賞賛したのである。

この情況にことのほか危機感を募らせ、かつ天文学者としてのプライドを傷つけられた新城は、飯島忠夫に対する批判論文を東京に向けて発表することに

第5章 「顓頊暦」の暦元

し、翌年の大正十五（1926）年五月号『思想』第五十五号（岩波書店）誌上に支那学会で発表した内容を一部変更して掲載した。その文章は以下のような公開質問状というべき性質のものであり、飯島に対する挑発的な感情が多分に込められていた。

> 飯島氏は更に『東洋文庫論叢』として「支那古代史論」と題する堂々五百餘頁の大論文を公けにせられ、一挙して天下を平定せんとするの勢を示して居らるゝが、熟々其内容を験すれば、基礎頗る薄弱で外形の厖大なるに伴はない（344頁）

> 思ふに問題は直に東洋文明の淵源に關する大論爭である。東洋文明を以て紀元前二千年の堯舜時代に淵源するものとするか、或は紀元前三百年の戰國末に西方ギリシャより輸入移植せるものとするか、述べて作らず一字も苟くもせずといはれたる孔子の春秋も、實は戰國末に改竄せる一の傳說集に過ぎずとするか？問題の影響の影響する所頗る重大で到底私の擔ひ得る限りではないが、しかも私はこの大問題のために、以上三個の論爭點を提げて堂堂一騎打ちの勝敗を決せんとするので、蓋し學徒の本懷これに過ぎない（352頁）

> すなわち「要するに以上の三點を以て両説の雌雄を決すべき主要論爭點とし、これに敗れたるものは直に其態度を改むべきことゝするのは、簡明ならしむる所以で、我我の当に採るべき途であらうと思はれる。或はこの三點に敗れ、或はこれを曖昧に附して、なほ且つ自説を固執するのは、千語萬語畢竟一の小説に過ぎないので、蓋し學者のとるべき態度ではない」（同書352頁）

　すなわち、新城がここで掲げた三つの主要論争点とは
① 『春秋』昭公十七年の日食記事がサロス周期によって作為的に挿入されたか否か
② 『呂氏春秋』「序意篇」に見える「維秦八年歳涒灘」の記事は、後世の改竄か
③ 『左伝』にある陳滅亡年に関する記事は劉歆の改作か
　というもので、所謂「顓頊暦」の問題はまさに両説の雌雄を決する大きなキー

ポイントとなっていた。

　すなわち新城は、『左伝』の成書年代を以下のとおり戦国中期の紀元前三百六十年頃頃とし、これを「歳星紀年法」の下限年代として捉えるとともに、この紀年法はは紀元前三百五六十年頃暦元とする「顓頊暦」の紀年法に引き継がれたと解釈していたのである。そのため、新城は十干と十二支は紀元前三百年頃の戦国末に「顓頊暦」と同時に制定されたとの立場をとる飯島に強い不満の意と疑念とを併せ表明した。

> 〔左傳〕哀公十七年（前四七八）に歳星が鶉火に居るといふ記事は……紀元前三百六七十年頃の歳星の觀測に基きて推算したものであることは疑ふの餘地がなく……左傳は戰國中期紀元前三百五六十年頃に製作されたことを證明するものである（同書356下段〜357頁上段）。

> 更に戰國中期（紀元前三百五六十年頃）に至りては顓頊暦、太初元年（紀元前百〇四年）に至りては太初暦が制定さるゝに至ったものである（同書, 347頁下段）。

　広瀬秀雄「平山清次先生伝」（『星の手帖』 1979年・秋・VOL 6・河出書房新社）によれば「昭和初年のころ、京都大学の新城新蔵、学習院の飯島忠夫、慶応大学の橋本増吉の諸氏の間で、中国古代暦法に関する論争があり、麻布の天文台でこれらの人々の顔があうと、平山先生の部屋から、議論する大声が聞こえて来たと語り伝えられていた」とする。けれども、麻布狸穴（まみあな）にあった東京天文台は、大正末期には、ほとんどの職員が三鷹村大沢に移っている。そのため、彼らの議論する大声が聞こえたとするなら、昭和初年ということはない。明らかにこれは大正末年までの話であって、新城と平山の動向を知る上で面白い。

5．論争の終結宣言とその理由

　『思想』第五十五号に挑発的な論文を発表した新城は、飯島の『支那古代史

『天文』「新城新蔵博士記念号」に掲載された新城新蔵の近影
(『天文』第一巻第六号 昭和十三年十二月一日 天文読書会刊, 拙蔵本)

【A. No.2】　　新城新蔵
「春秋長暦」
(『狩野教授還暦記念支那學論叢』)

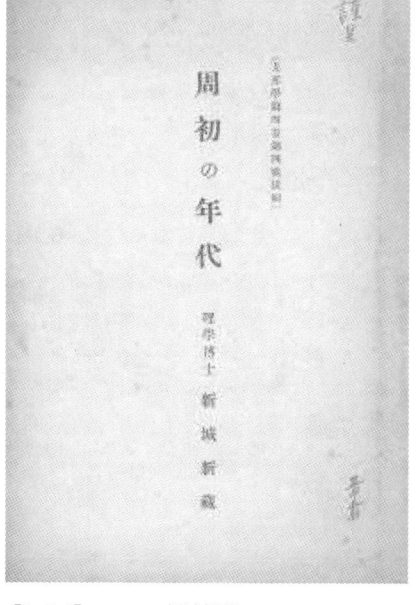

【A. No.3】　　新城新蔵
「周初の年代」
(『支那学』第四巻第四号)

論』に対抗するために既発表の論文と予定している新論文をまとめて活字に組みなおし、これを『東洋天文学史研究』という書名で京都の弘文堂書房から刊行することにした。実のところ、この書名は飯島が中国天文学の来源は西洋からもたらされたものであるとの主張に反発して命名したものであるが、これに

加えて日本人が当時通用していた「支那」という名称を新城が書名として避けようとしていたことにもある。その体裁は十篇であり、十篇をもって一巻としようとした。それは朱熹の集註した『詩経』「小雅」に「以十篇爲一卷、而謂之什」の名言を強く意識したものといわれる。

そのため自著刊行を念頭においた新城は、飯島説の反証として『春秋』所載の日食と暦法を検証して、『春秋』が断じて戦国時代の所産でないことを昭和三年 (1928) 年二月に「春秋長暦」【A. No. 2】弘文堂『狩野教授還暦記念支那學論叢』) という新論文で発表し、さらに五月に「周初の年代」【A. No. 3】『支那学』第四巻第四號) を上梓した。ちなみに『東洋天文学史研究』の刊行は当初から昭和三年八月と決まっており、第八篇と第十篇の間に位置する第九篇のスペースを空けて順次活字が組まれていった。実は空きスペースとなっていた第九篇は「戦国秦漢の暦法」という未発表の新論文が予定されており、その内容は「紀元前三六六年」が暦元となっている「顓頊暦」の実在を強調する内容であった。この未発表の新論文は最終校正の段階であり、校了は刊行の二か月前すなわち六月と定められていたようである。ところが、校了の一か月前である五月になって事態は一変した。

それまで新城は、「紀元前三六六(甲寅)年正月朔甲寅日寅刻合朔」を暦元とする唐の僧一行が引用した「顓頊暦」の暦元を信じて疑わなかったが、校了寸前になって平山清次(東京帝国大学東京天文台教授)からの忠告を受けたのである。

能田忠亮は「新城博士の業績」(『天文』第一巻第六号 P. 271-P. 273. 昭和三年十二月一日 天文読書会) という追悼文の中で新城と飯島との論争について、平山は「公平なオブザーヴァ」であったとしているが、その平山は前年の昭和二年 (1927年) の八月十四日から新城と木村栄を伴って京都を出発し、門司から釜山に渡っている。そして三人は慶州の新羅時代に造営されたという瞻星台(『こよみと天文』一〇頁と一一頁の間にコロタイプ印刷として収録) を視察した後は、京城(現、ソウル)・平壌・奉天(現、瀋陽)・大連を経て北京に一週間滞在し、九月十八日門司に帰港している(京大新城文庫No.684. 699および SB1810、1811等々

第5章 「顓頊暦」の暦元　177

の資料)。

　これらの経緯をみても、実のところ新城は平山と親交を深めていたことが理解できる。そして新城にとって平山が良きアドバイザーであったことも、大正九年『藝文』第十一巻第九月号に掲載された新城の論文「漢代に見えたる諸種の暦法を論ず」の「附記」から読みとれるのである[2]。

> （第一）本誌八月号に掲げたる拙稿第二篇「再び左傳國語の製作年代を論ず」の第七節の末尾に「なほ史記にも漢書にも、戦國より秦に至る間の日蝕は一つも記録されて居らぬのを見れば」とあるのは不用意の誤で、「なほ戦國より秦に至るの間の日蝕は、史記年表及び秦本紀にある記録が共に極めて粗雑なるものに過ぎないのを以て見れば」とあるべき筈である。注意を與へられたる平山博士に謝し、茲に訂正する。（新城新蔵「漢代に見えたる諸種の暦法を論ず（二）」二九頁）
>
> （筆者註：『東洋天文学史研究』はこの「附言」をうけて本文を修正しており、これに伴い「附言」は削除されている）

　その平山が新城に対して、僧一行の手になる「大衍暦議」の取扱には特段の注意払うよう促したのである。なぜならば、僧一行はこの中で『書経』に引かれた夏王朝時代の日食と思える記事を「仲康五年」の日食と解釈し、その具体的年代を「B.C. 2128 X 13」と比定しているが、計算上この日食は中国では不食となっており、僧一行が引用する暦書は信憑性に乏しいと判断したからである。この研究結果を平山は新城の『東洋天文学史研究』が刊行される半年前に「書経の日食」（昭和三〔1928〕年『天文月報』第21巻，1月号および2月号,日本天文學會）いう論文で発表したが、新城も後になって僧一行が「仲康五年」と解釈したこの日食について講演遺稿の「天文暦法より見たる支那古代史論」（京大新城文庫No.240）で紹介している[3]。

　新城は念のために平山の忠告に耳を傾け、校了直前の手を暫時休めることにした。そして、同じく「大衍暦議」に記された「顓頊暦」の暦元である「紀元

前三六六（甲寅）年正月朔甲寅日」の合朔時間を検算することにしたのである。新城が求めていた答えは「寅刻（午前3時頃）」の時刻だった。だが、検算の結果は「午刻（実際は巳刻であるが寅刻でないという点で誤りではない）」であり、新城は大きな衝撃を受けたのである。なぜならば、新城飯島の論争は最終的に十干と十二支の制定は戦国時代末か否かの問題に焦点を合わせて収斂されていったが、その重要なキーワードとなっていたのが「紀元前三六六年」を暦元とする僧一行の「顓頊暦」であり、両者これを実在の暦法として解釈していたからである。

ここから得られる結論は二つである。その一つは「顓頊暦」と『左伝』の成立を同時期とする自らの主張に関しては撤回しなければならないが、新たに導き出した「春秋長暦」および「周初」の研究には影響を及ぼさないというものである。その二つは『左伝』ならびに『春秋』さらに殷墟出土の「甲骨文字」はすべて「顓頊暦」の暦法知識で記されていると主張する飯島説は瓦解するというものであった。換言すれば、「顓頊暦」に関する自説の撤回は自分も多少怪我を蒙るが、相手の飯島にとっては致命傷となるというものなのである。しかし、この論拠をどのように記すかが新城の緊急課題となった。なぜなら印刷所への校正入稿の締切が差し迫っていたからである。

6．日本語版『東洋天文学史研究』における改篇の事情

このように昭和三年五月すなわち校了の一か月前における新城の改稿によって、十篇の体裁を予定していた『東洋天文学史研究』は改篇されることになった。『東洋天文学史研究』および『こよみと天文』の両書は、昭和三年に京都の弘文堂から刊行されたが、両書ともその編集方針は新城が既に発表した論文や新聞記事をまとめるだけの体裁のはずであった。前者は主に論文としての原稿であり、後者はこれまで掲載された新聞記事などを対象としている。

ところが前述の如き事実が判明したため新城は、『東洋天文学史研究』当初全十篇中の三篇（第一篇および第七篇ならびに第十篇）の掲載論文および『こよ

第 5 章 「頡頏暦」の暦元　179

みと天文』全十七篇中の二篇（第四篇および第七篇）の掲載論文が従来の説のままであることを憂慮し、急遽それぞれの篇末に簡潔な「追記」（前者はともに同年五月付の「追記」すなわち第一篇の三二頁および第七篇の四八六頁ならびに第九篇〔本来は第十篇であった〕の六三三頁、後者は七月付の「追記」すなわち第四篇の八〇頁および第七篇の一四二頁となっている）を挿入したのであった。

　この「追記」は、僧一行の所謂「頡頏暦」が所詮「仮想暦法」であったことを明確に示唆するとともに、実は第八篇に予定していた既発表論文「天文學上より見たる支那上代の文化」と第九篇に予定していた新論文「戦国秦漢の暦法」の二篇を削除し、新たに書き改めた「戦国秦漢の暦法」という論文に差し替えた（これから差し替える）ので、これを一読するように薦めているのである。このため新城は『東洋天文学史研究』の第九篇に予定していた新論文「戦国秦漢の暦法」に手を加えて、頁数を大幅に増加させたのであるが、この作業を僅か一か月でこなすとともに、自説撤回の「追記」を挿入し、所謂「頡頏暦」をめぐる飯島との論争に対して一方的に終結を宣言したのである。

　新城の『東洋天文学史研究』は、このような背景のもとに刊行されることとなったのであるが、なぜ第八篇に予定していた既発表論文「天文學上より見たる支那上代の文化」まで削除してしまったかについて述べてみたい。『東洋天文学史研究』は既発表の論文を掲載する方針で編集されたが、このうち第二篇の「周初の年代」（昭和三年五月刊『支那学』第四巻第四号原載 P. 471〜P. 620および附図１舖）および第四篇の「春秋長暦」（昭和三年二月刊　弘文堂『狩野教授還暦記念支那学論叢』原載 P. 447〜P. 522および附図３舖）は、発表したばかりの論文であるが、刊行後もその出来映えに満足感を抱いていたとされる。

　だが、当初第八篇に掲載を予定していた「天文學上より見たる支那上代の文化」（大正十五年五月号　岩波書店『思想』第五十五号原載 P. 115〜P. 132）については、飯島への公開質問状のような文章を書いたものの、実のところ全く正鵠を射ていなかったことが、校了寸前において僧一行の計算ミスから判明した。そこで新城は、第八篇に予定していた「天文學上より見たる支那上代の文化」は五一七頁から五四八頁（PP. 32）、第九篇に予定していた「戦国秦漢の暦法」は五四

九頁から六一八頁（PP. 70）であるから、その頁数量が五一七頁から六一八頁まであるとまず見積もった。その上で第八篇と第九篇を一つにまとめて第八篇とし、ここに大幅に改稿した「戦国秦漢の暦法」を組み入れることにしたのである。

そして従来の思考に基づいている既発表論文には、極力手を加えずに「追記」を挿入して読者に注意を喚起するのみとした。この具体的時期は、「追記」に付印された「昭和三年六月」という識語によって容易に推し量れることができるが、この「追記」は先触（さきぶれ）としての要素も持つもので、具体的な訂正論文は第八篇に「戦国秦漢の暦法」として設けるので参照して欲しいというニュアンスで記されている。

この結果、本来は第十篇を宛がわれていた既発表論文「干支五行説と顓頊暦（一）・（二）」【A. No. 1 －11】【A. No. 1 －12】『支那学』第二巻第六・第七號）は「第九篇」と変更せざるを得なくなったが、組版されていた「天文學上より見たる支那上代の文化」は廃棄することができなかったので後述するように原名が変えられ、『東洋天文学史研究』の姉妹編である『こよみと天文』に挿入されることになったのである。

以上のように校了の時期が差し迫っていたため、新城が僅か一箇月で差し替え原稿を作成せざるを得なかったことは、当該「戦国秦漢の暦法」の篇末に付印された「昭和三年六月」という識語によって判別できる。当然のことながら新城は、あらためて「戦国秦漢の暦法」と名付けた差し替え原稿を予定されていた字数に合わせて作成したつもりだったが、この差し替え原稿が不本意にも校了時になってから自らが計算していた字数を些か越えたことに気づくことになった。この結果、第八篇のスペースに割り当てていた五八五頁から六一八頁までの頁数に不都合を生じてしまい、篇末の「六一八頁」などは「六一八頁」の外に「六一八ノ一頁」と「六一八ノ二頁」の二頁が存在することになってしまったのである。

このような奇妙なページだては出版史上他に例を見ないものであるが、校了が切迫していた時点での新城による突然の改稿が原因である。ちなみに新城は、

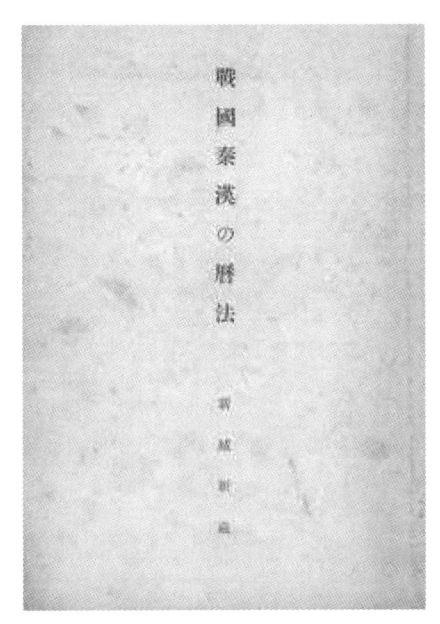

【A. No.4】　　　　新城新蔵
　　　　　　　　「戦國秦漢の暦法」

　この新たに書きおこした論文「戦国秦漢の暦法」が未発表であったために、「戦国秦漢の暦法」のみ別刷を作成して飯島忠夫をはじめとするごく限られた関係者に頒布した（すなわち【A. No.4】）。橋本敬造（関西大学）の御示教によれば、薮内清は、この別刷を少なからず所持していたとのことで橋本自身も薮内から別刷一部を譲り受けたという。
　この別刷「戦国秦漢の暦法」（【A. No.4】）は「目次」一〜二頁を新たに設けているものの、二頁の後は『東洋天文学史研究』の頁立て、すなわち「五一七頁」〜「六一八ノ二頁」（＝PP. 104）の体裁となっている。そして後続に「図表」がある。但し、「目次」には「漢初月朔合不合図」・「斉王年代異説一覧図」・「戦国紀年（筆者註：欠「図」字）」・「戦国秦漢に於ける暦法の進展」・「戦国秦漢長暦図」の順に図表が折り込まれているような記述があるものの、飯島忠夫旧蔵本の別刷「戦国秦漢の暦法」には、「斉王年代異説一覧図」が見あたらないが、これは『東洋天文学史研究』の「昭和三年八月十日印刷・八月十五日発行.

〔東京・京都〕弘文堂書房」の刊記を有する「第一版」と概ね同様であって当初から欠落しているものである。おそらくは上梓直前の原稿差し替えによって、印刷所での混乱などがあったためと解せられる。

　新城も、さすがにこの欠落に気づいたのか、急遽（昭和三年八月廿五日印刷・九月一日発行．〔京都〕弘文堂書房・弘文堂東京店）の刊記を有する「第二版」が発行され、これには「斉王年代異説一覧図」がしっかりと折り込まれている。ちなみに1989（平成元年）年9月に臨川書店から藪内清らの監修によって復刊された『東洋天文学史研究』の刊記には、当該書目が初版本をもって復刻されたことが記されているが事実ではなく、これは明らかに「第二版」である。宮島一彦（同志社大学）の御示教によれば、この復刊本は、実のところ宮島研究室にあった「第二版」を藪内らがリプリントしたものであったという。

7．中国語版『東洋天文学史研究』が十篇となった事由

　以上のように新城は『東洋天文学史研究』をもって論争の終結を飯島に宣言したが、飯島は、翌昭和四（1929）年に「支那古暦と暦日記事（上）・（下）」（『東洋學報』第十七巻第四號・第十八七巻第一號）という論文を出して反論を試みたのである。だが、もはや両者は攻守の立場を替えていた。なぜなら新城が示した「寅刻」の問題に飯島はの何ら反証を挙げることができなかったからである。これは新城が飯島に謹呈した「戦国秦漢の暦法」の飯島自身の書き入れからもうかがわれる。

　新城が飯島に贈呈した別刷「戦国秦漢の暦法」（【A. No.4】）を見てみよう。他の抜刷は飯島自身の書き入れは極めて鮮明であるのに、この抜刷に関しては判読に苦労するほど筆圧が弱い。そして文面も単なる感情論が目立つ。たとえば当該別刷の五九七頁末から五九八頁にかけての本文では以下のようになっている。

第 5 章 「顓頊暦」の暦元　183

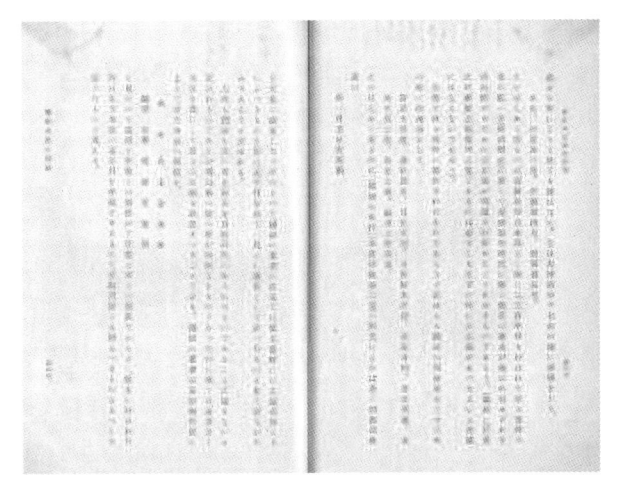

【A. №4】に見られる飯島の書き入れ（五八六至五八七頁）

> 従って干支紀日は断じて此年以後で、しかも此暦元を考察し推算した時代（西紀前三三〇年頃か）以後のものでなければならぬといふのが飯島氏の主張であるがこれは甚だ軽率なる論断である。歳名は此頃より始まったものである故に別問題とし、其他の条件は決して稀有のことではないことは私の屢述べた所であるが、更に本論文の研究の結果として、こゝに仮想せる顓頊暦は、戦国時代以来漢初に至る間に於ては、実行されざるは勿論、議論されたることなきものであることを明らかにし得たので、飯島氏の主張の如きは自ら消滅するの外はない。私はこゝに顓頊暦を論拠とせる干支起源説に対し、今や全く何等の根拠なきものなることを明らかにし完全にこれを葬りたいと思ふ。

　すなわち、上記本文において該当となる「私の屢述べた所であるが」および「明らかにし得たので」の部分に赤鉛筆でこのような印をつけ、上部欄外にそれぞれ「ミナ不充分デアル」「ミナ明ニシ得ズ」と新城への不快感をただ赤鉛筆で記している。そして、最重要点である当該別刷五八六頁の以下本文に対しては

(1) 顓頊暦異動

　同一の顓頊暦なる名称の下に内容を異にせる種々のものが居ることは悲むべきことである。古来の多くの誤解はこれに基づいている。我々は先づ第一に此点を明らかにしなければならない。

（a）所謂顓頊暦の不存在　西暦三六六年に寅の月（正月）甲寅の日の刻（晨初）に丁度合朔と立春とが一致したものと認め、此年を甲寅歳とし暦元としたといふ立春標準の四分暦が、即ち唐書暦志（一行）に謂ふ所の顓頊暦であるが、斯の如き顓頊暦は歴史的事実としては存在しない。現に漢初の歴日記事より溯って見れば、暦法が前三六六年正月合朔は甲寅の日の午の刻（もし晨初を日の始めとして居ったとすれば申の刻）に当って居り、決して晨初（寅刻）合朔になって居らぬことが、何よりも確かな証拠である。

　上部欄外に「顓頊暦ヲ抹殺シヨウトスル議論ハ（中略）時刻計算ニツイテ誤記ナラン」（五八六頁）と赤鉛筆で記しながらも、自ら「寅刻」の検算に挑む姿勢を見せていない。このことから、飯島自身は前三六六年正月の合朔時刻について精確な検算ができなかったため、新城に反論らしい反論ができなかったものと解せられるのである。

　さて新城はさらに飯島に追い打ちをかけるべく、昭和四（1929）年十月に『支那学』第五巻第三号に掲載された「上代金文の研究」という論文を発表した。その主たる目的は、十干十二支が刻された殷墟の甲骨文を戦国時代の製作と言って憚らない飯島に、殷周時代の金文に刻まれた十干十二支を示すことで二十年近くに及ぶ論争を完全に終結させようとしたのである。この論文は他の論文とともに京都帝国大学の中国人留学生である沈璿によって、中国語に翻訳され、民国二十二年（1933）七月　上海の中華學藝社から中国語版『東洋天文学史研究』（新城新蔵著　民国22年〔1933〕7月　中華學藝社〔上海〕新城新蔵著　沈璿〔沈義舫〕譯）として出版された。

　日本語版『東洋天文学史研究』と中国語版である『東洋天文学史研究』とを

比較すると、後者には第三編に「中国上古金文中之歴日（日本の論文名：「上代金文の研究」）」が挿入されている。そのため、中国語版『東洋天文学史研究』では原著と比較して第四編が第五篇に、第五編が第六篇というように変更されている。なお、これに伴い中国語版は図版として「金文暦日適合表」なども巻末に折り込まれて、全十篇の体裁となっているが、これは不本意ながら、日本語版が上梓直前に九篇となってしまったことへの善処であるとも考えられる。なお中国語版はこれに加えて昭和五（1930）年に飯島が著した『支那暦法起原考』（岡書院）の一部を訳者附録として『中国暦法起原考』の書名で掲載しているが、中国人である沈璿が「支那」という呼称を嫌ったため、これを「中国」に置き換えたためである。

新城は中国語版『東洋天文学史研究』の刊行をもって、まさに飯島との論争を打ち止めとした。しかし、飯島は昭和八（1933）年十月に「殷墟文字の年代」（【B. No.6】『東洋學報』）を、そして昭和十二（1937）年に「橋本氏の十干十二支を讀む」（【B. No.8】『東洋學報』）という論文を発表し、その中でも新城が述べる「仮想暦法」としての「顓頊暦」へ不満を述べるとともに殷墟で出土した「甲骨文字」を戦国時代における製作であると明言して憚らなかった。

特に後者の論文は、歴史学の趨勢が殷墟から発掘された「甲骨文字」を殷代であると認知してきていたため、その焦りが論文に色濃く滲み出ている。飯島はこの論文抜刷を誰かに謹呈するため、表紙左上に黒インクにて「謹呈」と識した。だが、この抜刷りは、結局送付されることなく飯島の手元に残ることになった。

翌年、新城はこの世を去り、さらに昭和十六（1941）年になって新城の薫陶を受けた能田忠亮と藪内清がそれぞれ論文抜刷を飯島に送付してきた。すなわち能田は「夏小正星象論」（『東方學報 京都』第十二冊第二分別冊 昭和十六年八月）、藪内は「殷周より隋に至る支那暦法史」（『東方學報 京都』第十二冊第一分冊別冊, 昭和十六年六月）である。そして昭和二十二（1947）年になって、能田と藪内は共著である『漢書律暦志の研究』を上梓させた。この著作には新城が看破した「仮想暦法」としての「顓頊暦」が記述され（二八頁および二三三頁の本文）

ているとともに、「三統暦」に関する飯島の誤りを挙げている（六五頁および六六頁の本文ならびに八六頁脚注）。

　昭和二十七（1952）年四月、飯島は『長野短期大学紀要』第四輯に「孔子とゾロアスター」という論考を掲載した。この論文抜刷は飯島旧蔵資料に残っていた飯島晩年の抽印本である。その論文の脚注には自らの著作である『支那古代史論』と『支那暦法起源考』を引用し、英国の古暦学者フォザリンガム（Fotheringham）の名も紹介している。しかし本文および脚注に新城新蔵や『東洋天文学史研究』の名はない。

8．『東洋天文学史研究』改篇に伴う論文の削除

　さてここで、「顓頊暦」という暦法の問題からしばらく離れ、『東洋天文学史研究』の改篇に伴う論文の削除という問題に再び触れてみたい。実のところ新城は、『東洋天文学史研究』に飯島への公開質問状としての要素が濃い挑発的な論文「天文學上より見たる支那上代の文化」の収録を事前に喧伝しており、そのための組版も印刷所で整えられていた。しかし上述の事情によって、この論文を『東洋天文学史研究』から削除しなければならなくなった。そこで新城は苦肉の策として、『東洋天文学史研究』第一版刊行の二箇月後に上梓された姉妹編の『こよみと天文』に同名の論考を収録することにしたのである。

　ただし、「天文學上より見たる支那上代の文化」と題されたこの論考は新城が大正八年〜同九年にかけて『中外日報』に掲載したコラムをそのまま転用したものである。つまり「天文學上より見たる支那上代の文化」という名称をつけたに過ぎず、『思想』五十五号に掲載された論文と全く別の内容となっている。

　では当該論文はどうなったかというと、くだんの事情で組版ができていたこともあって題名を「東洋文明の淵源に關する論爭 其二」と恣意的に変更し、姉妹編の『こよみと天文』中に目立たないよう組み込ませたのである。この行為は少なからぬ誤解を与え、新城が没した（八月一日）の翌月に娘婿である荒

木俊馬がまとめた「新城所長年譜及び著作目録」（京大新城文庫No.SB1810‐1811すなわち昭和十三〔1938〕年九月二十三日自筆成稿、これは翌十四〔1939〕年になって上海自然科学研究所倶楽部学芸科編『自然』第八号に鉛印 P. 85-P. 105に所載される）や、没後四か月にして刊行された玉木光栄編「新城新蔵著作目録」（『天文』第一巻第六号 P. 265-P. 270. 昭和三年十二月一日　天文読書会〔大阪〕）も、『こよみと天文』に所載された論文名（「東洋文明の淵源に關する論爭 其二」）をそのまま引用してしまっている。

　否、新城が誤解を与えているのはこればかりでない。すなわち『思想』五十五号に掲載された自らの論文が正鵠を射ていないのに、飯島を手厳しく批判したその筆法に悔恨の念が生じたのだろうか、新城は、複数の関係者に当該論文を破棄するよう伝えたといわれる。勿論飯島旧蔵資料の中にも当該論文の抜刷（抽印本）は見あたらなかったばかりか、京大新城文庫にも存在していない。

　このためだろうか、東京大学文学部図書館に収蔵されている岩波の『思想』第五十五号は、奇妙にもこの当該論文箇所のみが刃物で切り取られている（東京大学文部事務官笠井伊里氏の調査による）。これは、かつて「支那天文学の成立について─新城博士の駁論に答える」という題名の挑発的な論文を発表した飯島が、この論文の存在に一切触れていないことと同様のことなのかもしれない。「事実は小説よりも奇なり」というけれども、他の大学図書館においても果たしてこのような類例が有るのか興味を引くところである。ただし、本稿は深くこの問題に立ち入らない。

9．後代の研究者が陥った「追記（補記）」の見落とし

　新城が、「仮想暦法」と決定づけた僧一行の重大な瑕疵とは、推算合朔時刻の過誤である。すなわち僧一行は「紀元前三六六年一月立春甲寅朔日」の合朔時刻を晨初（寅の刻）と記したが、実際のところは太陽が南中しかかった「巳」の刻であったことを指す。もっとも新城は合朔時刻を太陽が南中する「午」の刻であるとやや不精確に述べたものの、合朔が「寅」刻でないことを指摘して

いるのだから、彼の指摘は誤りではないといえよう。

　上記の経緯は能田忠亮と藪内清の共著『漢書律暦志の研究』(昭和二十二年東方文化研究所)の中で、「新城博士が漢初の暦日について研究された所では、唐志に言ふが如き顓頊暦は用いられて居らない」(同書二八頁)および「新城博士の『戦国秦漢の暦法』なる論文に於ては、かゝる顓頊暦は漢初に於て使用されたることなきを明にされて居る」(同書二三三頁)と明確に述べている。これを踏襲して藪内は『中国の天文暦法』(〔旧版および増補改訂版〕・二一至三〇頁)などに同様の説明をしているとともに、新城が「戦国秦漢の暦法」という論文の中で四分暦(七十六年法)の採用は「前五紀半ばに成立したものと結論された」と述べているのである(同書、旧版および増補改訂版とも二八〇頁)[4]。

　ところで藪内清は、前掲書中の太初改暦以前の暦法はすべて四分暦に属するものとする説明において、「同一の四分暦も長年にわたって使用すると、暦面と天象とが一致しなくなり、暦面に先んじて天象が起こることになる」とし、すでに「漢初の暦はそのような状態であり、朔に起るべき日食が、その前日たる晦日または先晦一日に多く記録されている」と述べている(藪内前掲書〔旧版および増補改訂版〕・二二至二三頁)。だが遙か前時代の『春秋』日食の記録には、このような暦面に先んじて天象が起こる不自然さなど存在しないのである。これは『春秋』の日食を記録した少なくとも二百四十年間において、暦面と天象とを一致させる随時の観測が、「朔」を意識しながら随時実施されたことを物語っているのである。

　この点、四分暦(「仮想暦法」としての顓頊暦も含む)は、太初暦に比べても基本定数が優れていた暦であったのにもかかわらず、長期間に渉って暦元が古くなってきたため暦日が漢初に適合しなくなっていったことは藪内が指摘する通りである(藪内前掲書〔旧版および増補改訂版〕・二二至二三頁)。

　新城は『東洋天文学史研究』「第七篇　漢代に見えたる諸種の暦法を論ず」所収「春秋より太初に至る間の暦法の発達」(当該史料は大正九年「藝文」の原載当時のままである)において、暦面に先んじて天象が起こっている太初以前の漢初の暦(四分暦)に対して、合朔が正しく朔日にあった時代を単純かつ明快

第5章　「顓頊暦」の暦元　189

な計算で遡及し、四分暦の暦法の制定年代を紀元前四一〇年頃と推定されているが（同書四八四至四八五頁）、これはまさに正鵠を射た見解といえよう。

　もっとも、上述したように新城は当初「仮想暦法」としての「顓頊暦」の影響を強く受けていたことから、四分暦の暦法の制定年代は「紀元前四一〇年頃」あるいは「紀元前三六六年正月甲寅立春」との両論併記を試みている（同書四八五頁）が、詰まるところ「紀元前三六六年正月甲寅立春」という根拠は失せて新城自ら撤回しまっているのであるから（四八六頁の同篇末の「追記」による）、四分暦の暦法の制定年代は「紀元前四一〇年頃」と限定されたことになる。それゆえ藪内はこのことを追認し、新城が「戦国秦漢の暦法」という論文の中で、唐の僧一行が推算した「仮想暦法」としての「顓頊暦」の存在を否定するとともに、四分暦（七十六年法）の採用について前五紀半ばに成立したものとの結論を下したことは既述したとおりである。

　新城の学問的後継というべき藪内は、『東洋天文学史研究』の刊行に到る上記の経緯を当然熟知しており、そのため1989年（平成元）に臨川書店から復刻された『東洋天文学史研究』の校訂に藪内は携わっている。実のところ筆者らの共著である『中国古代の天文記録の検証』は藪内が文部省（現、文部科学省）に刊行助成の推薦書を出して下さったことなどもあって、平成五（1992）年に雄山閣から出版することができた。この件について、2006年6月2日に国立天文台（三鷹）で開催されたシンポジウム「歴史記録と現代科学」の休憩時間に、筆者が中山茂（神奈川大学名誉教授）から直接拝聴したところでは、当時『科学史研究』に長期連載のようになっていた斉藤・小沢の古天文学論文はそろそろ連載をやめられて一書にまとめられたほうがよいということを藪内が『科学史研究』の編集委員であった中山に述べていたという。つまり『中国古代の天文記録の検証』の刊行にはこのような藪内の心配りがあったのである。

　筆者は『中国古代の天文記録の検証』の編集過程において、藪内の著作『歴史はいつ始まったか―年代学入門―』（昭和五十五〔1980〕年十月　中公新書）に関する素朴ないくつかの疑問を斉藤の了解を得て藪内に投げかけたことがある。これに対して「1988年3月14（京都）左京〔区〕」消印の葉書をご本人から頂

戴したが、そこには「お手紙拝見しました。弁解のようになりますが、当時の編集者が毎月定期的に何冊かを発行するため時間に迫られ、十分な校正をやらないままに発行してしまい、まちがいの多い本となりいささか閉口しています（後略）」と記してあり、しばらくして「この本には誤りを多く記してしまったので、著者として責任を感じており、これを機会に出版社に対して絶版を申し出ることにします」との回答があった。

　このような経緯を経て筆者も、藪内自身がこの書の中に誤って「中国ではかなり古くから四分暦が使用されるようになった。新城の研究によれば前四世紀半ばごろからであるという」と記述されてしまったことを知ったのだが、新城をよく知る藪内にしてみれば、これでは新城が誤ったと自認する旧説を紹介してしまったことになるので、出版社に絶版を申し出たものと理解した。筆者はこれを契機に新城が『東洋天文学史研究』に採録するはずの原稿を刊行直前に差し替えた経緯をも詳しく知ることになったのである。

　とはいうものの、上述したごとく新城が最終的に自説を変更されたことに気づかない研究者は事実存在するものであって、たとえば平勢隆郎は、その著『「春秋」と「左伝」』（7頁, 2003年　中央公論新社）の中で、新城の変更前の見解をそのまま引用し「この種の暦が、実は前四世紀なかばに出現したものだという驚くべき見解であった。（『東洋天文学史研究』弘文堂、1928年）」と述べ、さらに「この見解は天文分野では常識に属する話になった」と断定までしている。実は後述するように平勢は、僧一行が推算した「仮想暦法」としての「顓頊暦」に翻弄され、実在もしない暦元に固執してしまったのである。単刀直入にいえば、平勢はこの極めて重要な新城の「追記」を見落としているのである。

　以下に別掲として新城の主張の変遷を時系列を追って整理してあるので参照されたい。

（※参考）顓頊暦に対する新城新蔵の主張の変遷
　i　当初の主張（大正九至大正十一年）
①大正九年（一九二〇）

（一）顓頊暦は四分暦の一種で、寅の月（夏正の正月）の甲寅の日の刻（晨初）が丁度合朔で立春である時を以て基準とし、かゝる歳を暦元とし、甲寅の歳と称へる。

（二）西紀前三六六年及びそれより一元四五六〇年前なる西紀前四九二六年を以て、丁度斯の如き状態に相当せる歳なりとし、この両者の孰れをも暦元とし、甲寅の歳を称へ始む。

（三）この暦元は一は餘りにも新しく、一は餘りにも遠きが故に西紀前三六六年及びそれより一元四五六〇年前（十五蔀、十九甲子）前なる西紀千五百〇六年を以て第二次的の上元とす〔後略〕。

『東洋天文学史研究』（新城新蔵著　昭和三年八月・弘文堂書房）所載「第七篇　漢代に見えたる諸種の暦法を論ず（※筆者註、掲載原史料は大正九年『藝文』所載《漢代に見えたる諸種の暦法を論ず（二）》一四至一五頁）」所収「顓頊暦」（四七〇至四七四頁）

②大正十年（一九二一）

　顓頊暦は四分暦の一種で、太初改暦（西紀一〇四年）の際まで、秦および漢初に行われた暦である（大正九年藝文所載拙稿「漢代に見えたる諸種の暦法を論ず」参照）。

　四分暦法といふのは一年の長さを三六五・二五日としたる十九年七閏の法である。

〔中略〕顓頊暦はかゝる四分暦法を用ひたる上に、其元始標準の歳としては、西紀前三六六年ま又はそれより四五六〇年前なる西紀前四九二六年を採用したる暦法である。即ち是等の歳には、孟春の月の朔が丁度甲寅の日で、其日の明け方が丁度立春の節に当たって居ったといふので、是等の歳を暦元とし、甲寅の歳と称へ始めたものである。

『東洋天文学史研究』（新城新蔵著　昭和三年八月・弘文堂書房）所載「第九篇干支五行説と顓頊暦（※筆者註、掲載原史料は大正十年『支那学』所載《第九篇干支五行説と顓頊暦（上）》四至五頁）」所収「顓頊暦」（六二二至六二三頁）

③大正十一年（一九二二年）

秦漢の頃に行われたる暦法は皆暦元なるものを立て、之を元始として計算の根拠にしているのであるが顓頊暦の暦元は紀元前三六六年又は夫より四五六〇年前なる紀元前四九二六年で、後者を天地開闢の年として居る。是等の年は孰れも暦名は甲寅で、正月朔旦が立春で甲寅の日になって居る。

　五行説に従へば甲も寅も共に木に配せられ、発生の徳に象れるものであるので、つまり開闢の初に於ては其年は甲寅、最初の月は甲寅、最初の日は甲寅、最初の時刻は寅にして、年月日時みな甲若くは寅の名を帯びて発生元始の状態を示し、その季節の立春と相応している。

　『こよみと天文（暦與天文）』（新城新蔵著　昭和三年一〇月・弘文堂書房）所載「四、東洋文明の淵源に関する論争　其一（※筆者註、掲載原史料は大正十一年十月『大阪朝日』所載《東洋文明の淵源に関する論争　五》）所収「顓頊暦」（七六至七七頁）

ⅱ　変更後の主張（昭和三年〔1928〕五月以降）
④　「追記」（昭和三年五月）
　春秋後期より漢初に至るまでの暦の變遷及び殷暦及び顓頊暦に關しては、最近の研究によって明かにし得たる所を、本書採録第八篇「戰国秦漢之暦法」に載せて居る。それによれば、本論文二一頁、三一頁にてそれ等に論及せる部分には訂正を要すべき箇所もあるが、論旨には別條がないので、こゝには原論文の形を在して改めない。（五一七頁参照）

　　「補記」（民国十七年五月）
　關於春秋後半葉至漢初間暦法之變遷、以及殷暦與顓頊暦等。案最近之研究。已得若干重要之結果。此係載在本書第九篇「戰国秦漢之暦法」。惟由其結論。對於本篇第五、十六頁與二三頁所論及之部分。有須加以修正之之點。然因對於論旨。無何差別。爰留論文之原形於茲。（參照第五二四頁）

　『東洋天文学史研究』（新城新蔵著　昭和三年八月・弘文堂書房）所載「第一篇　東洋天文學史大綱」末文の「昭和三年五月追記」（三二頁）並『東洋天文学史研究』（新城新蔵著　民国22年〔1933〕7月　中華學藝社〔上海〕新城新蔵著　沈璿譯）所載「第一篇　東洋天文學史大綱」末文之「補記　民国十七年五月」（二四頁）

第5章 「顓頊暦」の暦元　193

⑤ 「追記」(昭和三年五月)

　本節に於て論じたる事項については最近の研究によりて其大部分を闡明することが出来たと信じる。其結果所謂顓頊暦の不存在、殷暦の変遷等修正を要する点も少なくない。本書採録第八篇「戦国秦漢の暦法」参照。

　「補記」(民国十七年五月)

　關於本節所論之事項, 案最近之研究, 余信已能闡明其大部分。其結果対諸所顓頊暦之實未存在,以及殷暦之変遷等,應修正之點,為数非尠。参照本書第九篇「戦国秦漢之暦法」。

　『東洋天文学史研究』(新城新蔵著　昭和三年八月・弘文堂書房)所載「第七篇　漢代に見えたる諸種の暦法を論ず」所収「春秋より太初に至る間の暦法の発達」(四八六頁)の「昭和三年五月追記」並『東洋天文学史研究』(新城新蔵著　民国22年〔1933〕7月 中華學藝社〔上海〕新城新蔵著　沈璿譯)所載「第八篇　漢代所見之諸種暦法」所収「九、自春秋至太初間暦法之発達」(四九八頁)之「補記　民国十七年五月」

⑤昭和三年(一九二八)五月

　顓頊暦の如何なるものかに就いては最近の研究によりて之を明らかにし得たので、本論文中改むべき点が少なくない。本書採録第八篇「戦国秦漢の暦法」参照。

　顓頊暦究為如何暦法, 由余最近之研究, 已得闡明此問題, 惟其結果俾本論文應修改之點非尠。参照前篇「戦国秦漢之暦法」。

　『東洋天文学史研究』(新城新蔵著　昭和三年八月・弘文堂書房)所載「第九篇　干支五行説と顓頊暦」(六三三頁)の「昭和三年五月追記」並『東洋天文学史研究』(新城新蔵著　民国22年〔1933〕7月 中華學藝社〔上海〕新城新蔵著　沈璿譯)所載「第十篇　干支五行説與顓頊暦」(六二二頁)之「補記　民国十七年五月」

⑥昭和三年(一九二八)六月

(1) 顓頊暦異動

　同一の顓頊暦なる名称の下に内容を異にせる種々のものが居ることは悲むべ

きことである。古来の多くの誤解はこれに基づいている。我々は先づ第一に此点を明らかにしなければならない。

(a) 所謂顓頊暦の不存在　西暦三六六年に寅の月（正月）甲寅の日の刻（晨初）に丁度合朔と立春とが一致したものと認め、此年を甲寅歳とし暦元としたといふ立春標準の四分暦が、即ち唐書暦志（一行）に謂ふ所の顓頊暦であるが、斯の如き顓頊暦は歴史的事実としては存在しない。現に漢初の歴日記事より溯って見れば、暦法が前三六六年正月合朔は甲寅の日の午の刻（もし晨初を日の始めとして居ったとすれば申の刻）に当って居り、決して晨初（寅刻）合朔になって居らぬことが、何よりも確かな証拠である。〔※筆者註：顓頊暦による前三六六年正月甲寅立春合朔の時刻は実際には南中時の「午」刻ではなく、太陽が南中に向かいつつある「巳」刻であるが、晨初の「寅」刻でないので新城の見解を概ね是とする〕

(b) 史記及び漢書に見えたる秦の顓頊暦といふのは、単に「孟冬十月を歳首とする暦」といふだけの意味で、それ以上の何ものでもない。顓頊暦といふのは水徳を有する古代の帝王として仮想されたものなので、それから見ても顓頊暦といふのは北方水位の始めに相当する孟冬十月暦といふより以上の意味がある筈はない。これに関しては、国語周語に「孟冬月を一月として歳首とする暦」を顓頊暦之所建也といふて居るのが好箇の参照文献である。

(c) 淮南子天文訓に見ゆる暦法は顓頊暦と明言してはいないが、立春標準の四分暦であることは疑もない。然しこれも決して実行された暦法ではなく単に顓頊暦紀年法として提案されたものと見るべきものである。〔中略〕恐らく凡そ西紀前二百年漢初の頃に称へ始められたものであらう。

(d) 蔡邕や一行の所謂顓頊暦は、太初若しくは太初以後の暦法の盛んに論ぜられた時代に、又は前漢末の劉向に至りて淮南子の顓頊暦紀年法を更に理論的に拡充して作り出したものであらう。要するに机上の仮想暦法で、決して実行されたものではない。

『東洋天文学史研究』（新城新蔵著　昭和三年八月・弘文堂書房）所載「第八篇戦国秦漢の暦法」（篇末に昭和三年六月の付印の識語有り）所収「戦国時代雑事（五八五至五八八頁）」並『東洋天文学史研究』（新城新蔵著　民国22年〔1933〕7月　中華學藝社〔上海〕新城新蔵著　沈璿譯）所載所載「第九篇　戦国秦漢之暦法」所収「戦国時代雑事（五八一至五八三頁）」

「干支五行説與顓頊暦」
(e)　顓頊暦之暦元
由飯島氏之説：於西元前三六六年正月朔、即顓頊暦之暦元。甲寅歳寅月甲寅日寅刻（晨初）適為合朔與立春相一致之時刻者決不得為偶然之一致。乃定必以此歳為甲寅歳,此日為甲寅日,而自此計始者,從而謂以干支記日之法,斷係始自此年以後,且定必在考察並推算此暦元之時代（恐為西元前三三〇年間）以後者焉然余以為此論斷之為軽率也甚矣。蓋其歳名係始自此時以後爰可置之勿論, 但是其他条件決非属稀罕者, 余已屢述之矣, 惟述之矣, 惟更由本論文研究之結果。吾人已得闡明, 如本文中所假想之顓頊暦未嘗行於戦国時代以来迄漢初之間者, 当不待言,且亦未嘗有討論之跡焉。爰如飯島氏之説, 当自形消滅矣。余於茲対於顓頊暦之暦元為論據之干支起源説, 已得明示其毫無根柢, 並思完全抹殺斯説焉。

『東洋天文学史研究』（新城新蔵著　民国22年〔1933〕7月　中華學藝社〔上海〕新城新蔵著　沈璿譯）所載「第九篇　戦国秦漢之暦法」所収「干支五行説與顓頊暦（五九一至五九二頁）」

⑦昭和三年（一九二八）七月

　顓頊暦に関する問題は頗る興味ある問題である。私も飯島君もこゝに言ふ如き顓頊暦が戦国時代の半ば以来実行されたものであると思ふて居ったのであるが、私最近の研究によれば斯の如きものは戦国時代より太初に至る間には実行されざるは勿論、論議されたこともなきものであることを明らかにし得たので、顓頊暦を基礎としての飯島君の立場は、全然根拠を失ひ、最早問題とするの価

値を失ったものである。拙著「東洋天文学史研究」参照。『こよみと天文（暦與天文）』（新城新蔵著　昭和三年一〇月・弘文堂書房刊）所載「四、東洋文明の淵源に関する論争　其一」（八〇頁）の「昭和三年七月追記」

⑦昭和三年（一九二八）七月
　戦国時代の半ばより太初に至るまで顓頊暦が行われて居ったと書いたのは誤りである。私の最新の研究によれば、これは殷暦変式と改めなければならない。顓頊暦と殷暦及び殷暦変式との関係は頗る複雑で、又興味ある問題でもある。拙著「東洋天文学史研究」参照。
　『こよみと天文（暦與天文）』（新城新蔵著　昭和三年一〇月・弘文堂書房刊）所載「七、支那上代の紀年」（一四二頁）の「昭和三年七月追記」

ⅰ．『東洋天文学史研究』（新城新蔵著　昭和三年八月・弘文堂書房）所載「第七篇　漢代に見えたる諸種の暦法を論ず」所収「春秋より太初に至る間の暦法の発達」（四八六頁）の「昭和三年五月追記」．拙蔵本。

ⅱ．『東洋天文学史研究』（新城新蔵著　沈璿譯　民国廿二年〔1933〕七月　中華學藝社〔上海〕刊）所載「第八篇　漢代所見之諸種暦法」所収「九、自春秋至太初間暦法之発達」（四九八頁）之「補記　民国十七年五月」．拙蔵本。

ⅲ．『こよみと天文』（新城新蔵著　昭和三年一〇月・弘文堂書房刊）所載「四、東洋文明の淵源に関する論争　其一」（八〇頁）の「昭和三年七月追記」．拙蔵本。

ⅳ．『こよみと天文（暦與天文）』（新城新蔵著　昭和三年一〇月・弘文堂書房刊）所載「七、支那上代の紀年」（一四二頁）の「昭和三年七月追記」．拙蔵本。

ⅴ．『東洋天文学史研究』第一版刊記（新城新蔵著　昭和三年八月十日印刷・八月十五日発行）．拙蔵本。

ⅵ．『東洋天文学史研究』第二版刊記（新城新蔵著　昭和三年八月二十五日印刷・九月一日発行）．谷川清隆蔵本。※第二版からは「禁漢訳」の文字が新たに印字されている。

ⅶ．『こよみと天文』第一版刊記（新城新蔵著　昭和三年九月二十五日印刷・十月一日

第 5 章 「顓頊暦」の暦元　197

発行).拙蔵本。※『東洋天文学史研究』第二版の刊記と同様に「禁漢訳」の文字が印字されている。

viii.『東洋天文学史研究』中国語第一版刊記（新城新蔵著　沈璿譯　民国廿二年七月　中華學藝社　沈璿譯).拙蔵本。

ix.『東洋天文学史研究』沈璿校正ゲラ（「春秋長歴図表」）断片.拙蔵本。

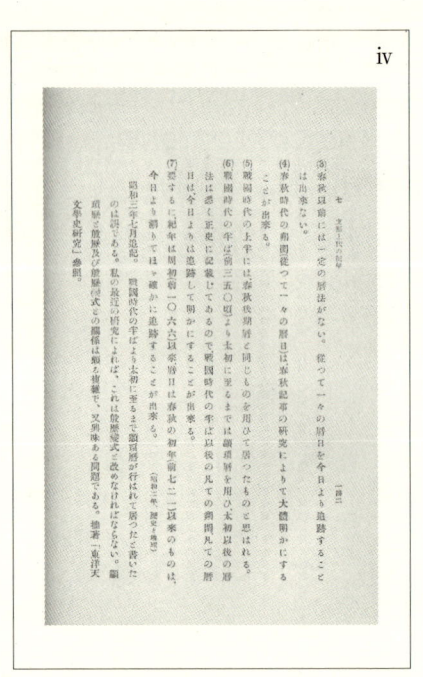

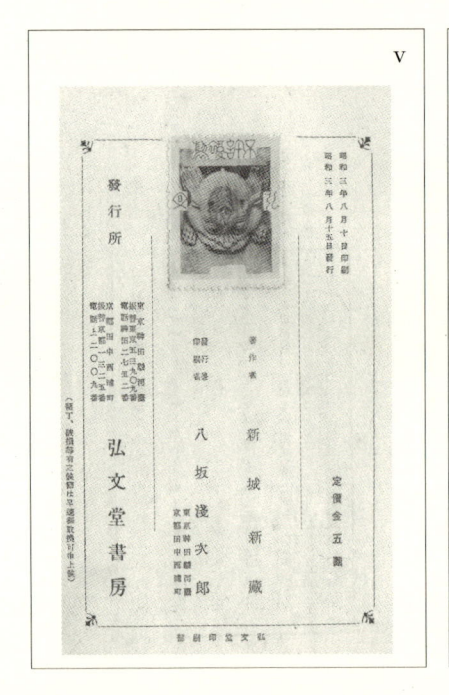

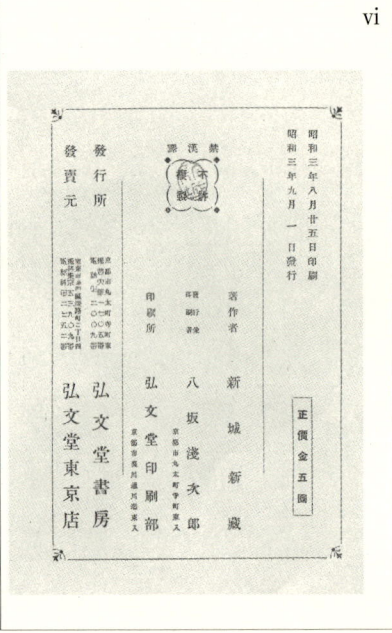

iii

關　東洋天文史に關する論爭

　私は何に飯島君の立論に對する論爭の大勢を明かにし得たと思ふ。この上に於いては飯島君の主張さを略述して論爭の大勢を明かにし得たと思ふ。この上に於いては論爭の勝敗なものの初めから私の眼中にない。我々は偶々表裏愛をを異にして進んで居るが目指す所は東洋古代の狀態を闡明せんとするものである。果登これに關する結石たるべき諸々の誤謬を闢ふものであるから、飯島君の研究は廣汎なる諸方面に互り頗る含むところが多く私の偏たつた飯島君の研究を常に同誌の爲めに剴切に讚議されたるのが甚だ多いことは喜ぶ鱗ひ。筆を擱くに常りて敬意を表する。（大正十一年大阪毎日）

　昭和三年七月追記。　飯島酒に關する問題は類を興味ある問題である。私も飯島君も、こゝに曰ふ鋼可所が戰國時代の平以來實行されたものであるとの研究によれば、斯の如きもの戰國時代より太初に至る間には賢行されたことはないのであつて、故にそとしての假説・論議されるの誤であることも明かである。曰く得てこの頃は賢行されたのであるとしての假説・論議されるの誤であることも最早問題とする時値を失つたものである。（拙著東洋天文學史研究〔巻十〕）

iv

七　支那上代の紀年

(3)春秋以前には一定の剩法がなく、從つて一ヶ月の剩日を今日より追跡することは出來ない。

(4)春秋時代の朔閏は春秋記事のよりて大體明かにすることが出來る。

(5)戰國時代の上半には春秋後期と同じものを用ゐて居つたものと思はれる。

(6)戰國時代の季には戰國時代の季に至りては顓頊曆を用ゐての未初以後の曆法を悉く正史に記載してあるので戰國時代の季以後の甫朔丸での曆日は悉く明かにするとが出來る。

(7)堯するに周初年一〇六百五事百日は春秋の初年七二二頁表の如く、今日より紀年は顓頊曆月日に追跡することが出來る。

昭和三年七月追記。戰國時代の甫は上記の"太初"に至るまで顓頊曆が行はれて居つたと書いたの見であるが、私の最近の研究によれば、これは些か變更して改めなければならない。顓頊曆變及び歷變の式の實情は頗る複雜で、兒別除ある問題である。(拙著"東洋天文學史研究"參照)

v

昭和三年八月十五日印刷
昭和三年八月二十日發行

著作兼
發行者　　新城新藏
　　　　　八坂淺次郎
　　　　　京都市上京區
　　　　　寺町通上長者町

定價金五圓

發行所　弘文堂書房

〈謹告、　就價極等に對する請は定連絡取扱所株上勢〉

vi

昭和三年八月廿五日印刷
昭和三年九月一日發行

正價金五圓

著作者　新城新藏

發行者　八坂淺次郎
　　　　京都市上京區寺町東入

印刷所　弘文堂印刷部
　　　　京都市堀川通丸太町東入

發行所　弘文堂書房

發賣元　弘文堂東京店

第 5 章 「顓頊暦」の暦元　199

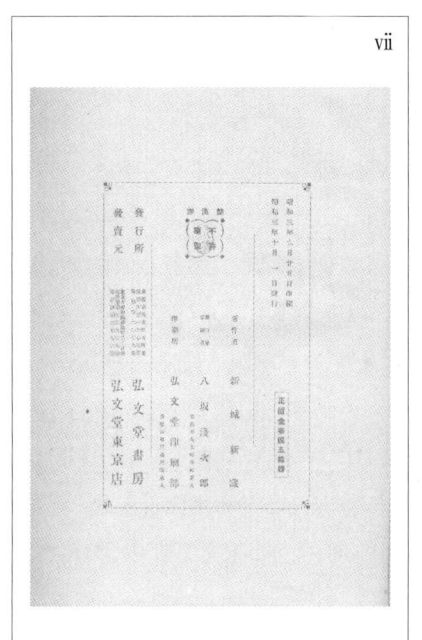

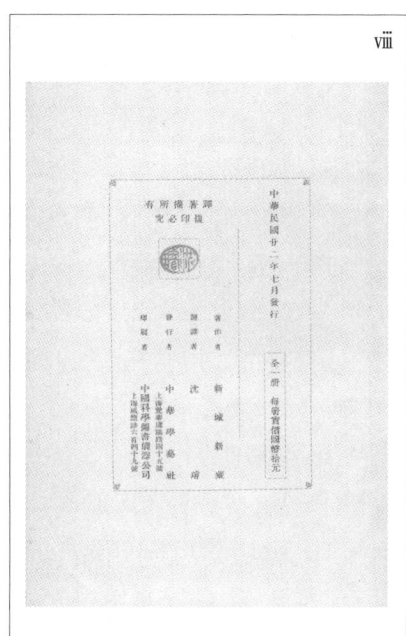

10. 張培瑜の研究とその訂正ついて

　張培瑜（中国科学院紫金山天文台研究員）は筆者が最も敬服する天文学者である。張の先行研究において筆者がうけた学恩は計り知れない。実は張も新城の『東洋天文学史研究』の中国語版（一九三三年・中華学術社刊）を参考としていたが、この本に収録された論文全体を時系列を追って把握しなかったため、新城の当初の見解が刊行直前になって突如変更され、最終見解が「補記（追記）」に記されていることが目に止らなかった。そのため、実際張は、『中国先秦史暦表』の「冬至合朔時日表」および「春秋朔閏表」において、周顕王三年（顓頊暦正月）朔日をユリウス暦・紀元前三六六年（立春）とし、その実朔干支を「甲寅」とするとともに、また『中国先秦史暦表』の「前言」の末文で僧一行の名を出し、その推算を信ずるべき旨を述べている[5]。

　だが、僧一行の所謂「仮想暦法」としての「顓頊暦」では、紀元前三六六年甲寅の歳に正月朔日が甲寅の日で立春となり、かつ晨初である寅の刻に合朔になるはずである。しかしながら張自身も、無意識のうちに合朔時間を中国標準地方時の「09：30（午前九時三〇分）」つまり「巳」の刻と記してしまっていることに気づかれなかった。言い換えれば、所謂「顓頊暦」は「仮想暦法」であると見抜いた新城の重要な変更点を見落とされてしまわれたのである。

　張の計算自体が精確だったため、この件に関してのみ張は自らの言質を否定することとなってしまったのであるが、「合朔時日表」を作製した御本人が「合朔」時刻を確認しなかったのは、やはり中国語版の『東洋天文学史研究』が日本語版と同じように誤解を与えるような体裁をとっていたことに原因がある。この問題に関し、2007年4月28日 中国科学院紫金山天文台（321号室）にて、筆者は張と深く議論を交わしたところ、張は無意識裡に『新唐書』「歴志」に見える「顓頊暦上元甲寅歳正月甲寅晨初合朔立春」の「晨初合朔」という文言を確認しないまま、実際の「合朔」時刻を掲げてしまったことをお認め下さり、「顓頊暦上元甲寅歳正月甲寅晨初合朔立春」というものが、所詮「仮想暦

法」であることを表明されたのである。

　筆者は張と意見の摺り合わせを行ったが、張に提出した筆者の「建議書（日本の漢字フォント）」は、張の手によって添削（中国の漢字フォント）されて筆者に返送された。その内容は「仮想暦法」としての「顓頊暦」を認識するために有用となるので、ここに原文（中国語）のまま掲げる。

　　僧一行《大衍暦議》中有「顓頊暦上元甲寅歲正月晨初（寅刻）合朔立春」之詞句, 新城博士認為僧一行所謂顓頊暦｜夫西元前二六六年寅月（正月）甲寅日寅刻（晨初）, 適為合朔与立春一致之時刻, 並以是為甲寅歲, 而以為暦元, 換言之, 立春為標準而寅刻合朔」。可是張培瑜先生無意中把西元前三六六年之合朔時刻的記載作為中国標準時之「09：30（上午九点三〇分）」, 因此「09：30（上午九点三〇分）」是「巳刻」, 這就「巳刻」与僧一行之「寅刻」矛盾。事實上合朔時刻非晨初寅刻, 而該是太陽南中前之巳刻也。之所以新城博士認識「僧一行説之顓頊暦不過是仮想暦法」是因為此暦法中存在的一個重大欠陥就是推定合朔時刻之誤謬。其実, 此処（僧一行）说的这种顓頊暦, 可能在中国古代没有出現過。迄今, 也没有发现任何古代历法或古四分术以甲寅晨初合朔立春作为历元气朔（推算起点）的。

　　所以, 新城博士说「僧一行説之顓頊暦不過是仮想暦法」。新城博士原本选定的西元前三六六年作为上元甲寅之歲, 事实上, 斯時是年也未必是甲寅之年。并且, 西元前三六六年只是顓頊暦的蔀首之年, 而非元首或历元之年。不仅现实中西元前三六六年正月合朔为巳时（立春为癸丑未时13：46）, 而在汉传顓頊暦的推步中, 立春这个节气也只可能发生在子、卯、午、酉四时, 不可能出现在寅时。

　　張培瑜的顓頊暦表是依据汉传顓頊暦法的历元推步得出的, 即, 上元甲子乙卯、上元积年据开元占经, 暦元气朔为正月己巳朔旦立春夜半。而合朔時日表是依据真实。天象计算得出的。正是由于張培瑜先生的推算时非常精確的, 所以使得僧一行的《大衍暦議》所载的合刻时刻的谬误就显得更加明显了。

> 雖然張培瑜先生制作了「合朔時日表」,但是張培瑜先生自己看漏了其「合朔時刻」。所以這個工作手法應該修正。

　実のところ、『東洋天文学史研究』の「追記」を読み落としていた平勢はさらに張の『先秦史暦表』所載の「冬至合朔時日表」を初めて見るにおよび、「合朔時刻が推算により示されていて驚喜した」とする感想を自らの著作『史記東周年表』(662-665頁、1995年・東京大学東洋文化研究所)に迂闊にも明記したのである。まさに平勢自身が吐露するように『先秦史暦表』は彼を誤って欣喜雀躍させたのである。しかし現在に至って、その著者自身である張が自らの計算によって僧一行の推算を誤りだと認めているのであるから、遺憾ながら平勢の見解は成り立たない。

　ちなみに、当初平勢は推算の意味については正確には了解してはおらず、九州大学から東京大学に転出した一九九二年以降、天文学の専家と称せられる古川麒一郎(元、東京大学東京天文台教授)の恩恵によって次第に理解を深めていったことに自ら言及している(前掲書、662-665頁)。平勢によれば、古川から「合朔時刻すなわち(月と太陽の中心が重なる時刻)については、推算定数がやや古いが、張培瑜の冬至合朔時日表を使用してよい」とのアドヴァイスを受けたことを記し、さらに古川が推算結果は地球の自転速度変化の概要を知るに過ぎないとしたコメントも添えている。古川の古代暦法に関する公表された論文は意外なことに寡少であり、筆者も古川ご本人から昭和六十二年四月二十七日付の郵便にて直接ご恵与頂いた、一九八六年(昭和六十一年)十二月に韓国忠南大学百済研究所にて開催時に上梓された『百済研究(国際学術大会特輯　第一七輯別刷)』所載の「秦・漢時代の暦日―顓頊暦の算法―」という一編を確認するのみである。

　今この古川の論文を見ると、古川も新城の『東洋天文学史研究』の読み違いを犯していることが容易に理解できる。すなわち彼は『東洋天文学史研究』所載の五三一至五五六頁を明示して、「新城博士は顓頊暦とは立春を基準日にしているので天文学上の見地からも不自然なものであるとして否定し、新しく冬

第 5 章　「顓頊暦」の暦元　203

至を基準日にとった暦法を発表している」と述べ、更に「この暦法を新城暦と呼ぶことにする。この新城暦によると史記や漢書に記された暦日は完全に示すことが出来る」と正鵠を外す見解を述べているが、明らかにこの古川も新城の「追記」を見落としている。すなわち、上記『東洋天文学史研究』五三一至五五六頁相当部分は、「戦国秦漢の暦法」という論考の途中経過の説明部分であって、刊行直前になって重要な変更点に気づいた新城博士が緊急に手を入れて挿入した同論考の五八五頁から六一八ノ二頁までの箇所を併せて見なければ、殆ど意味を持たないものである（この博士の刊行直前の緊急の所作は、印刷面の頁合わせで不都合を生じさせ、「六一八頁」は結果として「六一八頁」の外に「六一八ノ一頁」と「六一八ノ二頁」の二頁を存在させていることは既述した）。

　新城の「追記」を念頭に置いていない古川は、このため秦・漢時代の暦法は畢竟「西暦紀元前三六六年正月甲寅朔を蔀首とする四分暦である」を結論としているのであるが、平勢に対して合朔時刻すなわち（月と太陽の中心が重なる時刻）に留意すべき発言をしている当人が、紀元前三六六年正月甲寅朔の根拠が「顓頊暦上元甲寅歳正月甲寅晨初合朔立春」という僧一行の『新唐書』「歴志」（「唐書大衍歴議日度議」）から出ていることを全くわきまえてもおらず、更に新城の指摘する否定の事由とは合朔時刻が晨初の「寅」の刻ではなく、太陽も南中に向かい始める「巳」の刻となってしまっているということなども何ら認識していないのは残念である。

　つまり張の「冬至合朔時日表」に明記された「紀元前三六六年正月の実朔干支乙卯朔（顓頊暦の日干支甲寅朔）」の合朔時刻（「巳」の刻相当）にも何ら気づいていないのであるが、自らが合朔時刻の重要性を強調しながら、自らが主唱する「紀元前三六六年正月甲寅朔を蔀首とする四分暦」の合朔時刻を見落としているのは大きな失態である。

　ともあれ、これを契機に平勢は張が誤った判断を下した所謂「仮想暦法」から大きな影響を受け、また『春秋』は戦国中期の作になるものとの思い込みによって、更に誤った戦国時代の各国それぞれの暦表を作成したのである。つまり平勢は、「斉では、魏に対抗する必要上、紀元前三六六年の一月立春、甲寅

の日を七十六年周期の起点とする朔となる暦が作られた」と思いこむに至ったのであるが、この当日の合朔時刻が何時であったかを当然認識しておくべきだった。これは平勢にとって致命的欠陥となったわけである。なぜなら、「紀元前三六六年の一月立春、甲寅の日を七十六年周期の起点とする朔となる暦」など、そもそもこれを実在の暦法と信じていた新城および張らも、これを実在もしなかった「仮想暦法」であるとして、潔く自説を撤回しているからである。

しかしながら、このようなことを認識していなかった平勢は、これを契機に張が誤った判断を下した所謂「仮想暦法」から大きな影響を受け、また『春秋』は戦国中期の作になるものとの思い込みによって、更に誤った戦国時代の各国それぞれの暦表を作成したのである。

ちなみに平勢は『史記東周年表』の翌年に『中国古代紀年の研究―天文と暦の検討から―』(1996年・東京大学東洋文化研究所)を上梓させ、この中で「秦が用い、漢が襲用した暦の起算点は前三六六年立春朔甲寅であった」(同書二〇頁)と明言し、更に「斉」「趙」も同じく「暦の起算点を前三六六年立春朔甲寅」としたと想定し、このうち「斉」は十一月を冬至月に固定したと主張しはじめたのである。しかしながら、副題の「―天文と暦の検討から―」という文言は単なるケアレスミスから発した誤りであるゆえに、現在ではその修正が強く求められる。

このケアレスミスから平勢は『中国古代の予言書』(34頁, 2000年　講談社現代新書)および『「史記」二二〇〇年の虚実』(172頁, 2000年　講談社)、ならびに『「春秋」と「左伝」』(74頁)の著作において、全て同様に「春秋中期に始まった王の暦の月序」があり、そこに「七十六年周期(筆者註：「四分暦」の周期を指す)の起点として注目されたのは前三六六年立春の甲寅立春の日である」と明記したのだが、これが僧一行の「仮想暦法」としての「顓頊暦」の暦元であったこととは思いも寄らなかったわけである。

さらに平勢は、僧一行の「仮想暦法」の暦元に翻弄されたことを契機に「王・皇帝の正統化理念とその具体的制度を、暦に関連づけて時代を逐って探ってみる」(前掲書182頁)という着想のもと、新たな「正統化」という牽強付会の推

論を立脚させ、その最終的に肥大した姿をもって『春秋』を田斉の偽書、『春秋左氏伝』を韓の偽書であると主張したのである。

　今ここで時間を巻き戻して振り返って見ると、平勢が「楚暦小考―対《楚月名初探》的管見」という論文（1981年第二期『中山大学学報』哲学社会科学版）を東京大学大学院人文科学研究科修士時代に発表していることに筆者（小沢）は目を向けざるをえない。実のところ平勢は、この論文で秦の「顓頊暦」の暦元は紀元前三六六年立春朔であると述べ、この根拠を新城の『東洋天文学史研究』と飯島の『天文暦法と陰陽五行説』に求めているが、とりもなおさずこれは両書に引用される僧一行の「顓頊暦」の暦元にほかならないのである（同論文の本文P. 108および、これに関する P. 111注⑦による）。

　すでに平勢にとって「紀元前三六六年立春朔」を暦元とする着想は、東京大学修士課程在学当時から存在していたのであり、平勢はこの着想を、秦や漢だけでなく戦国斉にあてはめたのである。筆者が平勢に最も助言したいことはただ一点、それはケアレスミスへを起こさないための注意力である。

　上述したように『中国古代紀年の研究―天文と暦の検討から―』の中で「秦が用い、漢が襲用した暦の起算点は前三六六年立春朔甲寅であった」（同書二〇頁）と明言しているものの、その一方で彼は『史記二二〇〇年の虚実』（2000年1月 講談社）において、秦の「顓頊暦」の暦元は紀元前三六六年立春朔甲子日（筆者註：平勢のケアレスミスであり、紀元前三六六年立春朔の日干支は甲寅である）であると主張し（57頁）、これは同書の改訂版である『史記の「正統」』（70頁, 2007年12月 講談社文庫）でも、「甲寅日」を「甲子日」と誤る不注意なミスが踏襲されている。

　浅野裕一は『中国研究集刊』二九号（2001年・大阪大学）において、「『春秋』の成立時期―平勢説の再検討」という論文を発表している。浅野の論文は、まず平勢が発した主張の当否は中国古代史の分野に与える影響がきわめて広範かつ深刻になるものと捉え、かつ中国思想史方面においても、儒家思想の形成過程に関するこれまでの見方が、根本的な変更を余儀なくされるとした。その上で、紀元前三〇〇年頃の造営と推定される郭店一号楚墓より出土した『郭店楚

簡』が記す『春秋』関連の記述と、その古墓の被葬者の年齢とに鑑みれば、『春秋』の成立時期が平勢が主張する『春秋』の成立年代（紀元前三三八年）を遡ることは明らかであるとして、平勢の主張を厳しく批判したものである。

　浅野の批判は研究者の良識として当然の行為であり、筆者もこれに強く共感を覚えた次第であり、僧一行の「仮想暦法」としての「顓頊暦」の暦元問題を中心とした「平勢隆郎氏の歴史研究に見られる五つの致命的欠陥」（『中国研究集刊』40, 2006年）という拙論を述べさせていただいた。なお、張培瑜が自らの主張を撤回したことは上述したとおりであるが、筆者は学問に対する張培瑜の真摯かつ謙虚な姿勢に感銘を覚えた次第である。後日、張から書簡（2007年5月24日付E-mail）が届いたが、それは「仮想暦法」を根拠にして『春秋』と『春秋左氏伝』の成立を主張する平勢説を非とするものであった。その文面の概要は以下のとおりである。

　「小澤先生撰写的平勢教授学術批判論文,主要是批評平勢教授認為《春秋》是田斉的偽作之説的。我完全同意小澤先生的主旨,《春秋》是田斉的偽作之説是根本站不住脚的。」

　まさにこのことは平勢が自説の根底に据えた「顓頊暦上元甲寅歳正月甲寅晨初合朔立春」が所詮根拠なきデータであることをあらためて裏づける決定的な証言となるので、ここに銘記する次第である。

11.「四分暦」および「顓頊暦」の暦元

　以上、「顓頊暦」の暦元をめぐる新城と飯島の論争とその論争から波及した誤解について時系列を追って述べた。しかし、僧一行の「顓頊暦」を「仮想暦法」と看破した新城も結局のところ、なぜ僧一行が「顓頊暦」の暦元を「顓頊暦上元甲寅歳正月甲寅晨初合朔立春」と推算した（なぜ暦元を「甲寅」としたのか）か、ついては触れていない。さらにまた実在の「顓頊暦」についても「太初暦」採用時に「四分暦」の一種である「殷暦」の導入を強く奨めた張寿王の逸話に重きを置き、本来の「四分暦」こそ長寿王が述べるところの「殷暦」で

あるとして、実在の「顓頊暦」は「殷暦の変式」であると述べて論争を終え、実在の「顓頊暦」の暦元がいつに設定されていたかに全く言及していない。

したがって、筆者の責務としてこの二つの未解決の問題をこれから解き明してみることにする。すなわち、中国暦では「立春」を年初としながらも「冬至」を暦元に置くといわれている。しかしながら、僧一行が推算した「仮想暦法」としての「顓頊暦」の暦元だけが、唯一「立春」を暦元にしており、藪内清も『科学史からみた中国文明』中でこの暦元が「かなり変則的なものである」（同著　二〇七頁）と述べているのも当然といえば当然である。

実のところ僧一行は「顓頊暦」の暦元をなぜ「顓頊暦上元甲寅歳正月甲寅晨初合朔立春」と推算したかということであるが、それには極めて単純明快な理由が挙げられるのである。すなわち秦王政が名を始皇帝と改めて即位したのは、その治世二十六年であったことは『史記』の記述に見えるとおりであるが、その秦始皇帝二十六年は十月朔日をもって歳首とした。

ここで張培瑜の『三千五百年暦日天象』（1997年　大象出版社）所収「歴代頒行暦書」を紐解くことにする。この暦書によれば、秦始皇帝二十六年十月朔日は、「前221年10〔月〕31〔日〕甲寅」としている。

つまり『史記』「秦始皇本紀」にはいくつか日干支が記載されているのであるから、僧一行も張培瑜のようにこれらの日干支によって、秦始皇帝が即位した二十六年十月朔の日干支が甲寅であることを割り出し、これを根拠に暦元として甲寅年正月立春で日干支が甲寅となる日を求めただけに過ぎない。

では次に、本来の「顓頊暦」の暦元はどこに置かれていたかを解き明かすことにするが、それにはまず「四分暦」の暦元をどこに置いたかについて検証してみなければならない。すなわち秦の「顓頊暦」は、「四分暦」の一種であるが、暦元（起点）を変えずに漢初になっても使用され続けたために、暦面と天象との間に一日以上のズレを生じさせている。新城新蔵がこれに関して、合朔が正しく暦日にあった時代を「太初暦」以前にある日食記録の「朔・晦・先晦一日」の合計数から簡単かつ明解な計算で遡及し、「四分暦」の暦法の制定年代を「紀元前四一〇年」頃と推定されたことは上述した。しかしながら、新

城が収集したデータは『漢書』「五行志」からのものであって、収集したデータに漏れが「本紀」に（晦日に起こった日食数2つ）あり、かつ単純な計算ミスも認められる。そのため正確なデータによって改めて計算式を求めると、「四分暦」の暦法の制定年代は「紀元前四四五年頃」であるという結論が出ることは第4章に既述した通りである。

　ちなみにこの年代であるが、楊寛はその著『戦国史』（727頁, 第3版 1998年上海人民出版社）において、魏文侯元年は周定王二十四年に相当するとして、B.C. 445と比定しているが。楊寛の仮説が正しいとすれば、筆者が新たに算出した「四分暦」の暦法の制定年代と魏文侯元年は一致することになる（なお、筆者は本稿執筆中に新城が講演のために書きおろした「天文暦法より見たる支那古代史論」〔京大新城文庫№240〕の原稿を武田時昌〔京都大学・人文研〕の尽力によって確認することができた。当該資料は新城晩年のものであるが、原稿用紙76頁において自らの計算ミスに気付いたのか、「四分暦」の暦法の制定年代を「紀元前四四三年頃」と軌道修正している。本書p.137を見よ）。

　更に筆者が算出した制定年代が正しいのであれば、「太初元年夏五月」をもって施行された「太初暦」がその暦元を「太初元年前十一月甲子朔日（冬至）（JD1683431＝B.C. 105 XII 25)」とし、歳首を「太初元年正月甲子朔日（JD1683491＝B.C. 104 II 23)」としたように、朔日干支は慶賀の象徴である六十干支筆頭の「甲子」とした可能性があると見なければならない。すなわち能田・藪内の『漢書律暦志の研究』においても暦法の暦元（上元）は、通常「甲子」の日をもって初期設定する旨が述べられ、「太初暦」も「前年十一月甲子朔夜半冬至」を第一章首かつ第一部首であるとの前提に立っている（同書四二頁）。そこで紀元前四四五年前後を探ってみると、確かに暦元は「魏文侯元年前十一月甲子朔日（JD1558871＝B.C. 446 XII 16)」となり、年初は「魏文侯元年正月甲子朔日（JD1558930＝B.C. 445 II 14)」となる。単刀直入にいえば、暦元および年初正月朔日の日干支が「太初暦」と同じ六十干支の筆頭である「甲子」となっていることは、全くの偶然とは考えられず、「四分暦」の暦元がまさに「魏文侯元年前十一月甲子朔日（JD1558871＝B.C. 446 XII 16)」（冬至は11日後の甲戌）であった可能性

第 5 章 「顓頊暦」の暦元　209

は極めて高いと認めなければならない。

　翻って「顓頊暦」の暦元については、この暦法が「四分暦」の一種であることから、やはり暦元および年初正月朔日の日干支が、六十干支の筆頭である「甲子」であったと考える方が無難である。したがって先に述べた藪内の指摘のとおり、僧一行による「仮想暦法」としての「顓頊暦」の暦元が「立春（立春朔甲寅日）」となっている方がむしろ変則的なのであり、実際、張培瑜も漢に伝世した「顓頊暦」の暦元を「甲子」日とみていることことは上述したとおりである。

　これに加えて、第11章で述べたように暦法の変遷と竹簡形制との関係から鑑みれば、「顓頊暦」は秦武王二年（B.C. 309）当時においては施行されていないと考えられる。なぜなら、律度量衡と暦法とは不可分一体の関係にあるが、秦武王二年当時における秦国の公文書である「青山秦簡」の「武王二年秦律」およびこれとほぼ同時期と解せられる「王家台秦簡」の「秦律（效律）」などの竹簡形制が「長二尺尊〔寸〕（45.0〜46.0cm）」であったものが、「顓頊暦」が施行されていた秦晩期の「睡虎地秦簡」になると「秦律（效律）」を含めた7種類の公文書（秦律）が全て「長一尺二尊〔寸〕（27.0〜27.8cm）」に縮小されているからである（秦晩期の「龍崗秦簡」の「秦律」も「睡虎地秦簡」同様の尺寸である）。

　実際「太初暦」以降の「太陰太陽暦」は、すべて「立春年初」の暦法であると思われているが、「太初暦」が「太初元年夏五月」をもって施行されて「正月歳首」に改められた時も、その暦元は鄧平が説くところの「籍半日法」に基づき「太初元年前十一月（冬至月）甲子朔日（JD1683431＝B.C. 105 XII 25）」としたことによって、「歳首」となる「太初元年正月甲子朔日（JD1683491＝B.C. 104 II 23）」が「驚蟄」となっていることに予め留意しておかなければならない。

　つまり「太初暦」の「初期設定値」である「正月」は、「驚蟄」をもって「歳首」となっているのであり、その15日前の「立春」は「十二月」に組み込まれている。言い換えれば「立春」が「節気」である以上、厳密には「立春年初」などという暦法は存在しないのであって、本来の想定される「四分暦」がテーゼとしていた「立春年初」も、実のところ「驚蟄年初」に近いものでなかっ

たかと考えるほうが年初の固定に齟齬を生じさせない[6]。

　このような前提にたって、秦武王二年（B.C. 309）以降における日干支が「甲子」である「冬至月」を暦元として捜してみると、僅か1例が候補として挙がる。すなわち、その暦元（十月歳首としての暦元）は「秦昭王四十八年十一月（冬至月）甲子朔日（JD1626791＝B.C. 260 XI 29）」となり、年初（非歳首）は「正月甲子朔日（JD1626851＝B.C. 259 I 28）」となるのである。

　筆者らの『中国古代の天文記録の検証』（P. 74-P. 77）は、『史記』の「秦本紀」「秦始皇本紀」および『編年記』（雲夢睡虎地秦簡）の精査から、秦においては秦昭王四十八年から四十九年を境に次のような歳首制の変遷があったことに言及している。

---

i 秦恵文王十三年（B.C. 325）の時は「正月歳首制」
ii 秦昭王四十八年（B.C. 259）以前は「十月歳首制」
iii 秦昭王四十九年（B.C. 258）以降は「正月歳首制」
iv 秦始皇二十六年以降は（B.C. 221）十月を翌年の歳首として再び「十月歳首制」

　これに対して、工藤元男（早稲田大学教授）は「秦の皇帝号と帝号をめぐって」という論考（P. 2-P. 5.『東方』161号1994年8月　東方書店）の中で、「日書」（「睡虎地竹簡」）における自らの分析結果と異なるとしながらも、筆者らのデータを重要視して、逆に秦昭王四十九年（B.C. 258）以降「正月歳首制」から「十月歳首制」に転換したと解釈した。その理由の一つとして、秦昭王は『史記』「秦本紀」によると「王、西帝と為り、斉、東帝と為り、十二月、復た王と為る」の記述を挙げているが、工藤によれば秦は始皇帝以前の昭王の時にすでに帝号を称したのであり、それをイデオロギー的に裏づけるため、当時盛行していた五行説に基づく水徳説を採用し、その暦法における反映が十月歳首だったとの想定をたてているのである。

　現在においては、筆者も公文書の竹簡形制と歳首制との検討などによって、工藤が挙げたように秦が五行説に基づく水徳説を採用したために暦法における反映が十月歳首だったとの想定に同じ見解をもつに至っている。これらのこと

を考慮すると「顓頊暦」の暦元は秦昭王四十八年（B.C. 260末～B.C. 259）に求めることができると考えられるが、さらに秦昭王四十八年前における公文書の竹簡形制が「長二尺尊〔寸〕（45.0～46.0㎝）」であり、秦昭王四十八年後における公文書竹簡形制が「長一尺二尊〔寸〕（27.0～27.8㎝）」であることが今後の発掘成果などから判明すれば、まさに動かし難い証左となる。

12. まとめ

「顓頊暦」の暦元に関する問題は、唐の僧一行による事実誤認が後世に大きな波紋を呼び起こしたものというべきものであり、結局のところ実在すらしていない単なる「仮想暦法」に多くの研究者が翻弄されたというものであった。だが、この問題は紆余曲折を経てすでに決着を見たのであり、併せて本来の「顓頊暦」の暦元および「四分暦」の暦元に関して新たな提案を述べることとしたので大方の叱正を乞う次第である。

　自らの誤りを素直に誤りと認め、順次軌道修正をはかっていった新城に対して、飯島が一貫して自説の正当性を主張した一連の論争は「顓頊暦」の暦元をキーワードとして火花を散らした。甲骨文が殷時代の出土文物であるということが明らかになっている現在の視点では、「顓頊暦」および十干十二支の起源を戦国時代末期（後に紀元前三六六年以降と変更したが）と公言した飯島の主張は結果として正鵠を射ていなかったことになる。しかし、両氏の論争があったからこそ新城は『東洋天文学史研究』を刊行できたのであり、新城はこのことを認めて序文に「偶々飯島氏の得たる反対の結論により、私の所論の弱点に就て教えを受けたことは少なくない」と記すとともに、「私は反対論者の健在を祈ると共に、他日山嶺にて握手する日の一日も早く来らんことを望むの情に勝えない」との言葉を添えて論敵である飯島への配慮をしのばせている。

註

（1）　後に、飯島は昭和五（1930）年五月に刊行された「支那古暦と暦日記事（上）」

『東洋學報』第十七卷第四號において、これを訂正し「顓頊暦」の成立を「紀元前三六六年」以降としている。この経緯については、【B. No.8】「橋本氏の十干十二支を讀む」の脚注（3）に詳しく鉛印されている。
（『東洋學報』）

（2）　平山清次は、昭和十三（1938）年に新城が南京で客死した時に「新城博士を弔ふ」という追悼文を『天文月報』第31巻10月号に掲載している。

（3）　『天文月報』における平山論文は、平山清次と小倉伸吉が大正三（1914）年から大正四（1915）年に発表された英文の論文「Hirayama, K. and S. Ogura, "On the Eclipses recorded in the Shu Ching and Shih Ching"」（『日本數學物理學會誌』の,2,8,2, 1914／15）が基礎となっている。

（4）　藪内清『中国の天文暦法』旧版　昭和四十四（1969）年、増補改訂版　平成二（1970）年、旧版および増補改訂版ともに二一至三〇頁、平凡社刊。

（5）　張培瑜『中国先秦史暦表』. 一九八七年・斉魯書社刊。

（6）　「顓頊暦」の「十月歳首制」における「二十四節気」の具体的な暦日配置
　　ここで、「顓頊暦」の「十月歳首制」について予め解決しておかなければならない問題がある。その問題とは「十月歳首制」に連動する「二十四節気」の配置であり、特に「十月」に含まれる「節気（中気・節気）」は何であるかということを明らかにしておくということである。なぜならば、この検証作業によって「顓頊暦」における「二十四節気」の具体的な暦日配分が確定するからである。幸いなことにこれを検証するの最適資料として臨沂二号漢墓出土の竹簡「漢元光元年（B.C.134）暦譜」がある。この「暦譜」は「顓頊暦」ゆえに一年の歳首を「十月」とし、歳尾を「後九月」としているが、この出土「暦譜」の各月朔日を清朝考証学者である汪日楨が想定した『歴代長術輯要』所載「顓頊暦」と比較すると、6箇所の相違を除いて一致する。けれども、この6箇所の相違について、陳久金・陳美東（「古暦初探」『文物』1974年第3期）は「顓頊暦」暦元の時刻の「旦」を正午に改めることによって、全て出土「暦譜」と完全一致することを検証し、藪内清もこれを肯定的に見ている（『増補改訂　中国の天文暦法』補遺359頁. 1990年　平凡社）。
　　筆者も藪内と同様の見解であるものの、さらに筆者は出土「暦譜」に「甲戌立秋」と記された竹簡があることを極めて重要視している。なぜなら「立秋」となる「JD（ユリウス通日）」が日干支「甲戌」によって「JD1672699＝B.C.134Ⅷ8」であることは不動の事実なのであるとともに、歳尾の「後（閏）九月」の朔日干支は「甲申」になっているのであるから、歳首となる翌十月の朔日干支は「癸丑（JD1672740＝B.C.134Ⅸ18）」もしくはその翌日である「甲寅（JD1672741＝B.C.134Ⅸ19）」というこ

第 5 章　「顓頊暦」の暦元　213

とも確定されるからである。そしてさらに前月にて「後九月」という閏月を挿入して閏余を解消した直後であることを考えれば、漢元光元年（B.C.134）「十月歳首」の暦面は「初期設定値」にほぼ修復されたと見なければならないのである。このことによって、「秋分」が漢元光元年（B.C.134）十月七日庚申（JD1672747＝B.C.134 IX 25）として歳首の十月に含まれている事実が鮮やかに浮かび上がってくる。言い換えればこれから約 3 箇月後の「立春」は「正月」ではなく「十二月二十六日丁丑（JD1672884＝B.C.133 II 9）」になるのであって、「初期設定値」において「立春」は「年初」として設定されておらず、逆に「顓頊暦（＝四分暦）」の「年初」が「驚蟄」であることを明確に示唆している。

「漢元光元年暦譜」と汪曰楨『歴代長術輯要』との比較

月　日	暦譜「顓頊暦」	汪曰楨『歴代長術輯要』「（漢元光元年）顓頊暦」
十月一日	己　丑	己　丑
十一月一日	己　未	戊　午
十二月一日	戊　子	戊　子
正月一日	戊　午	戊　午
二月一日	戊　子	丁　亥
三月一日	丁　巳	丁　巳
四月一日	丁　亥	丙　戌
五月一日	丙　辰	丙　辰
六月一日	丙　戌	乙　酉
七月一日	乙　卯	乙　卯
八月一日	乙　酉	甲　申
九月一日	甲　寅	甲　寅
後九月一日	甲　申	癸　未

実のところ、「太初暦」以降の全ての「太陰太陽暦」では、「二十四節気」において筆頭となる「立春」は順位第二の「驚蟄」が「中気」であることから、「驚蟄」が正月十五日以前に来た時には「立春」は15日前の前年末に繰り上がるという暦面上の欠点をもっている。これを「前年末立春（＝年内立春）」と称するが、我が国の『古今和歌集』にある「年のうちに春は来にけり、一年を去年とやいはむ、今年とやいはむ（在原元方）」という一首は、その矛盾を衝いた和歌として夙に有名である。このように「立春」が「節気」であることから、「前年末立春」に閏月が設けられたケースは多々存在する。

単刀直入にいえば、「立春」が「節気」である以上、厳密には「立春年初」という暦法など実際のところ存在しないのであって、実質的には「中気」である「驚蟄（現在の雨水）」を含む月をもって年初正月と定義するほうが、少なくとも上記のよ

うな欠点は現れない。したがって、本来の想定される「四分暦」がテーゼとしていた「立春年初」とは、実のところ「驚蟄」の位置をもって年初としていたと考えるべきではないだろうか。

例えば『大戴礼記』「夏小正」に「正月啓〔驚〕蟄、雁は北に郷（むか）ふ、雉は震（な）きて呴（こえをあ）ぐ，魚は陟（のぼ）りて冰を負ふ〔正月啓蟄，雁北郷，雉震呴，魚陟負冰〕」とあるが、これに関して川原秀城は「啓蟄」は後漢以降における「二十四節気」では「二月節気」となっていることから、「啓〔驚〕蟄」が「正月」となっている「夏小正」の記載は「二十四節気」（を内包する「四分暦」の）原初的形態を示しているとする興味深い見解を述べている（川原『両漢天学考』34頁．1996年 創文社）。

第6章
「太初暦」の暦元

1．「太初暦」の施行と暦元

　中国の暦法は「十一月朔旦冬至」となる年を重要視して、特にこの日時を「暦元」とする。すなわち、「立春」を年初とした「太陰太陽暦」では、「冬至」を含む月を十一月と定義するが、19年に1度、「冬至」の日が「十一月一日」となることがあり、これを「朔旦冬至（さくたん・とうじ）」と称している。中国の「太陰太陽暦」では、十九年七閏の周期を「章」と称し、古い章から新しい章への切替となる年を新しい章の最初の年という意味で「章首」と呼ぶ。その「章首」の年には、まず「章」の締めくくりにあたる七番目の閏月を迎え、その後に到来するその年の「冬至」をもって新しい「章」の開始とされた。そして、その「章首」における「冬至」の日は必ず「朔旦冬至」となるように暦法が作られるのが原則とされている。
　「太初暦」は、この「朔旦冬至」の原則に基づいて施行された最初の暦法だといわれている。
　すなわち、『史記』「暦書」では「太初元年, 歳名閼逢摂提格, 月畢聚, 日得甲子, 夜半朔旦冬至, 正北」として、暦元を「冬至夜半」に設定し、また『漢書』「律暦志」も「至於元封七年, 復得閼逢攝提格之歳, 中冬十一月甲子朔旦冬至, 日月在建星, 太歳在子, 已得太初本星度新正」とし、「太陽」と「月」が「日中」において「建星」の位置に在って、太歳が「子」に在ると述べるとともに、暦元を「冬至夜半」に設定している。
　ところが、中国人研究者の薄樹人も指摘しているように本来「太初暦」の暦元の日時である「十一月甲子日」は、暦法のシステム上「冬至」の翌日となっ

てしまうために「朔旦冬至」にはなり得ないのである(『中国古代暦法』第四章「太初暦和三統暦」P.391-465. 2007年 中国科学技術出版社)。これは作暦当初から予想されていたことであったのだろうが、果たして「太初暦」の作暦を担当した大中大夫公孫卿・壺遂・太史令司馬遷および侍郎の官であった尊ならびに大典星の射姓らは、施行直前に至ってもなお「十一月甲子日」を「朔旦冬至」に設定できないジレンマに陥ったのである。

そのために『漢書』「律暦志」は「太初暦」の基本的な星辰の運行度数と新しい正月が得られた時に及んで、ついに射姓らは以下のことを武帝に上奏したと記している。それは「不能為算」を理由として、暦法の専門家を募ってあらためて精密な計算をやり直し、さまざまな調整を施して「太初暦」を造って欲しいとの内容であった。これを受けて朝廷は治暦の鄧平や落下閎のほか方術家らの唐都らを参画させ、鄧平が示した暦首の時刻を半日前に繰り上げた「先籍半日」という手法を「陽暦」としてこれを導入し、半日前にズラさない「不籍」を「陰暦」と定義づけたとされる。

換言すれば、「冬至」は「太初元年前十一月甲子朔」の前日である「太初元年前十月癸亥晦」に該当しているので、暦面を半日前に繰り上げたということなのである。

いわゆる「陽暦」とは、朔に1日先行する「(前月)晦」に「新月」が見えるとしたもので、「陰暦」とは「朔」よりも1日遅れた「二日」に新月が見えるとしたものである。もっとも暦法とは、「朔」が「一日」とならなければならないのだが、鄧平は「陽暦の朔ではつねに朔旦になる前に新月が見えてくる。この陽暦によって諸侯や臣下たちを朝見させれば便利である」との内容説明をしたという。まさに詭弁の一言に尽きよう。

このこと対して、薄樹人は(前掲書403頁～404頁)の中で、記録では太初改暦における「甲子」の日が「冬至」となっているものの、実際に日干支が「甲子」となるのは、「冬至」翌日の「B.C. 105 XII 25」となってしまうから、鄧平は「籍半日法(＝先籍半日)」という人為的な特別措置によって暦面を半日繰り上げざるを得なかったと解釈した。そして、薄樹人はこの措置のために「太初暦」

には「朔」と「晦」による満ち虧けによる月相に多く非があり、これは「太初暦」が背負った命運だったと結論づけている。

　そもそも、「太初暦」以前に使用されていた「顓頊暦」は、長い年月に渉って使用したために天象と暦面とのズレが大きくなってしまい、「朔」に発生するはずの「日食」が「晦」に多く集中していた。これも太初改暦の理由の１つであったはずだが、鄧平らは太初改暦にあたって、この基本的問題を解消しなかったということになる。

　筆者も基本的には薄の見解に同意見である。しかし、「B.C.105Ⅻ25」時点に於いて、なお十月歳首制である「顓頊暦」が施行中とみて、これを「元封七年十一月甲子」と同定することには同意しかねる。なぜかというと、『史記』「孝武本紀」には「朔旦冬至」の記載が２つあるが、その１つは「元鼎四年十一月辛巳, 朔旦冬至, 昧爽, 天子初郊拝泰一」の記事における「十一月辛巳, 朔旦冬至」が、正月歳首制に基づく元鼎四年の冬至（B.C.113.Ⅻ24）であることと、本稿でいま問題としている「太初元年前十一月甲子, 朔旦冬至」（『漢書』「律暦志」）が「元封六年十一月（＝太初元年前十一月）甲子, 朔旦冬至」となっており、これもまた同様に正月歳首制となるからである。つまり、太初改暦前にすでに「正月歳首制」が布かれていた可能性は高く、『漢書』はその編纂に際して本来の記録を改竄したと思われるのである。

　すなわち、薄は『史記』「孝武本紀」の記事を見過ごしているために、十月歳首制を念頭に置き「元封七年十一月甲子朔（B.C.105Ⅻ25）」は「太初元年前十一月甲子朔」であると考えている。しかし重要なのは、たとえ百歩譲って薄が言うようにこの時に十月歳首制が施行されており、「元封七年十一月甲子朔（B.C.105Ⅻ25）」が「太初元年前十一月甲子朔」に置き換えられたとしても、そもそもこの日が「十一月朔旦冬至」となることは暦法上あり得ないということである。この重要事項に関して、薄は気づいていないと思われるのだが、既述したように「十一月朔旦冬至」は、19年に１度に起こるものであるから、「元鼎四年十一月辛巳, 朔旦冬至（B.C.113.Ⅻ24）」から19年後が時期として適合する。ところが、くだんの「太初元年前十一月甲子朔（B.C.105Ⅻ25）」まで

は8年の期間しかないのだから、司馬遷や射姓らの作暦者は「朔旦冬至」になり得ないことを当初から予想していたはずである。

もっとも、作暦者は暦法のシステムでは「十一月辛巳,朔旦冬至」の歳には閏年を挿入することと、当該「十一月甲子朔（B.C.105 XII 25＝JD1683431）」の歳は、閏年を挿入する年に当たっていることとを関連づけ、何としてもこれを十九年七閏の周期の最初の「章首」として「暦元」に看做そうとしたと思われる。彼らが、それほどまでにしてこの日に固執した理由は、暦元に設定した日干支が「六十干支」の筆頭である「甲子」であっため、これを嘉祥と結びつけたかったからなのだろう。しかし、この考えに立てば、正月年初の朔日も「正月甲子朔」になると想定していたことになる。

張培瑜の『三千五百年暦日天象』には、「太初暦」の年初を「太初元年正月癸亥朔（B.C.104 II 22＝JD1683490）」として設定しているが、くだんの「籍半日法」はここにも及ぼされると考えられるので、実際の年初は日干支が「癸亥」の次に当たる「甲子」が対応する。つまり、正月年初は「太初元年正月甲子朔（B.C.104 II 23＝JD1683491）」となるのである。

それはともかくとして、なぜ「太初暦」は「暦元」を「夜半（＝子刻）」としたのだろうか。これを紐解くためには、「夜半」が具体的にどの時刻を指しているのかを定義しておく必要がある。

「太初暦」については、暦元を「十一月朔旦冬至,夜半」とするが、これは作暦者が当該時刻の「（黄道）去極度」を強く意識したからではないかと解せられる。『尚書』「堯典」の四中星に関する孔疏には、後漢時代の馬融（A.D.79〜 A.D.166）の言を引用したものがあり、それには「古制の刻漏は昼夜百刻なり。昼長きは六十刻にして夜は短く四十刻、昼長きは四十刻にして夜は長く六十刻。昼中は五十刻にして、夜また五十刻なり」と記す。これは「二至二分」における昼夜の刻分の違いを述べたものである。すなわち1日は百刻（24h）、その半日は五十刻（12h）であるが、1年を通じての昼夜の長さの差は最大で「二十刻」つまり「24h×20／100＝4.8h」であるとする。

このことから、「夜半」とは「太陽」の南中した「正午（＝日中）」から「五

第 6 章 「太初暦」の暦元　219

十刻（=12h）」後の「正子」を指している。けれども、「太初暦」では「暦元」あるいは「暦首」の時刻を半日前に繰り上げた「先籍半日」という手法を採っているので、「太初暦」の「暦元」となる「夜半朔旦冬至」とは、「B.C.105ⅩⅡ24, 12：00〔地方視太陽時〕」における「太陽」南中時刻からちょうど「12時間（12h）」前の「ⅩⅡ24, 00：00〔地方視太陽時〕」となる。

　蓋し、この時刻における天象を以下の図1をもって俯瞰をすれば、「太初暦」の作暦の意図が明らかとなる。なぜならば「太初暦」の「暦元」とは、「冬至夜半」の「陽城」における真東および真西の地平線上が「秋分点」および「春分点」が接するように設定されているからである。つまり、この接点箇所は「黄道」と「赤道」との交点なのであって、この「正子の時刻」に天子が南面（=午面）すれば、その正面にある「夏至点」を高く仰ぎ見ることができるのである。「太初暦」と「黄道」に関しては第1章で詳述したとおりであるが、ここにあらためて、「太初暦」の作暦に関わった人々がそもそも「黄道」そして「黄道」に基づく「夏至・冬至」における「去極度」の存在を認識していたことが判る。

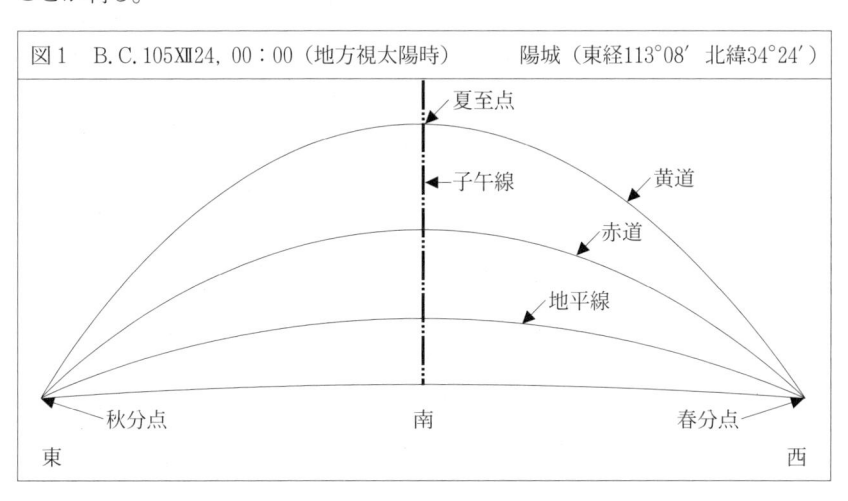

図1　B.C.105ⅩⅡ24, 00：00（地方視太陽時）　　陽城（東経113°08′　北緯34°24′）

2.「太初暦」と「三統暦」の区別

『漢書』「律暦志」によると、「太初暦」は八十一分律暦と定義される。つまり「1朔望月」を$29\frac{43}{81}$月＝29.53064日とすることから
　1年の平均月数は$29\frac{43}{81}×235÷19=365\frac{385}{1539}$日となり、戦国時代の「四分暦」の基本定数とわずかな差がある。

梁玉縄は『史記志疑』において、これに疑問を呈し『漢書』「律暦志」に記載された「太初暦」は太初改暦当時のものではなく、劉歆の「三統暦」であるとする。筆者も梁の見解に同意する。

三統の名は、「天統＝夏」・「地統＝殷」・「人統＝周」というように「三」を周期に王朝が循環するという「三統説」に由来する。劉歆はこの「三統説」に形而上学的な意味を付与し、「五行説」と組み合わせてさまざまな現象を解釈したとされ、これによって「三統暦」では、暦と五声十二律や度量衡が連動して扱われているといわれるが、「太初暦」と具体的にどこが相違するのかが不明瞭である。

実のところ、『史記』の著者である司馬遷も「太初暦」の作暦には参加しているが、『史記』「暦書」の暦術甲子篇に掲げられている「太初暦」の基本定数は1年を「365¼日」とする「四分暦」であって、「八十一分律暦」ではない。このことに関しては、司馬遷が編纂したものの結局のところ採用されなかった暦法ではないかと考えるむきもあれば、司馬遷没後に「四分暦」を支持する立場にある者が『史記』に竄入せしめたとする見解もある（注1）。

薄樹人は前掲書の中で、唐代の僧一行による「大衍暦議」に引用されている「歆以太初暦冬至，日在牽牛前五度」という記事を根拠に、これが本来の「太初暦」における冬至日躔とし、『続漢書』「律暦志」に引用される「賈逵論暦」の「逵曰，太初暦冬至，日在牽牛，初者牽牛中星也（太初暦では冬至の日に日が牽牛にある。その牽牛の拒星となる牽牛初度は牽牛中星である）」という記事を「三統暦」における冬至日躔として区別している。

第6章 「太初暦」の暦元　221

　薄樹人のアプローチは極めて有意義ではあるものの、「大衍暦議」は創作癖のある僧一行によるものであるから、その記述については慎重に取り扱わなければならない。
　薄樹人は僧一行の見解を全て引用していないが、実際『新唐書』に掲げられた『大衍暦議』「日度議」には僧一行が「歆以太初暦冬至日在牽牛前五度, 故降婁直東壁八度（漢の劉歆の太初暦では、冬至の日に日〔＝太陽〕は牽牛前五度にある。だから降婁〔春分〕は東壁の八度に相当している）」との解釈を施している。
　言い換えれば、僧一行は「太初暦では冬至の日に、日は斗宿内にある」と考えていたということになる、しかしそれでは「太初暦では冬至の日に日が牽牛初度にある」という賈逵の発言と大いに矛盾することになる。このことをもって、薄樹人は僧一行がいう「冬至」を斗宿内とする「太初暦」を本来の「太初暦」とし、賈逵が述べる如き冬至を牽牛初度に置く「太初暦」を「三統暦」と看做したのである。けれども、これに関しては僧一行が「冬至の日に日〔太陽〕は牽牛前五度にある」根拠として、「降婁〔春分〕が東壁の八度に相当している」という理由を挙げていることにも併せて配慮しなければならない。薄樹人はこのことを見過ごしてはいまいか。この文義は、「冬至」から90日後が「春分」であるから、「牽牛前五度」を「冬至」とすれば、これから90日後は「春分」となるが、その「春分」は「東壁」の初度を過ぎてから八度の位置にあるということなのである。
　これに符合するのは以下の表1に示すとおり「劉向洪範伝」による「古度」の「宿度」である。つまり僧一行は、自らが想定する「太初暦」における「冬至」を「劉向洪範伝」の「古度」を基盤に当てはめ、そこに記載されている「斗宿」の「宿度」である二十二度の末から遡及（牽牛初度＝斗末度）して前五度の位置にある冬至日躔を「斗十八度」と看做したのである。
　ちなみに『漢書』「律暦志」や『続漢書』「律暦志」に掲げられている「宿度」では、以下の表2に示すようにまったく符合しない。換言すれば、一行は自らが仮想した「太初暦」に符合させるため「劉向洪範伝」の「古度」を選択したということになる。

表1.「劉向洪範伝」による「古度」

星宿名	斗	牛	女	虚	危	室	壁	奎	婁
度数	二十二度	九度	十度	十四度	九度	二十度	十五度	十二度	十五度
日数	22日	9日	10日	14日	9日	20日	15日	12日	15日

　牽牛前五度（＝斗十八度）から東壁初度までは八十二度であり、これに八度を加えれば九十度（＝九十日）となることがわかる。

　牽牛前5度〔冬至と設定〕（＝南斗18度）＋9度（牽牛）＋10度（須女）＋14度（虚）＋9日（危）＋20度（営室）＋15度（東壁）＝82度
∴82度＋8度＝90度〔春分〕

表2.『漢書』「律暦志」や『続漢書』「律暦志」に掲げられている「星宿」の「宿度」

星宿名	斗	牛	女	虚	危	室	壁	奎	婁
度数	二十六度（『続漢書』は二十六度四分一）	八度	十二度	十度	十七度	十六度	九度	十六度	十二度
日数	26日	8日	12日	10日	17日	16日	9日	16日	12日

　牽牛前5度〔冬至と設定〕（南斗26－5度＝南斗21度）＋8度（牽牛）＋12度（須女）＋10度（虚）＋17日（危）＋16度（営室）＋9度（東壁）＝77度
77度＋8度≠90度〔春分〕

　以上が、僧一行が導き出した仮想上の「太初暦」における「冬至」の設定であるが、念のため申し添えれば、僧一行が基盤とした「劉向洪範伝」「古度」では「冬至」を「牽牛一度」としており、「斗十八度」と「冬至」とは何ら無関係であるということである。

　僧一行がこのような誤った解釈を施した背景には、『続漢書』「律暦志」の冒頭部分にある以下の文章が深く関わっている。

　「至元和二年、太初失天益遠、日月宿度相覚浸多、而候者皆知冬至日、日在二十一度、未至牽牛五度、而以為牽牛中星（後漢の元和二年になると、太初暦は益々暦面と天象とが乖離し日月の宿度が著しく噛み合わなくなった。この時に及んで観測家

はみな冬至の日に太陽が斗二十一度に位置しており、未だ牽牛に至っていないこと五度であるということを知ったが、その原因は太初暦が冬至点を牽牛中星としていることにあった）」。つまり、僧一行は「冬至日、〔中略〕、未至牽牛五度」の「未至牽牛五度」を「牽牛前五度」と解釈し、ならば「冬至」の日は「牽牛前五度」に在ると思いこんだにすぎない。

　では実際、本来の「太初暦」は「冬至」の日をいつに設定していたのだろうか。『漢書』「天文志」は「冬至」の日に「太陽」は「牽牛」にあると記しているが、それが牽牛の何度であるかは明記していない。もっとも、第 1 章で詳述したとおり「太初暦」施行下の「日食」記事には「太陽」がどこの「星宿」に何度で入ったかとする「入宿距度」が付加されている。この検証によれば「太初暦」施行下における「冬至」は「牽牛五度」に設定されている。つまり、当初「冬至」は「牽牛五度」に設定されていたが、後漢初頭になると「牽牛初度（＝ 0 度）」に設定されているのである。なぜならば、この「牽牛初度」に設定されていた「太初暦」と称せられる暦法が、後漢初頭の元和元年（A.D.84）頃において天象に合わないとして批判対象となっているからである。

　そこで検討しなければならないのは『漢書』「律暦志」に掲げられた「次度」である。「次度」については第 3 章でも述べてあるが、「十二次・二十八宿・二十四節気」の相関関係に言及したものであって、この中で、「冬至」となる「星紀（十二次の筆頭）」の中点が「牽牛（牛宿）初度」となっている。これは「冬至」の日に「牛宿」の初度が「黄経270°」に合致していたという意味にほかならないが、藪内は、「牽牛」の距星が「冬至点」になる年を数理的計算にてB.C.451年頃と割り出している。その上で藪内は、「次度」に記載されてある「宿度」とは後世に言い伝えられた古い時代の観測データを歳差を知らない劉歆が『漢書』「律暦志」に収録したものと考えている。

　しかし、後漢初頭における公式の暦法は「冬至」を「牽牛初度」に設定していたというのだから、それは劉歆によって記載された「次度」に基づく暦法が公式に施行されていたと考えるほかはなく、その暦法こそ劉歆の「三統暦」であったと判断せざるをえない。筆者は第 3 章で詳述してあるとおり、「四分暦」

の暦元を B. C. 445とし、厳密には「魏文侯元年前十一月甲子朔日（JD1558871＝B. C. 446 XII 16）」（冬至は11日後の甲戌）と比定しているが、「牽牛」の距星が「冬至点」になる年がB. C. 451年頃であるというのは、極めてその時期が近い。このことから劉歆は、古き「四分暦」の観測データを自らの着想である「世経」をもって「八十一分暦」と連結せしめて「太初暦」を改訂し、以て「三統暦」を施行したものと考えられる。

『続漢書』「律暦志」に引用される「賈逵論暦」によれば、後漢の章帝は元和二年（A.D.85）八月に勅命を下した。それは往時使用されていた「太初暦」と言われる暦法では冬至日躔は「牽牛初度（斗二十六度三百八十五分〔＝斗二十六度一千五百三十九分之三百八十五〕≒斗二十六度四分度之一）」であるとされていたが、近時の天文専家の観測によれば、冬至日躔は「斗二十一度四分度之一」となっていて基準を異にしていたので、「日行」を観測させて、「冬至」基準の択一を命じる内容であった。

その観測は、永元元年（A.D.89）までの4年間に及ぶものであったが、結果として冬至日躔が「斗二十一度四分度之一」に在ることがあらためて証明され、このようにして「他術の以て冬至に日、牽牛初在りと為（す）る者、これよりついに黜（しりぞ）きたり」となったというのであるから、古き「四分暦」の観測データに基づく「三統暦」とその根底にある形而上学の「三統説」がここに排されたことを物語っている。

ちなみに、「冬至」を「牽牛五度」とする「太初暦」の本来「斗宿」の宿度は、第1章の検証のとおり「26度4分の1」であるが、「冬至」を「牽牛初度」に設定する「三統暦」の宿度も同じく「26度4分の1」となる。なぜなら「次度」によれば、「星紀初」は「斗宿」十二度で「大雪〔341ᵈ〕」、「星紀中」は「牽牛」初度で「冬至〔356ᵈ25〕」となるから、斗の宿度は356ᵈ25－341ᵈ＝15ᵈ25. つまり（12－1）＋15ᵈ25＝26¼と決定づけられる。

もっとも戦国時代の「四分暦」の一種とされる「顓頊暦」における斗の宿度は「22度4分の1」と考えられることから、秦国の暦法である「顓頊暦」はその施行に際して、「四分暦」とは「宿度」を異にしている。なぜならば、歳差

を認識しなかった時代とはいいながら、やはり300年以上も使用し続けると冬至日躔などにおいて「暦面」と「宿度」とが一致をみなくなるからである。

　筆者は第5章において「顓頊暦」の暦元が「秦昭王四十八年十一月（冬至月）甲子朔日（JD1626791＝B.C.260XI29)」であるとの仮説を述べた。また、これとは別に第1章において『漢書』「五行志」に掲げられた前漢「顓頊暦」施行下（B.C.104以前を対象）の「日食」の「入宿距度」の分析から、実際の「太陽」は記録上の「太陽」よりも西へ「二度」の位置にあり、これが、「歳差」によるものならば「顓頊暦」の暦元は太初暦施行（B.C.104）より、おおよそ150年以前になることに言及した。両者は、まったく独立したアプローチであるが、その数値はきわめて近似している。

註

（1）　能田忠亮・藪内清『漢書律暦志の研究』17頁. 昭和22年　東方文化研究所.

第7章
「武王伐紂年」歳在鶉火説を批判する

1. はじめに

　「夏商周断代工程」すなわち夏商周年表プロジェクトは、中華人民共和国の第九次五ヵ年計画のプロジェクトの1つであり、具体的な年代が判明していなかった中国古代における夏商周王朝の具体的な年代を確定したものとされる。この統一的見解は、2000年11月10日にプロジェクトの首席科学者である李学勤・李伯謙・仇士華・席沢宗らによって公表された。

　このプロジェクトには、古文字学・古文献学・歴史学・考古学・天文学・歴史地理学・科学技術測年技術等の研究領域から200余人の研究者が加わったとされるが、夏商周年表の作成には、様々な手法が用いられ、このうち天文暦法におけるアプローチとしては、発掘された甲骨文や後世の文献史料をもとに、日食や月食が起きた記事を調べ、天文学的な計算によって、その日食や月食の年月日を算定するという手法が取られた。

　そうはいっても、いまだ伝説の中にある夏王朝の実在性に史料の裏づけなどないのは当然である。これに対して殷（商）王朝は、『古本竹書紀年』あるいは『史記』の記述によって有る程度の断代は可能であったと見る。もっとも、甲骨文に見える「月食」の文言が本当に天文学でいう「Canon of Lunar Eclips（月食）」を表現したものなのか、もしそれが「Canon of Lunar Eclips」ならばそれはいつの頃のものであるかについては、それらがまったく明瞭ではない現状においてはあまり意味を持たない。

　だが筆者がこのプロジェクトで疑義を抱いたのは、「夏商周断代工程」の統括者というべき李学勤が「武王伐紂年（周初の年代）」について、『古本竹書紀

年』の記述に準拠した「B.C.1027」を天象に合わないとして排除し、最終的に『国語』の記述に準拠したと考えられる「B.C.1046」を「武王伐紂年」と確定したことである[1]。

　もっともこの点を精査すると、実際のところは『古本竹書紀年』が示す「武王伐紂年」に準拠した「B.C.1027」が天象に合わないのではなくて、『古本竹書紀年』における「武王伐紂年」の記述にたまたま天象が見あたらなかったということが浮かび上がってくる。

　そもそも「武王伐紂年」と確定された「B.C.1046」は、『国語』「周語」において伶州鳩が周の景王に述べたとされる「むかし武王が殷を伐った時に、木星は鶉火にあった（昔武王伐紂,歳在鶉火）」とする記述を有力な根拠としたと考えられるものの、中国人が五星（惑星）の存在を知り始めるのは戦国時代に入ってからという時代認識を李学勤をはじめとする「夏商周断代工程」の主要メンバーは考慮していないのである。筆者は、なぜ「B.C.1046」という年代が「武王伐紂年」と解釈されたのかを紐解くとともに、この年代を「武王伐紂年」とした「夏商周断代工程」の手法を批判し、五星の記事に準拠しない「武王伐紂年」の算定（すなわち天文記事に基づかない算定）方法をあらためて提言する。

2．「B.C.1046」の算出方法とその疑義

　「B.C.1046」という年代がなぜ「武王伐紂年」に該当しているのかについて、李学勤は「B.C.1046」説が本来 David W. Pankenier（班大偉）の創見であることは認めているものの、なぜ「B.C.1046」説に天文学的な裏づけがあるかについてはその事情を詳細には明らかにしていない[2][3]。しかし、筆者はこの年代が天文学的な裏づけがあるというのだから、その年代算定は、かつて新城新蔵が『東洋天文学史研究』第二篇「周初の年代」において披瀝した数式を幾分か修正したものと確信している。この数式の詳細について、1938年頃に新城が執筆した講演遺稿「天文暦法より見たる支那古代史論」（京大新城文庫No.240）補2頁に記されているが、藪内清はこれを『歴史はいつ始まったか』（159頁

1980年 中公新書）に掲載している。そこで新城の数式を掲げ、David W. Pankenier がどのような修正を加えて「B.C. 1046」説を導き出したのかを紐解き、その上で李学勤が力説する「B.C. 1046」説について検証してみたい。

すなわち新城新蔵は『左伝』の天文記事の研究から、その成立を「B.C. 365」であるとみなし、歳星記事を記載した『国語』の成立も同様に「B.C. 365」とした。そして新城は『国語』の編纂者が単に歳星が12年で周天するものと信じて、歳星が鶉火にある起点となる位置の年次を決定したものと捉えたのである。鶉火は十二次筆頭の星紀よりも五次だけ遡った位置にあるから、「B.C. 365」を遡る5年前に歳星は鶉火にあったことになる。歳星が鶉火にある年は12年周期で繰り返されるので、それ以前に歳星が鶉火にあった年は「$365+5+12m=1066±12n$」の数式が与えられる。mとnはともに正の整数であって、武王伐紂の年代が「B.C. 1046」であることを予見して右辺の式が書かれている。

つまり、David W. Pankenier が新城の数式に見える歳星周期の「12年」を精確な数値である「11.862年」に置き換えて「$365+5+11.862m=1046.134±11.862n$」としたことは明らかであって、「武王伐紂」の年代が「B.C. 1046」であることを予見していたことが容易に理解できるのである。もっとも、David W. Pankenier が「B.C. 1046Ⅲ20」を「武王伐紂」とするのに対して、李学勤はこれに手を加えて「B.C. 1046Ⅰ20」を「武王伐紂」とした。

李学勤が最終的に「武王伐紂」を「B.C. 1046Ⅰ20」としたのは、それなりの理由がある。

「夏商周断代工程」すべての会議に同席を許されたとする作家の岳南が、検証過程の一部始終を再現しながら「夏・商・周年表」の成立までをまとめた『千古学案―夏商断代工程紀実』（2001年 浙江人民出版社。日本語版『夏王朝は幻ではなかった』2005年 柏書房刊。朱建栄・加藤優子訳）がある。この書は「夏商周断代工程」がどのように進められたかについて、その舞台裏の事情を興味深く紹介している。

岳南によれば、当初「夏商周断代工程」の中では「武王伐紂」の年代に対して江暁原が主唱した「B.C. 1044」説が検討されたが、この説に相次いで強い

第 7 章 「武王伐紂年」歳在鶉火説を批判する　229

疑問が呈されたという。そのため、劉次沅が「歳星が鶉火に在る」年を「B. C. 1094」・「B. C. 1083」・「B. C. 1046」の 3 つに絞り込んだ上で、張培瑜の『三千五百年暦日天象』におけるデータを用いて、「歳星（＝木星）が鶉火に在る」年月日を「B. C. 1046 I 20」と比定したとする。だが、張培瑜の『三千五百年暦日天象』（1997年大象出版社）には木星などのデータは全く掲載されていない。つまり岳南の説明には誤りがあり、実際のところ劉次沅が参考にした張培瑜のデータは夏商周断代工程専家組の求めに応じて張培瑜が新たに算出したものであり、これは「B. C. 1050–B. C. 1010」間における「甲子日克商日月五星位置及歳鼎（木星中天）」として『夏商周時期的天象和月相』（2007年　世界図書出版公司）の書名で上梓されている。

　単刀直入に言えば、「夏商周断代工程」の主要メンバーというべき夏商周断代工程専家組は、1999年段階において「武王伐紂」の年代を「B. C. 1050–B. C. 1020」間に絞り込んだ上で、これを「B. C. 1046 I 20」と比定していたが、最終的には先周文化に該当する灃西 H18 灰坑で得られた放射性炭素 C14 のデータを考慮して、当該年代の下限を10年ほど繰り下げたのである。「武王伐紂」の年代が「B. C. 1050–B. C. 1010」間となったのはこのような事情によるものの、当初から夏商周断代工程専家組の趨勢は「武王伐紂」は「B. C. 1046 I 20」と傾いているのだから、年代の下限を10年ほど繰り下げたとしても全く意味はなかったことになる。

　しかるに李学勤は、劉次沅が提示した「B. C. 1046 I 20」に対して検討を行い、西周初期の「利簋（青銅器）」（『文物』1977年 8 期）の銘文にある「武（武王）征商，隹（唯）甲子朝。歳鼎，克聞（昏）夙又（有）商」に合わせ、この文言に見える「歳鼎」を『国語』「周語」の「歳星が鶉火に在る（昔武王伐紂,歳在鶉火）」と捉え、かつ「甲子」を「武王伐紂」の日干支と解釈したのである。その際、李学勤は劉次沅が拠り所とした張培瑜算出の「B. C. 1050-B. C. 1010」間における全ての甲子日251個を李学勤自身も忖度し[4]、最終的に鶉火の位置に在る歳星が夜間に中天する甲子日の時間を「B. C. 1046 I 20」と確定したが、その最終的な結果は夏商周断代工程専家組の『夏商周断代工程階段成果報告―

繁編—』(2001年, 世界図書出版公司) に明記してある。

　ちなみに張培瑜のデータによれば「B.C. 1046 I 20」は、「JD＝1339391＝甲子〔日干支〕」であり、かつ歳星（木星）中天は牧野平均時「23：75」となっており、このデータによって李学勤は自らが求める全ての要件を満たしているものと考えたのであろう。しかしながら、「23：75」とは「23時45分（23h45m)」なのであって、この時刻は真夜中であって「甲子」と「乙丑」の境界線上にある。つまり精確な時刻制度が存在しない古代とはいえ、甲子〔日干支〕を根拠に「B.C. 1046 I 20」を主張するには極めて説得力に乏しい。もっとも、David W. Pankenier が主張する「B.C. 1046 III 20」では、「JD＝1339451＝癸亥〔日干支〕」となって、明らかに甲子の前日となるので、李学勤はこれを排除したものと解せられるのである。

　筆者の分析では、李学勤が「武王伐紂」を「B.C. 1046 I 20」としたのは、このような事情によっている。だが、李学勤によって「武王伐紂年」と確定された「B.C. 1046」は『国語』「周語」における「むかし武王が殷を伐った時に、木星は鶉火にあった（昔武王伐紂, 歳在鶉火）」とする記述（東周の景王二十三年に家臣の伶州鳩が景王に求められて回答した逸話）なのである。実のところ、中国人が五星（惑星）の存在を知り始めるのは戦国時代に入ってからであって、春秋時代以前において中国人は歳星というものを認識していなかったのである。これは第3章で詳述したとおりである。つまり、『国語』「周語」において周武王が紂を討伐した時に、歳星が鶉火に在ったなどという逸話は全くの虚構に過ぎない。

　筆者はこのような虚構に翻弄されて「武王伐紂」を最終的に、「B.C. 1046 I 20」と確定した李学勤をはじめとした夏商周断代工程専家組を批判するものである。

3.『古本竹書紀年』「B.C. 1027」説排除についての疑問

　周初の年代を明記しているのは唯一『古本竹書紀年』であるとして、「武王

伐紂年」を「B.C.1027」に比定したのは陳夢家である（『西周年代考』1955年 商務印書館〔上海〕）。晋の晋太康年間（A.D.280頃）汲郡（現在の河南省）にあったとする戦国時代の魏襄王の古墳が盗掘され、その際に多数の竹簡が出土した。その竹簡の中に夏・殷・周・晋を経て魏襄王に至るまでの編年体の記録が見いだされた。これは校定を経て『竹書紀年』と呼ばれた。その完本は宋代に散佚したが、明代になって偽撰の『竹書紀年』が現れた。そのため、清末の朱右曾や清末民初の王国維などは諸書に引用された本来の『竹書紀年』を抽出してこれを輯本化し、偽撰の『竹書紀年』との違いを明確化した。したがって、現在では輯本化された『竹書紀年』を『古本竹書紀年』、偽撰の『竹書紀年』を『今本竹書紀年』と呼んで区別している。

　すなわち、『史記集解』所引「周本紀」注所引『古本竹書紀年』に「自武王滅殷以幽王、凡二百五十七年」とある。周は初め鎬京を都としていたが、幽王は蛮族に殺され、次の平王は都を東方の雒邑（洛陽）に遷した。そこで、武王から幽王までを西周と呼び、平王以降を東周と呼ぶ。上記の257年とは西周の存続年数である。『史記』「十二諸侯年表」に「平王元年、東徙雒邑」とあるが、この年は辛未であり、「B.C.770」とされている。いま、西周の存続年数257年を、「B.C.770」に加えれば周初の年代として「B.C.1027」を得る。

　「夏商周断代工程」が『古本竹書紀年』の「B.C.1027」説を俎上に載せ、これを張培瑜によって算出された「B.C.1050-B.C.1010」間における全ての甲子日251個のいずれかに適合するかを検討していたことは評価に値する。だが周知の通り、『古本竹書紀年』の殷末周初の記述において天文記録は伝存していないのであるから、李学勤が『古本竹書紀年』に基づく「B.C.1027」説を天象に合わないという理由で排除したのは、極めて訝しく思える。これは年代確定にあたっては天文史料をもって至上とする「夏商周断代工程」の方針に影響を受けたものであるが、後世に大きな課題を残したといえよう。

4．まとめ

『国語』「周語」において周武王が紂を討伐した時に、歳星が鶉火に在ったなどという逸話はそもそも歳星の存在を認識していない殷末周初には、あり得ぬことであるから全くの虚構に過ぎない。しかしながら李学勤が、「夏商周断代工程」においてこの虚構を基礎に「B.C.1046」を「武王伐紂年」と確定したことは、後世に大きな課題を残したと解せられる。

『古本竹書紀年』は殷末周初の記述において天文記録を記していないが、周初の年代を明記しているのは唯一『古本竹書紀年』であり、その年代は「B.C.1027」となる。筆者は「武王伐紂年」に対して『古本竹書紀年』に基づく「B.C.1027」説を強く主張するものではないが、明らかに後世における虚構性をもつ史料を消去していくと、「武王伐紂年」で最後に残るものは、現段階ではただ『古本竹書紀年』の記述のみだということを附言しておきたい。

2008年10月24日になって『清華簡』の発見が報じられた。この中で『竹書紀年』に近似する編年記があるとの情報を受け、同年12月26日に筆者は中国国家天文台の韓延本とともに清華大学歴系李学勤研究室を訪れた。李学勤の説明によれば、当該資料は古きは西周初年の著名な事件が記され、新しきは戦国前期における趙や韓の名が認められるとのことであった。当該資料の分析と検証が望まれる。

2009年8月3日付、『光明日報』において、李学勤は『清華簡』中の『耆夜』と称される文献について概要を述べている。この中で李は『耆夜』を『尚書』の「商書」の中にある「西伯戡黎（＝耆）」と関連づけるとともに竹簡上に書かれた「武王八年」の文言をもって、西伯が文王ではなく武王であることが証明されたとする。そして、この一連のできごと（武王が耆を討伐した事件）の中で「歳有〔歙〕行」という竹簡書上の文言にある「歳星」の運行として促えている。しかし、歳星記事が記されているのであれば『耆夜』は明らかに戦国時代の所産なのである。この辺の事情を李は認識しなければならない。

第 7 章　「武王伐紂年」歳在鶉火説を批判する　　233

　ちなみに、劉次沅が提示した「B.C.1046 I 20」説についてであるが、劉次沅の『従天再旦到武王伐紂—西周天文年代問題』（夏商周断代工程叢書、2006年世界図書出版公司）および夏商周断代工程専家組の『夏商周断代工程階段成果報告—簡編—』（2000年、世界図書出版公司）によれば、『古文尚書』「武成」に見える暦日と『国語』「周語」における伶州鳩の言辞（周武王が紂を討伐した時に、歳星が鶉火に在ったなどという逸話）を劉次沅が重要な根拠にしたと記しているが、この説について筆者の批判的見解および筆者が有力視する『古本竹書紀年』を根拠とした「B.C.1027」説を張培瑜に伝えた上で、彼自身の意見を求めたところ、張培瑜より「劉次沅之伐紂B.C.1046 I 20説是根本站不住脚的」および「武王伐紂年是B.C.1027（依拠『古本竹書紀年』）」との回答を得た[5]。

小泽先生：您好！

　刘次沅之伐纣公元前1046.1.20.说，主要是依据古文尚书《武成》历日和《国语周语》伶州鸠所述伐纣天象得出的（参见《夏商周断代工程阶段成果报告简编》，世界图书出版公司，2001年）。此说是根本站不住脚的。

1，古文尚书《武成》可疑。刘歆《汉书律历志世经》所引《武成》历日有没有经刘歆改动也很可疑（他明显地改动《史记世家》年数而不加任何说明）。更关键地是，"既死霸越五日甲子"，刘次沅选取的"既死霸"作为定点月相，为月中之十八日。"既死霸" 既非朔又非望，也不是弦月和朒月，无据且站不住脚。

2，上面之说，还可认为是学术观点不同，属学术争论的范畴。但，采用《国语周语》伶州鸠所述伐纣天象来得出武王克商年代，可以肯定地说，这是个错误和硬伤。因为，《国语周语》伶州鸠所述伐纣天象是战国后人伪造的。而只能依据真实的天象观测记载，才能复原历史年代。有关论证，请参见附件一（这部分内容，可能的话望小泽先生仔细审阅、看看，如果没有不妥我希望能争取把它早日发表）。

我认为，武王克商年代为公元前1027年前后，理由是：

1，文献学的依据

古本《竹书纪年》是唯一记载西周年代的战国文献，它明确记载"西周二百五十七年"。东周从公元前770年平王东迁开始，公元前770年加257年为公元前1027年，这就是是古本《竹书纪年》记载的西周始年。与其他文献比较而言，古本《竹书纪年》的记载应是较为可信的。三统历世经的说法时代较晚，它明显地改动《史记》年数而不加任何说明，且它的结果多系推定不足为据。

2，文献记载的某些伐纣天象疑点太多，但关于"五星聚房"天象，六七百年才可能发生一次，并且古代学者无法返推或伪造，可作为一项天文学的依据予以考虑（参见附件二）

3，碳14测年结果证实古本《竹书纪年》记载的西周始年很可能比较可信

在断代一期工程中，考古测年两种常规法得出的克商年代范围是非常密近的，都近于公元前1050—1010年，（考古所和北京大学分别得出的结果是公元前1049—1009年和公元前1048—1008年），AMS法得出的结果是公元前1060—995年。他们都是置信度为68.27%的置信区间（误差限是一个标准偏差σ，sigma）。而它们的概率密度曲线的最大值（最或然值,或数学期望值）都约当公元前1027年左右，都与古本《竹书纪年》给出的克商年代相近。

4，殷墟甲骨宾组月食卜辞的证认结合周祭研究成果和文献记载也证实古本《竹书纪年》记载的西周始年比较可信。

5，根据對《史記》和文獻中有關夏商周三代世系年代的記載進行了梳理，並做了初步的概率統計。在三代積年的高低年值中，很可能低年值说（1027BC）更比較可信（參見附件三）。〔著者註：附見一～三は省略〕

以上供小泽先生参考。

　　　　　　　　　　　　　　　　　　　　　　　张培瑜敬上
　　　　　　　　　　　　　　　　　　　　　　　2008年4月22日星期二

　　かつて張培瑜は、張鈺哲と連名で「武王伐紂年」を「B.C.1057」と想定し

第 7 章 「武王伐紂年」歳在鶉火説を批判する　235

ていた（1985年第 5 期『人文雑誌』所収「殷周天象和征商年代」）が、現在は筆者と同様の見解となっていることに安堵の念を覚えた次第である。もっとも2008年 5 月27日から29日まで台湾の佛光大学に於いて開催された「第一屆世界漢學中的《史記》學國際學術研討會」に提出された張培瑜の論文「史記與三代紀年」（P.1–P.26）を見ると、張培瑜は『古本竹書紀年』に依拠した「武王伐紂年B.C.1027」を重要視する一方で、「B.C.1050–B.C.1010」を土台としながら偽書である『今本竹書紀年』の「帝辛（＝紂王）三十二年五星聚于房」の記事を信憑性があるものと捉えている。

　その主張は「五星聚于房」は「五星会聚于房25.4の角度以内」で確実に「B.C.1019Ⅸ」の期間内で発生したとするが、筆者（小沢）は張の主張に対して「五星（Planets）」の存在を認識していない殷の時代に「五星」を記すはずはないとの反対意見を持っている。なぜなら、『今本竹書紀年』に見えるこの一条は、明らかに「五星」の認識を持ち始めた戦国時代以降のものであり、所詮『春秋緯元命苞』などに記された「殷紂之時、五星聚于房」という荒唐無稽な創作記事を引用したに過ぎないと考えているからである。

　中国の常言に「木匠多了蓋歪房」という言葉がある。日本語では「船頭多くして、船、山に登る（あれこれ指示する人が多いため、かえって物事の進行が妨げられたとえ）」（三省堂『新明解国語辞典』第六版）に近いが、まさに「夏商周断代工程」の夏商周断代工程専家組が下した「武王伐紂年」は、シニカルなことながらこの言辞に当て嵌まるのではないだろうか。

註

（1）　李学勤「夏商周断代工程的主要成就 1 & 2 」（「名家講壇」www.d-library.com.cn）
（2）　李学勤「揭開夏商周断代之謎」（2004年 6 月17日 中国科学院WWW.CAS.CN）
（3）　David W. Pankenier「商和西周時代的天文年代」（『古代中国』7 期1981年）
（4）　張培瑜・張健『夏商周時期的天象和月相』所収「甲子日克商日月五星位置及歳鼎（木星中天）」（2007年 世界図書出版公司）。もっとも、2007年 4 月28日に中国科学院紫金山天文台（321号室）に於いて、張健自身が筆者（小沢）に語ったところでは、本論考は張培瑜氏自身が成稿したものであって張培瑜の配慮によって連名となっ

たということである。当該論文中に李学勤がこの「B. C. 1050–B. C. 1010」間における全ての甲子日251個のいずれかが「武王伐紂」に該当するものと解釈していることが記されている。
（5） 張培瑜より筆者あて2008年4月22日付のE-mailに添付された張培瑜の見解。

第8章
『史記』「六国年表」の改訂と「JD」

1．はじめに

　戦国時代は群雄割拠にして弱肉強食の世界であり、結果として秦始皇帝の武力の前に、全ての国は併呑され滅亡せしめられたのである。したがって、滅亡した列国の歴史は秦が残した『秦記』によって間接的に記載されたにとどまる。その『秦記』は秦滅亡の後に、漢王朝に受け継がれ、司馬遷の『史記』の基本史料となったことは周知の通りである。

　ただし、戦国時代における魏国史料に関しては晋太康年間に出土した『古本竹書紀年』がある。この史料はすでに散佚してしまったが、各書物に引用された『紀年』を輯本化したテキストからその概要が復元できる。実はこの『古本竹書紀年』に記された魏のできごとと、『史記』に記された魏のできごととを比較すると、後者の側がもともと『秦記』によって間接的に記載されたこともあって正鵠を射ていないことがある。

　中国の歴史研究者である楊寛は、その著『戦国史』（第一版 276頁 1955年 上海人民出版社．改訂第二版 588頁 1980年 上海人民出版社）の中で朱文鑫の『歴代日食考』の日食データを用い、『史記』「六国年表・魏表」における魏恵王元年は「B.C.370」とされているが、『古本竹書紀年』では「B.C.369」に該当していることから「六国年表・魏表」に1年のズレを見いだし、かつその魏恵王の治世年も『史記』「六国年表・魏表」とは異なるとの主張をされた。そこで筆者らは、『中国古代の天文記録の検証』において、楊寛らの提言に筆者らの意見を加え、新たに「六国年表・秦表」の部分改訂を提言したのである。これに対して、楊寛も『戦国史』第3版（1998年 上海人民出版社）にて筆者らのデー

タ（B.C. 240におけるハレー彗星運行軌跡図）および提言を引用された。ただし、楊寛自身は「六国年表・秦表」の改訂までは認められていない感がある。

　実際『史記』は『春秋』と異なり、天文史料に信頼を欠くものが少なくない。『中国古代の天文記録の検証』における「六国年表」改訂への提言が部分的であるのはそのためである。しかし、平勢隆郎は次のように解釈して本来の編年を復元できたと主張するに至ったのである。すなわち『史記』は、立年称元（前君主が死去した年を新君主の元年とする制度）を踰年称元（前君主死去の翌年を新君主の元年とする制度）と誤解して編年し、そこから生じる「矛盾」を処理するため、原資料に恣意的な改竄を施しているがこれらの矛盾はすべて解決し、本来の編年を復元できた。その年代矛盾の解消の一例が「秦恵文公三年，日蝕」であるとしている。

　しかしながら、天文史料を年代決定に用いる場合には、予め「JD」を理解しておかなければならない場合もある。「JD」とは、一般には「ユリウス通日 (Julian Days)」と称せられている通日制であって、これは、B.C. 4713 Ⅰ 1の正午 (noon) をもって$0^{d}_{.}0$と定め、以後は年代を超えて日数だけ使って通算するという通日制度である。殊に日食を年代決定のタイムマーカーとする場合、「JD」は重要な指標ともなるのである。

　以下、通説となっている魏恵王元年「B.C. 369」説をまずとりあげ、次に平勢が力説する秦恵文公三年「B.C. 336」説の正否を検証するとともに、平勢が主張する楚の「戦国四分暦」について分析してみる。

2．魏恵王元年「B.C. 369」説

　『史記』「魏世家」と『史記』「六国年表・魏表」には魏恵王の治世を三十六年までとするが、『古本竹書紀年』には梁恵成王（魏恵王）は治世三十六年に改元して、さらに治世を続けたとある（『史記集解』所引『古本竹書紀年』および『史記索隠』所引『古本竹書紀年』）。また『開元占経』所引『古本竹書紀年』には

　　　「梁恵成王（魏恵王）元年，昼晦」

という記事がある。魏表では魏元年を「B.C.370」としているが、この年に中国で見られる日食はない。この日食は秦献公十六年の日食（B.C.369 IV 11, oppolzel №.2017r）に対応すると思われる。したがって、魏表は恵王の年代に1年のズレがあると認められる。この部分の略年表を示せば次の通りだが、特に「JD」に抵触する問題は生じない。

B.C.	369	368〜335	334〜319	318
秦　　表	献公16	17		
魏　　表	恵王2	3〜36	襄王　1〜16	
古本竹書紀年	恵王1	2〜35	恵王後元　1〜16	17

なお、『古本竹書紀年』の魏恵王後元の治世年については楊寛の「16年説」と筆者の「17年説」がある[1]。

3．秦恵文公三年「B.C.336」説

　平勢隆郎は新著である『史記の正統』（120-105頁, 2007年　講談社学術文庫）の中で「年代矛盾の解消の結果」として、前著『史記二二〇〇年の虚実』（101-124頁, 2000年　講談社）に引き続き、紀元前三三六年は秦恵文君三年であるとしている。その根拠は『史記』「六国年表」の「秦表」に記載された「秦恵公三年, 日蝕」は、従来では現代的推算によって存在しないことになっているとのことで、そのため「秦恵公三年, 日蝕」の記事は「秦恵文君三年, 日蝕」と改めなければならず、これを裏づける秦恵文君三年には確かに日食が存在すると主張する。

　まず、平勢は『史記』「六国年表」の「秦表（B.C.397に相当する）」に記載された「秦恵公三年, 日蝕」は、従来現代的推算によって存在しないとしているが、遺憾ながらこれは事実ではない。なぜなら「秦恵公三年, 日蝕」については、朱文鑫の『歴代日食考』（1934年　商務院書館　上海）も渡辺敏夫の『日本・朝鮮・中国―日食月食宝典』（1977年　雄山閣出版）だけでなく斉藤国治・小沢賢

二の『中国古代の天文記録の検証』(1992年　雄山閣出版) もB.C.397 Ⅳ21の「日食」(oppolzel No.1952r) として同定しているからである。

　それはそれとして、平勢が年代矛盾の根拠として強く主張する「B.C.336の秦恵文君三年，日蝕」というものが本当に存在するのだろうか。平勢はどうしても「紀元前三三六年」は「秦恵文君三年」であるとしたいようであるので、平勢が「確かに日食が存在する」とする紀元前三三六年を調査してみることにした。実際調査を行ったところ、この年には地球上において次の3つの日食が発生したことが判明する。

　すなわち、3つの日食は以下のとおりである。

① 「B.C.336 Ⅰ 8」(oppolzel　No.2089r)

② 「B.C.336 Ⅶ 4」(oppolzel　No.2090t)

③ 「B.C.336 Ⅻ 28」(oppolzel　No.2091r) (平勢『新編　史記東周年表』p.170にはこの日食を恵文君三年に比定する)

　このうち、①「B.C.336 Ⅰ 8」(oppolzel No.2089r) は中国大陸では見えない日食であるから除外され、②と③が検討対象となるが、張培瑜の『三千五百年暦日天象』所載「中国十三歴史名城可見日食表」(1997年　大象出版社) によれば、②「B.C.336 Ⅶ 4」(oppolzel No.2090t) は中国大陸南部で微食となるものの「魯都曲阜」では「不食」である。したがって、平勢が強い拠り所とする「紀元前三三六年」の「日食」は③「B.C.336 Ⅻ 28」(oppolzel No.2091r) に限定されることになる。この「日食」は「$JD=1599061$」であるから、張培瑜も日干支を「甲寅」とする。

　さて、この「日食」が発生したとされる期日を平勢の『中国古代紀年の研究』「表Ⅱ　戦国四分暦の大小配置と朔日干支」の「戦国暦のパターンⅡ (月序は顓頊暦)」所載「図表 (横組み45頁)」(平成8年　東京大学東洋文化研究所) で参照すると、その期日 (甲寅) は「紀元前三三六年」ではなくて、翌年 (恵文君四年) の「紀元前三三五年の二月 (第5箇月)」に組み込まれている。つまり「年代矛盾の解消」どころか、かえって自らの主張が自らの著作によって否定されると

いう結果をもたらしている。ユリウス暦では年末に起こった「日食」であるのだから、一箇月以上のズレをもつ中国暦ならば、この「日食」が中国暦で翌年に組み込まれることを予め想定しておかなければならないのは当然のことである。

　さらに加えていうならば、実のところ平勢は張培瑜の別著である『中国先秦史暦表』所載「冬至合朔時日表」(1987年 斉魯書社)を使用しているのだから、この99頁をみれば問題としている「日食」が、「冬至月」の翌月朔日に発生していることを認識していなければならない(日食は朔に起こるということである)。ところが、平勢は前述した『中国古代紀年の研究』において、問題とした「日食」の期日を無意識に「冬至月」よりも3箇月後の「二月」と組み込んでいる。「JD」を念頭に置いていないため、このような常識を逸脱する暦表が作成できたのであろう。つまり平勢は秦の「顓頊暦」を「十月・冬至月(十一月)・十二月」を「春」と看做し、「一月・二月・三月」を「夏」と看做していることは周知の通りであるが、十月歳首であれ、正月歳首であれ問題とした「日食」の期日は明らかに恵文君三年ではなくて、翌年の恵文君四年に組み込まれることになる。したがって、平勢が主張した秦恵文君三年「B.C.336」説は致命的なケアレスミスがあり、まったく成り立たないのである。

4．楚の「戦国四分暦」と「十九年七閏法」

　平勢が「JD差」を念頭に置いていないことは、『中国古代紀年の研究』所載の「表Ⅱ　戦国四分暦の大小配置と朔日干支」という称せられた膨大な「図表」からも、はっきりと読みとれる。

　「四分暦」の名称は一年の長さを「三六五日四分之一 (365日¼＝365^d.25000)」に採ることによるが、太陰太陽暦であるから一箇月の長さは朔望月を基準としてある。そのため季節の調節は十九年間に七個の閏月を挿入することによって行われた。この暦法は「十九年七閏法」といわれ、また十九年を一章とよぶことから「章法」とも呼ばれたりしたが、十九年の月数は二百三十五であり、一

朔望月の値としては「29ᵈ53085」日を採用しているのである。つまり、一朔望月＝（365日¼）×19年÷235朔望月＝（29⁴⁹⁹⁄₉₄₀＝29ᵈ53085）日なのである。

けれども「JD差」を念頭に置いていない平勢は、「四分暦」における「十九年七閏法」に留意していない。例えば上記「表Ⅱ 戦国四分暦の大小配置と朔日干支」の「戦国暦のパターン Ⅰ（月序は楚正）」と名付けた「図表」（横組み44-46頁）に掲載された蔀首（＝章首）となる部分の「紀元前三五一年（丁亥）」から「紀元前三三三年（辛酉）」までの十九年間には何と「六閏」で済ませている。これを更に精確に表現するならば、平勢は「紀元前三五一年（丁亥）冬至（二）月」から「紀元前三三二年（丙寅）十二月」までの「二四三朔望月」をわずか「六閏」で済まそうとしているのである。「四分暦」の基本定数を考えれば、「二三五朔望月」に「七閏」を配置しなけれならならないのは当然のことである。

つまり、これでは一朔望月＝（365日¼）×19年÷243朔望月＝「28ᵈ558641」日となって、明らかに平勢が主張する楚の「戦国四分暦」がまったく「四分暦」の要件を備えていないことを浮かび上がらせてしまうのである。否、そもそもこのような日常生活に混乱をきたすほどの異常な暦は世に存在しえない。

念のため当該「図表」全て（横組み44-70頁）を巨視的な立場で俯瞰的に精査してみると、一蔀（十九年×四章＝七十六年）についての「置閏配分」が「六閏（第一章）・七閏（第二章）・八閏（第三章）・七閏（第四章）」という極めて異常な規則性から構成されていることが判明する。

つまり紀元前三五一年から紀元前一〇五年までの二四七年間はすなわち「十三章（二四七÷十九年＝十三章）」となるが、「十三章」の二四七年とは「三蔀（一蔀七六年×三＝二二八年）」に「一章（十九年）」を加えたものであるため、上述した一蔀（＝七十六年）を「六閏（第一章）・七閏（第二章）・八閏（第三章）・七閏（第四章）」とする極めて異常な規則性をもったパターンが三巡（すなわち第三蔀まで）も繰り返され、加えて四巡目（すなわち第四蔀）の第一章（十九年）つまり四度目の「六閏」までが姿を現しているのである。

これは第一章の十九年を「六閏」としたことの辻褄合わせを第三章の十九年

第 8 章 『史記』「六国年表」の改訂と「JD」 243

にて「八閏」としていることから、平勢が一章十九年単位の「置閏配分（十九年七閏）」を考えずに、一部七十六年単位の中で、コンピュータ上の「置閏配分」を誤って入力した可能性が極めて高い。

実は筆者（小沢）は、「壬申（＝1992年）年正月　筆者（＝平勢）」と手識された「楚暦小考―対《楚月名初探》的管見」という論文（1981年第二期『中山大学学報』哲学社会科学版）を平勢から受領したことがある。この論文は平勢が東京大学大学院人文科学研究科修士であり、現在松丸道雄教授の指導の下に中国古代史研究に従事していることが注記されている。

しかるにこの論文は、曾憲通が発表した「楚月名初探―兼談邵固墓竹簡的年代問題」（1980年　第一期『中山大学学報』哲学社会科学版）に対して異議を申し述べたものであり、平勢は、秦の「顓頊暦」の暦元は紀元前三六六年立春朔であると述べるとともに、楚暦を秦の「顓頊暦」とは相違するとしながらも、これも「顓頊暦」と称することができると主張したものである。しかしながら平勢は、この楚暦の具体的な置閏方法を「十九年七閏」として図表に大きく掲示し（p. 108）、本文においても「19年＝235月（包括 7 閏月）＝456節気」と明示しているのである（p. 109）。筆者はその後の平勢の論考を精査したが、「十九年七閏」である楚暦が上記のような異常暦法になったとする自説変更の見解を未だ確認していない。だから平勢が作表した「楚正」はコンピュータ上のケアレスミスの産物であると明言できるのである。

もっとも、平勢は自ら作製した「戦国四分暦」の「図表」が実際「十九年六閏」や「十九年八閏」といった支離滅裂というべき「置閏配分」になっていることに何ら気づいていないようであり、このような二四七年間に渉る「怪怪奇奇なる暦法」を基礎にして周家台三〇号出土の木牘資料が「陳勝の楚正」（『史記の正統』69-71頁）であると明言しているのは、研究者として大いに問題である。平勢はあらためてここに「四分暦」の定義を確認する必要がある。

5．まとめ

　蓋し、編年の改訂作業を試みる場合は、天文学の基礎的知識というべき「*JD*」を予め理解しておかなければならない。「*JD*」とは、一般には「ユリウス通日 (Julian Days)」と称せられている通日制であって、これは、B.C. 4713 I 1の正午（noon）をもって0.̇0と定め、以後は年代を超えて日数だけ使って通算するという通日制度である。殊に日食を年代決定のタイムマーカーとする場合、「*JD*」は重要な指標ともなる。

　平勢は自説に反論する場合には、自分と同じ膨大な「年代矛盾の解消作業」を提示するべきだとするが、平勢が主張している「年代矛盾の解消」は、その基礎的な骨組みにおいてチェックすべき「*JD*」を指標においていない。そのため平勢が主張する編年の改訂は上述した通り、脆弱な構造欠陥を有していてすでに瓦解している。筆者は平勢が「*JD*」の概念を深く理解された上で、編年の改訂作業に再挑戦されることを切に祈念するものである。

註
（1）　小沢賢二「史記会注考証校補弁証（一）」『双文』　昭和58年　群馬県立文書館

第9章
「天再旦」日食説の瓦解

1．はじめに

『古本竹書紀年』に見られる「周懿王元年,天再旦于鄭」という記事の「天再旦」という文言を「周懿王元年の日食」と解釈し、その年代を決定しようとする試みがある。例えば劉次沅は「B.C.899Ⅳ20」におこった「日食」だと主張し（『從天再旦到武王伐紂』2006年　世界図書出版公司）、また李学勤は「B.C.899Ⅳ20」か「B.C.925Ⅸ3」の「日食」だと主張しているが（『夏商周断代工程主要成就』2006年　国家図書館分館）、平勢隆郎は「B.C.903 Ⅶ3」におこった「日食」だと主張している（『よみがえる文字と呪術の帝国』2001年　中公新書）。

劉次沅は「天再旦」を日出と共に日食となる特殊な「日出帯食」と解釈したため、これに該当する「B.C.899Ⅳ20」の日食と看做した。劉の見解の当否はともかくも、その主張の意図は単純明快で理解しやすい。李学勤が提言している2つめの「B.C.925Ⅸ3」の「日食」は中国大陸を西から東に横切る金環食である。李学勤は、2001年当時は夏商周断代工程専家組の一員として劉次沅の「B.C.899Ⅳ20」説を支持していたが（夏商周断代工程専家組『夏商周断代工程階段成果報告—繁編—』2001年 世界図書出版公司）、上記の如く後になってこの説に「B.C.925Ⅸ3」説を併記して主張するに至っている。

これに対して、平勢の主張は遠回しな論理構成であるが、歴史における年代決定の問題だけでなく、地球の自転速度の減速を示す「Δt」の数値にも影響を及ぼしかねないので詳しく説明する必要がある。

すなわち、A.D.628（推古天皇三十六年）Ⅳ10に飛鳥で起こったとされる日食は、『日本書紀』において「日有食盡之」と記載されている。この日食に対し

て斉藤国治は「皆既日食」に近い「深食」と看做し（斉藤国治『星の古記録』1982年 岩波新書）、最新の「Δt（地球の永年速度の気まぐれの減速変化）」を念頭においているF. Richard Stephenson も斉藤と同様に「皆既日食」に近い「深食」と看做した（F. R. STEPHENSON AND M. A. HOULDEN著『ATLAS OF HISTORICAL MAPS,EAST ASIA 1500BC-AD1900』1986, Cambridge University Press. ）。

　これに対して平勢は、古川麒一郎（元、東京大学東京天文台教授）の解釈を受け入れ、日食表記の「盡」は皆既日食であるとし、F. Richard Stephensonらが作成した日食経路に変更を加えて、まず飛鳥で「皆既日食」が見られたと想定する日食経路を示した（図1）。そして次にこの解釈を、再びF. Richard Stephensonらが作成した中国の国境外北方で見られたであろう「B. C. 903 Ⅶ3」の「皆既日食」に援用し、古川のアドヴァイスを受けて、「皆既日食」が起こったとされる食帯エリアを西安（王都鎬京）まで繰り下げ、『古本竹書紀年』に見られる「天再旦于鄭」という記事を「周懿王元年の日食」に比定しているのである（図2）。平勢の主張には二段階を経て行われているので、その正否について一段階ずつ検証してみることにする。

2．日食表記における「盡」とは何か？

　第一の検証は「盡」が果たして「皆既日食」を表現しているか否かである。これに関しては、すでに筆者の精査によって、日食はその種類によって表記方法が異っていることが判明している。つまり一般の日食は「日有食之」と記述するが、「皆既日食」の場合は「日有食之,既」とし、「既」の文字を用いる。そして、「深食」は「日有食之, 幾盡」とし、「盡」の文字を用いるのである。日食に「盡」が使用されるのは、正史筆頭の『漢書』をもって嚆矢とするものであり、本邦における正史筆頭の『日本書紀』はこれに倣ったとみるべきである。第2章に詳述してあるとおり「盡」の語が「皆既日食」に用いられたケースは皆無である。つまり、日食に関して「盡」の語が「深食」を表現するものであることはほぼ動かしがたい事実と考えられるので、「盡」の語を根拠に飛

鳥の日食が「皆既日食」であると仮説はそもそも成り立たない。

　ちなみに古川は「Δt」に対して、歴史記録によって決められる正しい数値とはA.D.1600年を上限とし、それ以前は正確な時刻や観測した場所が書き残されていないと公言されている（2006年6月2日三鷹の国立天文台にて開催された「歴史的記録と現代科学研究会」における古川の口頭発表「古代の ΔT 推定値の信頼度」"Accuracy of the ΔT estimation in ancient times"）。そのためF. Richard Stephensonが『ATLAS OF HISTORICAL MAPS, EAST ASIA 1500BC-AD1900』において、飛鳥の日食を「皆既日食」と看做していないのは、F. Richard Stephensonが「Δt」の気まぐれな運動特性を捉えていないからだと思っている。

　地球の永年速度の気まぐれの減速変化を考慮した「Δt」が「放物線」との微妙なズレを示す「スプライン曲線」を描くことはF. Richard Stephenson などによって今日の通説となっていることは周知のとおりであるが、古川が述べるようにA.D.1600年以前においては精確な時刻や観測した場所を書き残した史料がないというのは全くの事実誤認である。実際、A.D.1600年以前において精確な時刻や観測した場所を書き残した史料は散在する。その史料のうち、『アルマゲスト』に載るバビロンで起こったB.C.721 III 19夜の「皆既月食」、ならびにB.C.720 IX 1の「皆既月食」の二個の月食記事は、記述が極めて詳細で信用度が高い歴史史料と考えられており、これが正確な時刻や観測した場所が書き残された最古の史料といえよう。したがって、F. Richard Stephenson はバビロンの皆既月食の記録を、信用できる「Δt」の定点（上限）として考える中で、飛鳥の日食が「皆既日食」に成り得ないと判断を下したのであって、中国国家天文の韓延本も同様に飛鳥の日食は断じて「皆既日食」ではないと判断したのである。

　まさにこれは、「盡」が「深食」であることを日食表記および「Δt」の両面から裏づけた形となり、飛鳥の日食を「皆既日食」だと訴えている古川の主張の方が、皮肉にも専家が解釈する「ΔT」の平均値と比べて、永年変化の減速が大幅に遅れていることを明確に示している〔16〕。もっとも、A.D.628（推古天皇三十六年）IV 10に起こった日食を「皆既日食」であると明確に公表し

ているのは谷川清隆らの研究だけであって、古川はその根拠を論文誌上等で示していないために、古川の主張の根幹をなすデータはまったく不明である。ちなみに平勢が不利を承知で引用せざるを得なかった『ATLAS OF HISTORICAL MAPS, EAST ASIA 1500BC-AD1900』においては、飛鳥の日食を「皆既日食」に比定することには消極的な態度であることが述べられていたのだが（同書273頁）、古川・平勢両氏にとって不幸なことに、1997年のF. Richard Stephensonの新訂版『Historical Eclipses and Earth's Rotation』(F. Richard Stephenson：Cambridge University Press.）では更に冷淡となり、飛鳥の日食については全く無視してしてしまっている現実がある。この背景についてF. Richard Stephenson自身は「明らかに飛鳥の日食が皆既日食ではないからである」と筆者に述べている。

　筆者は久しい間、日食表記の違いにあまり注意を傾けなかったが、先年あらためて天文史料の洗い直しを行ったところ、遅ればせながら「盡」の語義が「深食」を示していることに気づいた次第である。これは、天文学史にとって重要であるばかりでなく、「Δt」の研究にとってもきわめて有益なのであって、飛鳥の日食を「皆既日食」ではなく「深食」と看做すF. Richard Stephensonや韓延本の主張と一致を見るものとして大きな価値をもつのである。

第9章 「天再旦」日食説の瓦解　249

図1　平勢隆郎『よみがえる文字と呪術の帝国』（2001年　中公新書）より

（図中テキスト）

上図：
- 平均的に遡った食帯の位置（Stephenson & Houldenによる）
- 西安
- 実際はこちらの方にずれているのではないか？
- 紀元前903年7月3日の日食

下図：
- 実際推定される食帯の位置（古川麒一郎氏による）
- 平均的に遡った食帯の位置（Stephenson & Houldenによる。この平均的位置よりさらに右側〔東側〕にずらせた説もある）
- 西暦628年4月10日の日食

西暦628年（推古天皇36年）の日食については『日本書紀』に「日、蝕尽（はえつきたること）あり」と記されている。おそらくは飛鳥において皆既日食であったことがわかる。

図2　　　　　　　　　　　ΔTの永年変化

No.	DATE	Obs. Place	ϕ, λ	Type	$\Delta T(10^2 s)$	Remark
1	628.04.10	Asuka	34° 28′ N, 135° 49′ E	t	2.50±0.57	
2	873.07.28	Kyoto	35° 01′ N, 135° 45′ E	r	3.57±0.55	
3	975.08.09	Kyoto	35° 01′ N, 135° 45′ E	t	2.86±1.30	
4	1183.11.17	Mizushima	34° 31′ N, 133° 40′ E	r	1.50±0.29	
5	1245.07.25	Kyoto	35° 01′ N, 135° 45′ E	r	1.36±0.37	M≒0.29
6	1366.08.07	Kamakura	35° 18′ N, 139° 36′ E	r-t	1.07±0.02	

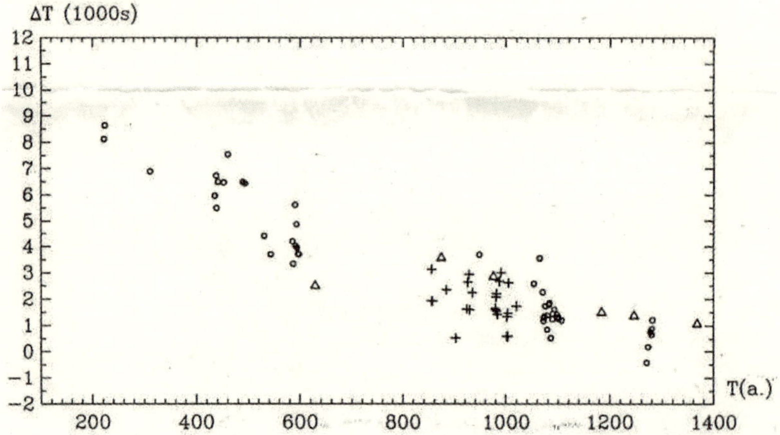

「中心食（皆既日食・金環食）」および「中心食」に準じる観測記録から求められた概ねA.D.200年から1400年までのΔTの永年変化。横軸は年代を示し、縦軸は1000秒単位の時刻で上向きに進みを示し、下向きは遅れを示す（中国国家天文台研究員〔教授〕 韓延本作図による）。

図中に見える△印は日本において「中心食」あるいは「中心食」に準じる日食が実見できたと仮定した場合の当該日食ΔTの値を示すものであり、横軸の620年を超える△印が『日本書紀』に記載の飛鳥で見られたと想定される日食である。〇印は韓延本が中国から、＋印はStephensonが中東イスラム諸国の日月食記録から得たデータ。

A.D.800年以降は、欧州でも「中心食」などの記録が伝存するものの、同時代の日本側の『日本書紀』に後続する五個の記録と比較すると史料の信頼性が乏しいためか、ΔTの変化（永年の減速変化）に著しい時刻の遅れを示している。

だが問題なのは『日本書紀』の飛鳥の日食が、これに後続する日本の五個の記録とΔTの変化（永年の減速変化）と著しい乖離を示していることであって、この日食が「皆既日食」であったとするのには些か無理があると見るべきだろう。

3．テキストクリティークから見た「天再旦」

　続く第二の検証は、すでに平勢説が第一の検証において否定されているために、検証不要と解せられる。もっとも、劉次沅の主張を鑑みれば「天再旦」が「日食」であることについての可能性は捨てきれない。したがって、平勢の主張に暫時耳を傾けて検証をすすめることにする。

　実のところ平勢は、自らが想定する「西周年表」における周懿王元年がB. C. 903であるので、この正当化をはかるためにF. Richard Stephensonがチャート上で示した中国の国境外北方で見られたであろう「B. C. 903 Ⅶ 3」におこった「皆既日食」の食経路を、「地球の自転速度は気まぐれであるのだから」という理由で恣意的に西安まで下げ、周懿王元年に西安（すなわち西周王都の鎬京）において「皆既日食」が見られた可能性があるとしているにすぎない。

　しかしながら、2006年6月2日三鷹の国立天文台にて開催された「歴史的記録と現代科学研究会」の発表で、平勢の著作にチャートを引用された英国Durham大学のF. Richard Stephenson 自身が「天再旦于鄭」の文義は決して「皆既日食」ではないと平勢を批判された。この論拠とは『開元占経』の問題となっている「懿王元年，天再啓（旦）于鄭。殤（穆）帝升平二年，天一夕再啓，又天有天裂見其流水人馬。」という記事の、後段の注として引用された「殤（穆）帝升平二年，天一夕再啓，又天有天裂見其流水人馬。（天は一度夕方になって日が差したものの、また天が引き裂けるばかりの異常なる天象によって、人馬は流れゆく河川の水に呑まれた）」とする文義から指摘されたものである。

　すなわち「天一夕再啓」とは、長時間に渉って暗かった天が一度夕方になって日が差したという異常天象の文義として解釈しなければならず、そのため「天有天裂見其流水人馬」という天が引き裂けるばかりの衝撃によって人馬は流れゆく河川の水に呑まれたという災異をもたらしたという文節に接続するのである。実際これに加えて、晋穆帝升平二年（A. D. 358）に中国で見られる日食は存在しないのであるから、「天一夕再啓」が「日食」でないことは明白で

あり、当然ながら「天再啓(旦)」が「日食」であるはずはない。

したがって、F. Richard Stephenson の指摘のとおり、「天再啓(旦)」は明らかに「日食」でないことが理解できる[1]。これによって別に劉次沅や李学勤が主張していた「天再旦」日食説も同時に潰えたのである。

さらにF. Richard Stephenson は平勢がF. Richard Stephensonが作成したチャート上の食経路を大幅に西安まで下げたことに関して、『アルマゲスト』に載る「皆既月食」の詳細に記録した「B. C. 721 Ⅲ 19」が「ΔT」研究上の定点(上限)ともなっているのであるから、それよりも180年前に起こった日食の食経路を歴史的事象と結びつけようする行為については、「dangerous」と厳しく批判するに至ったが、F. Richard Stephensonのテキストクリティークのセンスの良さは『開元占経』の底本に内容を改竄したり削除したりしている『四庫全書』本を避け、清刊河南小字系統本を用いていることからも明らかである。

実際、『四庫全書』本の『開元占経』は影印本として中国書店版(1989年11月、北京)で広く流布しているが、由々しきことに当該箇所は「懿王元年，天再啓(旦)于鄭。晋穆帝升平五年，天裂有声又有天裂見其流水馬人。」となっていて刪節が甚だしい。ちなみに方詩銘および王修齢の『古本竹書紀年輯證─修訂本─』(55頁、2005年10月 上海古籍出版社．1981年の第1版も同様の記述)では「懿王元年，天再旦于鄭。」(『太平御覧』巻二天部)、「懿王元年，天再啓。」(『開元占経』巻三)、「懿王元年，天再旦于鄭。」(『事類賦』注巻一天)となっているだけで少なからぬ誤解を与えている。「天再旦」の検証に対して平勢は『古本竹書紀年輯證』に準拠しているが、我々は平勢および劉次沅ともにF. Richard Stephensonにおけるテキストクリティークの姿勢を謙虚に見習うべきであろう。

つまり「天再旦」が日食でないことは、F. Richard Stephensonの指摘のとおり明らかなのであって、周懿王元年の年代決定には断じてなり得ない。筆者は2006年3月27日、国立天文台(三鷹)にてF. Richard Stephensonとこの件で深く議論を交わし、「天再旦」が日食ではなく、また「飛鳥の日食」が「深食」であるとすることに共通の理解を得たが、F. Richard Stephensonがあらためて「歴史的記録と現代科学」研究会においてその根拠を披瀝されたことに敬意を

表したい。

4．まとめ

　上記のように平勢が主張した「天再旦」日食説は、検証の結果において根拠がないことが明らかとなったが、検証過程において「盡」の語義が有力な反証材料となったことは図らずも天文学史や現代天文学に大きな意味をもたらせた。そして、天文史料を年代決定に用いる場合は、予め十分なテキストクリティークを念頭に置いて作業を進めなければならないという教訓を我々に教えることとなった。したがって平勢が投げかけた主張が学問の進歩を大いに促したのであり、有力な反証材料を見いだした筆者もその恩恵に浴したといわねばなるまい。

註

（1）「歴史的記録と現代科学」研究会　2006年6月2日　国立天文台（三鷹）　F. Richard Stephenson（国立天文台）,「歴史的日月食と地球回転」"Historical eclipses and Earth's rotation"

第10章
汲冢竹書再考並びに簡牘検署再考
― 『穆天子伝』「長二尺四寸」の背景 ―

1. はじめに

　古代中国において度量衡は音楽および天文学と不可分の関係にあったことは『漢書』「律暦志」において、「太初暦」の基本定数が楽律に結びつけられ、さらに度量衡に関係せしめて解釈されていることからも理解できる。晋太康年間に「汲冢」から出土した「玉律」及び「鐘磬」に関して、その音高および音階を見極めた荀勗は、「八音」の不和に対する「牛鐸」の記事によって現代で言われるところの「絶対音感（absolute hearing）」という特異な能力を有していたものと推測される。だからこそ、荀勗はこれら出土物を「古周」時のものと明言し、度量衡と音楽との整合性をはかることができたと推察する。

　晋太康年間、いわゆる汲郡の古墳から発掘された「汲冢竹書」については古来さまざまな議論がある。この中で陳夢家の「汲冢紀年考」は、「一、出土年代　二、出土地点　三、竹簡の形状　四、整理経過　五、出土資料名　六、類別　七、総括」に分けてその特徴をまとめており、特に優れた論考と考えられよう[1]。

　だが、「汲冢竹書」の解読にあたった晋の中書省が、出土資料をどのように定義づけ、またどのような方針で整理していったかという極めて基本的な問題については、必ずしも論究されているわけではない。筆者はまず「汲冢竹書」について、発掘前後の晋の中書省内部に賈充派と衛瓘派の権力争いがあり、この軋轢のため中書省は資料を整理する担当者相互の連携を欠き、出土竹書群全体に対して俯瞰的な立場での分析ができなかったことを指摘したい。

　そして次に、「汲冢」出土の『穆天子伝』の竹簡が「長二尺四寸」であった

第10章　汲冢竹書再考並びに簡牘検署再考　255

ことに焦点をあて、周秦の竹書形制を『周髀算経』にある「句股弦の法」をもって解明していきたい。実のところ「汲冢竹書」の研究でなおざりにされてきたのは、その竹簡形制への問題であり、特に注視しなければならないのは、荀勗が『穆天子伝』「序文」にその形制を「長二尺四寸（約55.4cm）」と記したということである。戦国時代における竹簡の長さについて、王国維は「簡牘検署考」（上虞羅氏雲窗叢刊 1914年）の中で「簡之長短皆二十四之分数」と述べ、さらに、銭存訓も「中国古代簡牘制度」（『中国文化研究所学報』6巻1期, 1973年）の中で、「戦国竹簡は一定の規律があり、それは長二尺四寸（二十四寸）の分数であるとする」と記している。

「簡牘検署考」に関しては、胡平生・馬月華両氏が校注を付した『簡牘検署考校注』（2004年　上海古籍出版社）があり、昨今の出土史料の成果を踏まえて王国維や銭存訓の主張を検証している。その検証は精緻かつ極めて多岐に及んでおり、旧著「簡牘検署考」の有益さを再評価した竹簡研究上の好著と評すべきものである。しかしながら、胡・馬両氏も「簡之長短皆二十四之分数」であるか否かは断定をさけている。これは、戦国時代における竹簡形制が概ね「長二尺四寸」を基準とした「簡之長短皆二十四之分数」の原則に拠るとしながらも、「江陵磚瓦廠370号楚墓竹簡」に見える司法文書などが概ね「二尺六寸～七寸（60cm～62.4cm）」の簡長であることなども考慮したものと推察される。

もっとも、「律暦」の名のとおり律度量衡と天文暦法とは不可分一体の関係にある。いわば「長二尺四寸」は「二十四節気」の基点である「春分点」を指すと解せられることから、「長二尺四寸」を竹簡形制の基準とする着想は、戦国時代になって創出された「四分暦」と「二十四節気」との関係において結びつけられたものと想定されるのである。

本稿は『穆天子伝』の成書年代がいつであったのかを繙くと共に、主に戦国時代における秦の「顓頊暦」と竹簡形制の変化にともなう暦法の変遷について検証していく。

2. 汲冢竹書再考 （賈充派と衛瓘派との抗争からみた汲冢竹書）

(1) 陳夢家の過誤

　陳夢家は「汲冢紀年考」の中で、「汲冢竹書」の判読および校訂について、「中書監の荀勗が主に行い中書令の和嶠がこれを佐けた（荀主中書, 和則佐之）」と述べている。陳夢家はその理由として瞿氏『鉄琴銅剣楼書目』巻十七および莫氏『邵亭知見善本書目』巻十二の『穆天子伝』「序文」に校合をおこなった人物の姓名と官職が記されており、そこに「侍中中書監光禄太夫済北侯臣勗」および「領中書令（令原作会）議楼蔡伯臣嶠」等々とあることを挙げている。だが、撰者の荀勗が更に校合に名を連ねるというのは不自然であるし、更に刊本として最早の明正統刊の道蔵本を含めた他の諸本に、この記載がまったく認められないのは甚だ疑わしく、明らかに後人の意図的な攙入と見なければならない。

　この原因は陳夢家が、「汲冢竹書」出土後の情況について、『隋書』「経籍志」に引用される《帝命中書監荀勗令和嶠撰次》の一文を掲げる中で、文中の《令》を使役の助動詞と思い込んでこれを《撰次》という複合動詞に繋げ、「帝、中書監荀勗に命じて和嶠に撰次せしめたり」と誤読しているからにほかならない[(2)]。したがって「汲冢竹書」に関しては、以下に掲げる通り、武帝が詔をもって、荀勗および和嶠両名に対して隷書に翻字するよう命じたが、即座にこれをやり遂げることができなかったと考える方が適切といえるのである。

「汲郡初得此書, 表蔵秘府, 詔荀勗, 和嶠以隷字写之。荀等于時即已不能盡識。」
（杜預『春秋経伝集解後序』正義所引王隠『晋書』）

(2) 中書監荀勗（賈充派）と中書令和嶠（衛瓘派）との不和

　荀勗という人物は、呉討伐での武勲及び司馬昭（文帝）による権力簒奪に功績があった尚書令の賈充と律令の編纂を通じて親密であったが、これに馮紞・荀顗を加えた四人が結託し政争に手を染めるところがあり、「汲冢竹書」の出

土と整理に関しては重要な立場にあったとされている。もっとも荀勗ら四人は王隠が私撰した『晋書』に姦佞の臣として描かれ、その記載は唐時代に勅命で編纂された『晋書』にそのまま転用されてしまっている。

この点を予め留意して、以下時系列をおって荀勗がかかわった具体的事件を列挙しながら論をすすめる。

①太子衷の成婚をめぐる賈充派と衛瓘派との抗争（二七一年～二七二年）

泰始七年（271）、武帝は太子衷の妃となるべき人物を、当初賈充らの政敵となる衛瓘の娘に決めようとしていた。この時賈充は朝廷に参内できない身であったが、中書監荀勗は危機感を強く抱き、太子妃に賈充の娘である賈南風をあてがうことこそ権勢を失わぬ策であることを馮紞に打ち明けたのである。そして荀勗と馮紞は賈南風を「才色絶世」として武帝に奏上し、また賈充の妻郭槐も楊皇后に贈賄して、泰始八年（272）二月辛卯（＝十六日）、賈南風の成婚を実現させてしまったのである（『晋書』「荀勗伝第九」および「恵賈皇后伝第一」）。[3]

②「銅製律呂」鋳造をめぐる賈充派の台頭と衛瓘派の策謀（二七三年）

賈南風が太子衷と成婚して賈妃となったことは、荀勗らの賈充派が武帝の寵遇を受ける機会に恵まれたことを意味する。泰始九年（273）、中書監荀勗は三国魏の雅楽郎であった杜夔が考案した「魏尺」すなわち西晋で用いられていた「今尺」を以て、宮中で用いる太楽の「八音」の音を分析したところ、この「八音」が「魏尺」に定める「律呂」の基準と乖離していることに気づくこととなった（『晋書』「楽志上」敦睦被無垠）。「八音」とは宮中で使用する八種類の楽器であり、その楽器は金（＝編鐘）・石（＝編磬）・糸（＝琴、箏、瑟）・竹（＝律）・匏（＝笙、竽）・土（塤）・革（＝鼓）・木（＝柷、敔）の八種類の素材によるものである。荀勗にとって、この「八音」の問題を解決することが賈充派にとって新たな発言力を増す好機と捉えていたに違いない。

翌年の泰始十年（274）、中書監の荀勗と中書令の張華は宮廷の銅律および竹律二十五具を出して、大楽郎の劉秀などに詳しく比較検討させたところ、その

中の三具は果たして杜夔や左延年の律寸であって、残りは楽器の銘文などから全て笛律によるものであることが判明した（『晋書』「律歴志上」審度）。だが荀勗が楽事を掌管し、「八音」の音韻の調律をおこなったものの、当初はうまく解決できなかった。

　なぜなら、「八音」といっても、ほとんどの楽器は吹奏の仕方や、楽器そのものの簡単な改修によって調律が容易であるが、「八音」の中でもピッチの幅が少ない「金（＝編鐘）」や「石（＝編磬）」は応急の加工等によってもそのピッチを換えることは難しかったからである。そのため「編鐘」や「編磬」の変換は、別に基準とする音を予め定めて、これらを新たに鋳造しなければならなかったのである。だが荀勗はこの難題に対して、嘗て一度市井で耳にした趙商人の「牛の角につけられた鐸」（『古注蒙求』では「牛角の鐸」とし、『補注蒙求』および『北堂書鈔』所引臧栄緒『晋書』ではハンドベルを想起させる「牛鐸」となっている）の音に求めて命令を下し、全ての「牛鐸」を供出させてついにこれを捜しだしたので、「牛鐸」が発するヘルツに従って「編鐘」もしくは「編磬」を新たに鋳造する目途ができたのである[4]。そして、武帝より命を受けた荀勗は荀顗とともに著作郎の劉恭に対して『周礼』に基づいて所謂「古尺」を作らせ、この「古尺」に依拠して新しく「銅製律呂」を鋳造して聲韻を調え、これを「古器（西周銅器）」の度量衡を基準とした「周尺」と定めたのである（『晋書』「律歴志上」〔巻首梗概〕）[5]。

　この泰始十年（273）に新しく鋳造した「銅製律呂」は、晋の度量衡制度の改訂を意味することから、荀勗とともに楽事に携わっていた荀顗が「銅製律呂」鋳造前に世を去ってしまったというアクシデントはあったものの、まさに賈充派による発言力の強さを如実に示した事件となった（『晋書』「荀顗伝」）。しかし、「銅製律呂」の音が、以前の基準よりも高かったことに対して、散騎侍郎の阮咸は言いがかりをつけ「音が高いのは悲しきものであるから、これは興国の音ではなく亡国の音である。」などと強く譏り、荀勗と議論に及ぶことになった。

　「銅製律呂」は、それまでの「魏尺」より短い物差しである「周尺」によっ

て定められたため、ピッチ幅は当然短くなって以前より高い音を発することになったわけである。

　阮咸は、後世その名が四絃琴（琵琶）の「阮咸」として残ったように音楽にも秀でていたのだろうが、その譏りはあくまでも観念論であって逆に音律の造詣が深い荀勗に論駁されてしまい、阮咸は始平太守に左遷された後に死亡する（『晋書』「律暦志上」審度）。

　そもそもこの阮咸の譏りが、荀勗の失脚を狙った衛瓘派の策謀とうけとれるのは、「銅製律呂」の寸法よりも長い「銅製尺」などをあたかも古い時代の物差しに見せかけて地中に埋めてこれを掘り起こして反証として利用しようとし、生前における阮咸の見識の高さを恣意的に喧伝した形跡が窺われるからである。荀勗が定めた「銅製律呂」の尺度が正しかったことは、その後発見される「汲冢」における各種出土物によって実証されることになるのだが、荀勗らの功績を覆そうとして歴史資料を贋作する策謀まで行うというのは、荀勗らによる賈充派の台頭を危惧したからにほかならない[6]。

③衷の廃太子をめぐる賈充派と衛瓘派との確執（二七八年）

　晋の宮中はその後もなお賈充派と衛瓘派との間に抗争があり、衛瓘は賈南風が太子衷の妃として入内した六年後の咸寧四年（278）に、衷が暗愚なる太子であることを理由に彼を廃太子とする旨を武帝の牀前でその意をほのめかしたのである。

　この諫言ともうけとれる衛瓘の言動に対して、武帝は将来国が乱れることを案じて荀勗と和嶠に意見を求めたが、賈充の盟友である荀勗は太子の徳を讃えて褒めそやした。

　ところが、逆に和嶠は太子の暗愚さは生来のものであると答えてしまったので武帝はこの和嶠の発言に不快感をあらわにして帝座から身を起こしたほどであって、気まずくなった和嶠が退席した経緯がある（『晋書』第四十五「和嶠伝（第十五）」及び『補注蒙求』標題第一百三十八「荀勗音律」）[7]。この事件で賈妃（賈南風）は衛瓘を強く怨み、また和嶠を銜（にく）んでいたため、夫の太子衷が

恵帝として永熙元年 (290) 即位すると、まず新たな政敵となった楊皇太后の父である楊駿を永平元年 (291) 年に謀叛の罪をきせて誅滅したあと、衛瓘の官を剥奪して殺害したばかりでなく、子の衛恒および孫までも累族として獄に繋いで都合九人を殺害したのである (『晋書』巻三十六「衛瓘・衛恒伝 (第六)」及び『蒙求』標題第八十四「衛瓘撫牀」)。そして次に賈妃は宮中に和嶠を呼び寄せ、恵帝の口からかつての事件における和嶠の発言を詰問したのであるが、和嶠は自分の発言を認めるとともに、この発言が通らなかったからこそ国にとっては福となったのではないかと答え、敢えて罪を逃れようとはしないと潔く述べたのである (『晋書』第四十五「和嶠伝第十五」)。

　賈妃を擁した中書監の荀勗が、賈妃の夫である衷を廃太子にしようとした中書令の和嶠と実に険悪な人間関係にあったことはこのような背景があったからである。そのため晋では中書令と中書監とは共に同じ車で朝廷へ参内する慣わしであったのにもかかわらず、和嶠が中書令となると彼は中書監の荀勗を嫌って荀勗と同じ車に乗ることを拒絶し、これを機に中書監と中書令とは同じ車に乗らない先例ができたほどである (古くは『世説新語』「方正第五」所引〔和嶠記事〕または『文選』「王文憲集序注」所引臧栄緒『晋書』佚文や『晋書』巻四十五「和嶠伝〔第十五〕および『蒙求』「和嶠専車」)[8]。

　つまり、衷を廃太子としようとしたこの事件は、「汲冢竹書」出土の僅か数年前のできごとであって、賈充派と衛瓘派との権力抗争の中で皮肉にも「汲冢竹書」はその運命を両派に委ねることになっていくのである。賈充は太子妃である娘の賈南風に「衛瓘老奴, 幾破汝家 (衛瓘の老いぼれに、あと少しでおまえたちは破滅されるところだった)」と内幕を告げたほど賈充派にとって、これは危機的な事件であった (『晋書』「恵賈皇后伝第一」)。

④「汲冢竹書」出土直後の賈充派と衛瓘派との確執 (二八一年〜)

　太康二年 (281)、『穆天子伝』にみえる荀勗の「序文」によれば、この年に汲県の不準という人物が「古冢」を盗掘して厖大な竹簡を得、これが後に「汲冢竹書」と呼ばれることになった。「汲冢竹書」という新出土物の翻字は、武

帝の寵遇と厚い信任を受ける絶好の機会でもあり、荀勗自身はおそらく欣喜雀躍たる心境で、『穆天子伝』等々の隷書化にとりかかったのであろう。特に「銅製律呂（＝周尺）」の基準を予め定めていた荀勗にとって、「汲冢竹書」の出土は啐啄の迅機というべきものであった。なぜなら「銅製律呂」の基準に「汲冢」の出土物が全て適合したことにより、荀勗の面目が躍如したからである。

これは荀勗が『穆天子伝』の序文に「出土竹簡の長さが、荀勗自身が定めていた「周尺」で「二尺四寸（メートル換算で55.44㎝）」の長さとなっていた（皆竹簡素絲編,以臣勗前所考定古尺度, 其簡長二尺四寸, 一簡四十字）と、わざわざ自賛していることからも明らかである。換言するならば、漢の桓寛が著した『鹽鐵論』「紹聖（詔聖）」に、そもそも竹簡公文書の形態とは「（周尺で）二尺四寸之律，古今一也」であると記され、また鄭玄の『論語』「序」にも「易詩書礼楽春秋, 策皆二尺四寸」と述べられていることから、これらの寸法が『穆天子伝』に吻合していることを忖度して、荀勗は序文に「二尺四寸」と記したということになる。

更に「汲冢」から同じく出土した「玉律」及び「鐘磬」も、やはり「銅製律呂」と比較して、以下の如く聲韻の音高および音階が同じであったことから、これらが「古周」時のものと判明し、荀勗の見識の深さが改めて認められる結果となった。

「又汲郡盜發六國時, 魏襄王家得古周時玉律及鐘磬, 新律聲音與闇同。」（『晋書』「律歴志上」審度及び『隋書』「律歴志上」審度所引徐広及徐爰並王隠『晋書』）

古代中国において度量衡が音楽および天文学と不可分の関係にあったことは『漢書』「律暦志」からも容易に理解でき、律令に携わる者は併せて音楽等にも通じていなければならなかったのである。荀勗という人物は、「八音」の不和に対する「牛鐸」の記事から窺われるように、現代で言われるところの「絶対音感（absolute hearing）」という特異な能力を有していたことが推測される。それだからこそ荀勗が有していた特異な能力によって、度量衡と音楽との整合性をはかれたのである。

荀勗が定めた「一尺物差」は、「荀勗新尺」あるいは「晋前尺」もしくは「王莽尺」とも称せられるが、『隋書』「律歴志」の記事を検討すると、新の王莽が作った「銅製一斛枡」の深さに相当する「一尺物差」と全く同じ寸法であり、その長さは現在のメートル換算の23.1cmにあたることが『中国古代度量衡図集』（国家計量総局主編　1981年　文物出版社刊、同日本語版　山田慶児・浅原達郎邦訳　1985年　みすず書房刊。以下『図集』と略す。）で述べられている。一方、当時の西晋が日常使用していた「今尺」は一尺物差の全長が『晋書』「律歴志」によれば「荀勗新尺」に比べて「四分七毫（4.7%）」ほど長く、これはメートル換算で24.2cmあたる。

ここで「汲冢」から得たとされる「玉律」と「鐘磬（磬鐘）」であるが、「玉律」とは音階を定める玉製の笛を指す。「律」といえば『続漢書』「律歴志」所引蔡邕『月例』に「截竹為管，謂之律」という如く、プリミティブなものとしては竹を截って管としたものであったのだろう。この「律」の音を先ず陰陽の二つに大別し、次にその陰陽を各々六分して十二個の音階すなわち「十二律」を定め、最終的には「十二律」を一年の十二ヶ月に配置したものとされる。つまり「律」の音による「十二律」の配置が暦法なのであり、「十二律」を更に陰陽の二つに分けたものが「二十四節気」であるとされ、「律暦」とよばれたのはこのような由縁がある。ただし、後述する「三分損益法」の見地からすれば疑義があり、筆者は本来の「十二律」とは「太陽暦」に基づいて「月」を十二に配分したものであったが、後に「月」の中位ある「望月」を「太陰暦」として「十二律」に取り込もうとする「陰陽」思想の影響によって上記の通り変質してしまったのではないかと考えている。

いっぽう「鐘磬（磬鐘）」は玉あるいは石で「へ」字型に造られた打楽の石を複数吊り下げたものと考えられ、戦国時代前期の曾侯乙墓から「編鐘」（青銅製）と共に「鐘磬（磬鐘）」も出土しているので、この外観については比較的理解しやすいのではないだろうか。

ちなみに『詩経』「周頌（執競）」に「磬筦（筦＝管）将将」とあり、また『荀子』「楽論」に「飾以羽旄，従以磬管」とあることから、「磬」と「玉管

（玉律）」とは対であり、そのためこの二つが「汲冢」から同時に出土したことも当然納得できるところである。

⑤賈充死亡後の衛瓘派の動向（二八二年～二八六年）

　「汲冢」の出土物が「周尺」の基準に適合していたことは荀勗にとって、大きな自信となったことは、阮咸の死後に地中から出土されたという怪しげな「古銅尺」などの疑念を払拭するのに一定の効果があったと解される。だが衛瓘派にとって、「汲冢」の出土物が「周尺」の基準に適合していることは宮中における賈充派の増長を許すことになりかねないとの危惧を感じたのか、同時に出土した銅剣に束晳はわざわざ「古尺」を用いずに「今尺」で「長二尺五寸」と書きとめているようである（『晋書』「束晳伝」、ただし『藝文類聚』所引王隠『晋書』は長三尺五寸）。はからずも晋では太康元年の冬から太康二年の春にかけて旱魃が相次ぎ、翌年の太康三年（282）四月になって賈充が世を去った（『文選』「閑居賦」注所引臧栄緒『晋書』）。

　賈充の死は宮中で専横を振るう荀勗や馮紞にとって大きな痛手となったわけだが、太康五年（284）の六月に再び旱魃が起こった時、この機に乗じて衛瓘派と目される尚書左僕射であった劉毅は、武庫の井戸に龍が潜んでいることを見たとして、これらの災厄の原因を姦佞の臣が主君に仕えていることにほかならない旨を、「必有阿黨之臣奸以事君者，當誅而不赦也。」と武帝に奏し、賈充派である荀勗や馮紞らの粛正を暗に求めたのである（『晋書』「五行志中」および『晋書』「劉毅伝」）。しかし武帝は劉毅の意見を受け入れず、劉毅はその翌年つまり太康六年（285）に急死してしまう。この劉毅の突然の死に対しては、武帝も驚きのあまり「失吾名臣，不得生作三公」（『晋書』「劉毅伝」）と述べるほどだったが、この辺の経緯は奇しくも阮咸のそれと酷似している。ちなみに馮紞も太康七年（286）になり病に罹ってこの世を去っているが、『晋書』は、「是時荀勗、馮紞僭作威福，亂朝尤甚。」として荀勗や馮紞を武帝の威を借りる奸佞の臣とみなしている。

⑥『紀年』の翻字（二八一年～二九〇年？）

　ここで「汲冢竹書」から出土した『紀年』の翻字について考察を加えてみることにする。すなわち出土史料の中でひときわ注目を浴びたのは『穆天子伝』と『紀年』の二書であったことは周知のとおりであり、そのため中書省が特にこの二書の隷書化に意を注いだことは容易に推察できる。二書のうち『穆天子伝』を隷書に翻字したのは中書監の荀勗であったことに異論はない。一方、『紀年』の担当者は中書令の和嶠であったとみなければならないが、このことは唐の劉知幾が「和嶠汲冢紀年」と述べていることからも明らかである（明刊張之象本『史通』巻十「雑説」）し、さらに『史記』「魏世家」に注せられた『集解』所引『紀年』の文言に「荀勗曰：和嶠云：紀年起自黄帝, 終於魏之今王」とあり、荀勗は和嶠が述べるところの『紀年』の概要をただ引用しているに過ぎないことから、『紀年』の担当者は和嶠であったことが確認できる。

　もっとも「荀勗曰」の典拠は何であったかというと、『穆天子伝』の荀勗自序にはこの該当する文言は見えないので、「汲冢竹書」の概要を整理するために荀勗が自ら撰次して記した『中経』という書籍目録の記述だったと推測する。『中経』については「太康二年, 又得汲冢中古文竹書, 勗自撰次注寫, 以爲中經」（『太平御覧』巻七百四十九所引王隠『晋書』佚文）と記されているが、この『中経』は『隋書』「経籍志」に『晋中経』十四巻として著録され、その「丁部」に「汲冢書」が含まれていたことが書かれている。つまり荀勗は、『紀年』の隷書化が未完成だった和嶠から記載の概要を聞き出して、したたかに自らの著作『中経』へ引用したと見るべきだろう。

　しかし和嶠が、「今王」は「魏襄王」であると述べたことはあくまでも整理段階での見解であり、それは和嶠の後に『紀年』の隷書化を受け継いだ衛瓘派の衛恆（衛瓘の子）や束晳が「今王」は「魏安釐王」として異を唱えていることからも理解できる。これは和嶠による『紀年』の隷書による翻字作業が予想以上に遅滞していることを意味している。なぜなら、おおよそ七十五巻と称される「汲冢竹書」はその多くが「多雑砕怪」で「妄不可訓知」であった中で、『紀年』と『周易』上下二編は比較的判読しやすかったということだったとさ

れており（杜預『春秋経伝集解後序』）、この翻字作業は荀勗の難解な科斗文字で書かれたといわれた『穆天子伝』のそれに比べれば、当然容易だったはずである。

　中書省における衛瓘派の首魁というべき和嶠が、『紀年』以外に扱った竹書史料は詳らかではないが、彼は賈南風の夫である衷太子が恵帝として即位した永熙元年（290）には楊駿を嫌って宮廷には仕官していないことから（『晋書』「荀勗伝（第九）」）、すでに「汲冢竹書」の翻字とは縁がなくなっている。荀勗は尚書令に栄達した後の太康十年（289）に死去しているので（『晋書』「荀勗伝（第九）」）、荀勗が『中経』を撰次した時期はそれ以前のこととなる。

⑦賈妃による衛瓘派の処断（二九一年）

　陳夢家が「汲冢竹書」出土後の整理に関して、撰次注写した人物として荀勗と和嶠の名を挙げる一方で、「参校」に携わった人物として荀顗や束晳とともに衛恒の名を挙げ、特に束晳は衛恒と親しく、衛恒の禍殃に際して束晳が任地から喪に赴いたことも記しているが、これらは『晋書』巻三十六「衛瓘・衛恒伝（第六）」と巻五十一「皇甫謐、摯虞、束晳、王接伝（第二十一）」の記述を典拠としたものであろう。

　だが「汲冢竹書」出土後の中書省内部の人間関係を鑑みれば、明らかに賈充派（荀勗・荀顗）と衛瓘派（和嶠・衛恒・束晳）という対立する両派があり、その対立の原因は衷を廃太子にするか否かという政治的な権力抗争にあったことが容易に理解できる。

　遺憾ながら、陳夢家は「参校」に携わったとする衛恒が衛瓘の子であることを全く認識しておらず、衛恒の死の事由が何であるかを何ら認知していない。汲冢の竹書発見後の整理にあたっては、賈充派と衛瓘派との根強い確執があり、具体的には中書省の共に最高責任者である荀勗と和嶠の間に、上述の通り感情的な軋轢さえ生じていたのである。

　このような状況下にあっては、出土資料の情報交換などといっても中書省内部は賈充派と衛瓘派の強い確執によって、意思の疎通に欠けていたであろうこ

とは想像に難くなく、なかんずく出土竹書群が持つ全体の特性については、高所からこれを見下ろす俯瞰的なシステムと、出土資料の情報を相互に共有する体制など到底持ち合わせていなかったことを露呈しているのである。特に荀勗が隷書に翻字したといわれる『穆天子伝』は、『晋書』「束晳伝第二十一」によると、本来は「周王游行四海見帝台」と「周穆王美人盛姫死事」という二書であったことされている。

つまり「周王游行四海見帝台」と「周穆王美人盛姫死事」を『穆天子伝』と命名し、これを五篇としたのは荀勗なのであるが、『穆天子伝』五篇を見れば確かに日の干支を細かく明記した「周王游行四海見帝台」と日の干支を記さない「周穆王美人盛姫死事」という全くスタイルの異なる二書であることが解り、前者は明らかに四篇であるものの後者は不全の篇であったことが見極められる。

束晳はこのことを快く思わず中書省の記録に残したのかもしれない。このような状態の中で、永平二年（291）に衛瓘の子である衛恒は賈南風の旧怨によって、汲冢書の「考正」を終えないうちに獄に繋がれたため（後に獄死）、束晳は衛恒の方針を踏襲して、やっと完成させたほど衛瓘派の翻字は遅滞していた。つまり武帝が詔を下し、荀勗和嶠両名に対して隷書をもって翻字するよう命じたとする「汲冢竹書」は、十年を経ても未完成であったことを物語っているのであるが、これは賈充派と衛瓘派との抗争が中書省内部の担当者相互の連携を欠き、統一的な整理方針が全く確立されていたかったことを曝曝するものでもある。[9]

3．簡牘検署再考

(1)『穆天子伝』の形制はなぜ「長二尺四寸（約55.4cm）」だったのか？── 度量衡からみた「長二尺四寸」とその背景──

「汲冢竹書」の研究でなおざりにされてきたのは、その竹簡形制への問題であり、特に留意しなければならないのは、荀勗が『穆天子伝』「序文」にその形制を「長二尺四寸（約55.4cm）」と記したということである。ただこれは『穆

天子伝』の形制を述べたものであって他の出土竹簡については言及していない。戦国時代における竹簡の長さについて、王国維は「簡牘検署考」の中で「簡之長短皆二十四之分数」と述べ、さらに銭存訓も「中国古代簡牘制度」(『中国文化研究所学報』6巻1期,1973年)の中で、「戦国竹簡は一定の規律があり、それは長二尺四寸（二十四寸）の分数であるとする」と記している。換言すれば、竹簡の形制は「長二尺四寸（長二十四寸）」を基準値として、円周に準えられるということであり、竹簡の長さは「長二尺四寸（約55.4cm）」を分子とし、これを「一寸（約2.3cm）」の分母係数で割った数値としているのである。

また王国維は戦国時代における最長竹簡は「長二尺四寸」であるとし、『漢書』「酷吏列伝」に引用される「三尺之法」や『漢書』「朱博列伝」記された「三尺律令」の「三尺」とは、周の小尺（一尺）とされる「咫（約18.5cm）」の単位を三倍したものであって、「漢尺（＝戦国時代の秦尺）長二尺四寸は周小尺の三尺に等しい」とし、「三尺律令」の「三尺」を周の小尺を基準としたものと結論づけている。

実際、漢初の張家山漢簡『算数書』第七〇～第七一簡において「程竹、程日、竹大八寸者為三尺簡百八十三（直径8寸の竹1本で、3尺の簡を183簡作る）」、「程日、八寸竹一個為〔一〕尺五寸簡三百六十六（直径8寸の竹1本で、1尺5寸の簡を366簡作る）」との記述があり（傍点は筆者）、そもそも竹簡を創る場合、その総本数は『尚書』「堯典篇」の「三百六旬六日（1年に南中する星宿の総数）」を基準としていることがわかる。このことから、漢尺（秦尺）か周小尺（周咫）であるかはともかくも、竹簡はまず三尺の簡を基本として、そこから各種の大きさの竹簡に切断して作成されていたと解釈できる。参考までに、この文義を前者の漢尺（秦尺）に読み替えれば「三尺」は「二尺四寸」となり、「一尺五寸」は「一尺二寸（すなわち秦始皇頃における秦の標準的な公文書の竹簡形制）」となる。

戦国時代における出土竹簡は20万片を超すといわれながら(『簡牘検署考校注』)、サンプル自体の絶対数量が少ない。しかしながら王・銭両氏の主張の通り、その形制は概ね漢尺（＝秦尺）の「長二尺四寸」を最長として「長二尺寸」・「長

一尺五寸」・「長一尺二寸」「長一尺寸」などとなっている。それでは「長二尺四寸」という具体的数値は一体何を意味しているのであろうか。藪内清は「四分暦」の後に施行された「太初暦」を評して「(暦の基本)定数を楽律に結びつけ、さらに度量衡に関係せしめて解釈したのである」と述べられているが(藪内『増補改訂 中国の天文暦法』25頁 1990年 平凡社)、「律暦」とは、その名のとおり律度量衡と天文暦法が不可分一体の関係である。もしこのような解釈が戦国時代における「四分暦」にも遡ってなされていたとしたら、「長二尺四寸」は暦の基本定数であって、楽律と度量衡に関係していたと看做さなければならない。つまり「長二尺四寸」とは、楽律においては荀勗が「銅製律呂」で復元したとする「十二律笛」中の「夾鍾之笛」の長さを示し、かつその季節は「仲春(春分)月」を指すことになるので、「長二尺四寸」は「二十四節気」の基点である「春分点」を指したものと考えるほかはないのである。

つまり「長二尺四寸」とは楽律上において春秋時代の東周王朝における「春分歳首」を具現化したものと解せられるが、実際「長二尺四寸」を竹簡形制の基準とする着想は、上述のとおり戦国時代になって創出された「四分暦」と「二十四節気」との関係において結びつけられたものと想定される。

ところで、「長二尺四寸」の実務的理由は東周王室の書庫に収納されるべき「竹簡」の規格を指すものであり、「竹簡」を排架する書棚の奥行きが全てこの「長二尺四寸」の規準に対応して造られていたということでもある。川原秀城は「簡牘検署考」を評して「副命題の一つとして策(さく)・筭(さん)・筮(ぜい=めどき)がもともと異物に非ざることを論証した」と述べているが、これはまさに「策・筭・筮」を含めた全ての「竹簡形制」が「長二尺四寸」に基準を置いていたということを意味する(『中国の科学思想 - 両漢天学考』31頁,1996年 創文社)。ただし、東周王室における竹簡形制ではこれを「長二尺四寸」と言わず、旧来における周小尺に従って「長三尺寸」と呼称していたものと考えられる。

もっとも、胡平生・馬月華両氏が校注を付した『簡牘検署考校注』では王国維が他界して以降、多量に出土している最新の出土竹簡例を列挙し、特に『漢

書音義』にある「以三尺竹簡書法律」等々の記述から、これを「居延漢簡詔令目録」の簡長である「（漢尺）長三尺寸（69㎝）」と結びつけ、周小尺の「長三尺寸（54.5㎝）」の存在について消極的な立場を述べている。つまり、王国維はいわゆる周小尺の「長三尺寸（54.5㎝）」が漢尺（秦尺）の「長二尺四寸（54.5㎝）」に該当する見解を述べているが、僅か１例とはいえ「詔令（居延漢簡詔令目録）」の簡長が「長三尺寸（69㎝）」であることと、実際上「54.5㎝」の簡長を超える竹簡が楚簡を中心として複数出土されていることなどから、胡・馬両氏は王国維の主張に疑問を呈している。

しかしながら、「居延漢簡」は前漢の太初三年（B.C.102）から後漢の永元十年（A.D.98）に至るまでのタイムスケールを持ち、「居延漢簡詔令目録」がどの時期の史料であるかは明確でなく、もしこれが後漢期に入ってからの資料であるとするなら後述する「居延新簡F16.〔1-17〕」の「候史広徳坐発給の下達性公文書（82㎝）」のような例もあるので、十分な反証にはなりえない。さらに、「54.5㎝」の簡長を超える楚系の出土竹簡は、概ね「私文書」というべき副葬品目録の「遣策」であって、これを「長二尺四寸」以下で構成される「典籍」や「公文書」の竹簡と同じ視点で検証するのは適当でない。

竹簡形制の分類において念頭に置くべきは「公文書」・「私文書」・「典籍」の峻別である。このうち「私文書」は竹簡形制に羈束されない傾向が認められ、特に私的な副葬品目録（＝私文書）というべき「遣策」は戦国時代初期の「曾侯乙墓出土竹簡（72㎝，三尺一寸 〜75㎝，三尺二寸）」や戦国中期における「荊門包山楚墓二号墓（72.6㎝，三尺一寸）」の出土例のとおり、優に「長三尺寸（69㎝）」を超えているものの、これら殆どの竹簡は死を弔う私的な「遣策」ゆえに「長二尺四寸」よりも長大な形となったものと解釈すべきである。残念ながら胡・馬両氏は「遣策」はその性質上、長大な形制になると想定されているものの、「遣策」が「私文書」に該当するという着想が欠如している。

いわば「長二尺四寸（54.5㎝）」の竹簡形制とは、あくまでも「公文書」や「典籍」を対象としたものと解釈すべきであり、またこの「長二尺四寸」の竹簡形制に関して漢の鄭玄は漢代に亡佚した『楽経』を含む「六経」と『春秋』

が「策皆二尺四寸」となっていたと言及していることから、この寸法の来源は戦国時代において儒家らが自らの主なテキスト（典籍）を「長二尺四寸」にしていたと考えられるのである[10]。それは上博楚簡の『孔子詩論』および『魯邦大旱』ならびに『君子為礼』（そして残簡である『弟子問』も同長と考える）の長さが、それぞれ「長二尺四寸」であることからも覗える。

言い換えれば、所謂「長二尺四寸」という竹簡形制は戦国時代に入ってからの着想なのであるから、むしろ儒家は自らが遵奉する東周王室の竹簡形制である周小尺〔周咫〕の「長三尺寸」に自らのテキストの寸法を合わせたのではないかと考えるほうが理にかなっている。つまり、胡・馬両氏が呈した王国維の「〔漢尺〕長二尺四寸（=〔周咫〕長三尺寸）最長竹簡説」に対する疑問は残念ながら正鵠を射ていない。むしろ、東周王室が準拠とした「周小尺（周咫）」に基づく旧度量衡制は儒家によって墨守され、戦国時代から漢初にかけて併存していたものと想定されるのである。

したがって「三尺之法」や「三尺律令」の対象範囲は、その特性上明らかに「公文書」のみを対象としたものであるのだから、この由縁は「周小尺（周咫）」に基づく「長三尺寸」の「竹簡」を「公文書」および「典籍」の最長の寸法として表現したものと思われる。そのため「公文書」である「居延漢簡詔令目録」の簡長が「〔漢尺〕長三尺寸（周咫換算：長三尺七寸五分）」となっているのは、これが後漢期に入ってからの資料であることを物語っている。

このように考えれば『穆天子伝』の形制は、「長二尺四寸」つまり「周小尺（周咫）」の「長三尺寸」であるものの、これに儒教的色彩が全く見えないのは『穆天子伝』が儒家のテキストでないことを示している。それは『穆天子伝』巻二にあるように、周の穆王は辛酉日に昆侖の丘にある黄帝の宮を訪れた後、癸巳日にかつて容成氏が所領としていた羣玉山に至ったことが記されているので、穆王が堯や舜ではなく黄帝や容成氏に敬意を表していたことからも明らかである。容成氏といえば上博楚簡みえる『容成氏』という簡名でもあるが、これまで容成氏の名はわずかに『荘子』「篋篋」の中で、軒轅氏・伏犧氏・神農氏等々とともに古代の帝王に列せられている程度であった。

浅野裕一の先行研究によれば、上博楚簡の『容成氏』は禅譲を王朝交替の理想とし、放伐や血縁世襲を否定したものとし、周の文王が最後まで殷受（紂王）の忠臣だったことが赤裸々に描かれていることを明らかにされている（『戦国楚簡研究』浅野裕一著 佐藤将之監訳 2004年 萬巻楼刊 台北）。更に浅野は儒家が殷周革命に否定的見解をもつ『容成氏』に対して強烈な拒否感があったであろうことを指摘されているがこれは極めて重要なコメントといえよう。なぜなら容成氏の名が周小尺の「長三尺寸」の『穆天子伝』に見えるということは、周室遵奉を標榜する儒家の主張が、所詮詐称に過ぎないことを暴いてしまうからである。

単刀直入に言えば、儒家以外において周小尺の「長三尺寸」の竹簡形制に準拠していたのは、東周王室の存在しか考えられない。そのために『穆天子伝』は東周王室に関わる史料ではなかったと想定されるのであるが、戦国時代における竹簡形制の種別および竹簡形制の変遷を踏まえながら、以下詳しく検証を進めていくことにする。

(2)秦の度量衡制に見られる竹簡形制の二度にわたる重大な変革（戦国期・秦晩期）と魏の竹簡形制

①出土秦簡の竹簡形制の概要と暦法の関係について

ⅰ．秦尺の定義

　伝存する殷王朝の「一尺物差」は象牙製二本であり、共に表面に十寸と解せられる線を刻み、各寸に十分と解せられる線を刻むが、全長は現在のメートル換算の15.78cm〜15.8cm内の長さに匹敵する（『中国古代度量衡図集』28頁，国家計量総局主編　一九八一年　文物出版社刊、山田慶児・浅原達郎邦訳　一九八五年　みすず書房刊）。

　もっとも東西周王朝の「一尺物差」は残念ながら一本も伝存しないので、従来は新の王莽が作った「周尺（＝仮想周尺）」による「銅製一斛枡」の深さに相当する長さをあくまで東西周王朝の「一尺」であったと想定しているに過ぎない。つまり、これは「荀勗新尺」と同じ長さであることは既述してあるが、現

在のメートル換算の23.1cmにあたる。しかしながら、戦国時代における「一尺」の長さが東西周王朝の「一尺」と同じ寸法であるなどという根拠はなく、かつ西周王朝と春秋時代における東周王朝の「一尺」が同じであるとする根拠もあるわけではない。

さて、上海博物館蔵「商鞅方升」は秦孝公十八年（前三四四）に商鞅が作ったものとされ、銘文に「十八年〔中略〕，冬十二月乙酉，大良造鞅，爰積十六尊（寸）五分尊（寸）壹為升」とあり、底部に秦始皇二十六年の詔書が後刻されている。『中国古代度量衡図集』の編者である国家計量総局よれば、この「升」の容積は0.001㍉のダイヤルゲージを調査して、方形枡の内法の縦12.4774，横6.9742，深さ2.323cmという結果が得られたとするが、銘文によって16.2立方寸が「一升」であるとして方形升の単位容積を202.15÷16.2＝12.4782立方cm／立方寸となることから、戦国時代秦の「一寸」の長さを$\sqrt[3]{12.478}=2.32$cmとし、一尺の長さを23.2cmであるとしている。

だが遺憾ながら、この計算式は『秦銅器銘文編年集釈』（王輝編　1990年　三秦出版社刊）を初めとして広く孫引きされているものの、2.32の正しい「3乗根」は「12.487」であって、国家計量総局は検算の手計算の時に、迂闊にも小数点以下の「12.487」を誤って「12.478」と書き誤ってしまったものである。この誤りは方形升の深さが2.323cmとなっていたことから、これを「一寸」と等しいと解釈したことにもよるのだろう。この誤りは小沢茜（筆者次女，国際基督教大学教養学部国際関係学科在学）の指摘により初めて気づかされた次第であるが、勿論正しい戦国時代秦の「一寸」の長さは$\sqrt[3]{12.4782}≒2.31945$cmであり、一尺の長さは23.1945cmであって、荀勗が定めた「古尺」すなわち「周尺」とほぼ同じ長さであることが改めて理解できる。

しかるに、1975年12月、睡虎地秦墓で出土した竹簡の長さが「23.1cm～27.8cm」であったことは、「湖北雲夢睡虎地十一号秦墓発掘簡報」（『文物』1976年第6期　文物出版社）で述べられており、これをうけて睡虎地秦墓竹簡整理小組は『睡虎地秦墓竹簡』の中でその形制が秦尺換算で「一尺」から「一尺二寸」におさめられていることに言及している（睡虎地秦墓竹簡整理小組　1978年　文物

出版社刊)。もっとも秦には「寸」という文字が見あたらず、「寸」の代わりに「尊」が使用されていることは周知のとおりである。

既述したとおり、度量衡の基準となる「尺」は、明らかに時代の進展と共に「尺」自体の寸法が次第に長くなっている。これは王国維の『観堂集林』「王復斎鐘鼎款識中晋前尺跋」でも概述されているが、前掲『中国古代度量衡図集』の「中国古代度量衡器物一覧表」における「一尺あたりの今の長さ（cm）」の歴史的変遷を見れば瞭然である。けれども奇妙なことに、前記の「殷尺」の一尺（15.78cm～15.8cm）からいわゆる「周尺」の一尺（23.1cm）までは一挙に寸法が長くなっており、これは極めて不自然なのである。なぜなら周王朝は殷王朝の青銅器文化などを受容しているのであるから、その根底にある度量衡の影響を受けないはずはなく、「殷尺」といわゆる「周尺」の間にある過渡的な度量衡基準が必ず存在したと考えなければならない。

この疑問を氷解させてくれるものが、前述した周の小尺（一尺）とされる「咫」の単位である。「咫」は婦人の手の幅長ともいわれ、その長さは所謂「周尺（大尺）」の「八寸（約18.5cm）」相当とされているが（『説文』「尺部」）、まさに「殷尺」と所謂「周尺」のほぼ中間に位置し、極めて最適といえる変遷距離にある。すなわち、殷から戦国時代までの度量衡の変遷を「尺」で示せば「殷尺（殷の一尺，約15.78cm）」→「咫（本来の周における一尺，約18.5cm）」→「周尺（戦国時代における一般的な一尺，23.1cm）」となるが、本来の周尺が「咫（約18.5cm）」であると考えることによって、戦国時代の竹簡形制と天文暦法の関係が大きな意味合いをもってくるのである。

ⅱ．「公文書」・「私文書」の区別と竹簡形制

「秦尺」とは所謂「周尺」と同じ寸法ということなのであるが、特に「一尺二尊（寸）」の竹簡が存在したことは、『穆天子伝』などの寸法がちょうど二倍の「二尺四寸」であることもあって、秦国における竹簡公文書の形制がいわゆる東周王室の「½」の形制であることを示唆している。もっとも睡虎地秦墓で出土した竹簡の長さを詳細に吟味してみると、形制は実際のところ、「一尺

(23.1cm)」・「一尺一尊(寸)(25.0～～25.5cm)」・「一尺二尊(寸)(27.0～27.8)」の三種に峻別されることが判明する。そこで睡虎地秦墓以外の出土秦簡も加えて検討したところ、更に秦簡の形制はその書かれた内容によって、一定の基準が設けられていることが明らかとなった。すなわち、「一尺二尊(寸)」は中央の基準となる文書および法令(律令)ならびに記録(もしくは中央の委任を受けた郡守の通達)、「一尺一尊(寸)」は県衙に配架された文書および書札類(書式雛形)、「一尺」は私人の文書および記録である。

これに対して『簡牘検署考校注』では、「遣策(副葬品目録の類)」・「文書」・「典籍」の3種類に区別して竹簡形制の特徴を述べ、後漢建武年間の頃と推察される「居延新簡F16.〔1-17〕」の「塞上における烽火関係の公文書(38.5cm)」と「候史広徳坐発給の下達性公文書(82cm)」まで検証の対象としていることから、筆者よりも2種類多い5種類の竹簡形制が存在した捉えている。けれども、「秦尺」を後漢に近接する「居延新簡F16.〔1-17〕」と比較するのはあまり意味がなく、また遺憾ながら「文書」は「公文書(＝公務文書・公的記録)」と「私文書(＝私人文書および私的記録)」に峻別されることを想定していない中で、副葬品目録というべき私文書を「遣策」として採り上げているのは大いに問題がある。ちなみに「公文書」は作成当初は「文書」であっても、これが「典籍」に変質することは『春秋』などの例を見ても十分あり得るわけであって、「公文書(広義)」と「典籍」の区別および「公文書(広義)」中の「公文書(下達文書・上申文書・平行文書)」と「公的記録」の区別が容易でない場合もある。例えば「睡虎地秦簡」の「為吏之道」は中央から下達された法令(公文書)を官吏の教本(公的記録・典籍)として用いたとも解釈できる。

資料1　出土秦簡における「公文書」

出土省地	出土地名称	竹簡(牘)名称	竹簡長(単位cm)	形制	概要	種別
四川省	青川	*〔欠名〕	46.0	二尺尊	武王二年秦律	中央下達文書
湖北省	王家台	効律	45.0～	二尺尊	秦律(効律)	中央下達文書
湖北省	睡虎地	効律	27.0～	一尺二尊	秦律(効律)	中央下達文書
湖北省	睡虎地	秦律十八種	27.5	一尺二尊	秦律	中央下達文書
湖北省	睡虎地	秦律雑抄	27.5	一尺二尊	秦律	中央下達文書

湖北省	睡虎地	語書	27.8	一尺二尊	南郡守発給下行文書	郡守下達文書
湖北省	龍崗	〔欠名〕	28	一尺二尊	秦律	中央下達文書
湖北省	睡虎地	為吏之道	27.5	一尺二尊	官吏教本	記録・典籍
湖北省	睡虎地	法律答問	25.5	一尺一尊	秦律	県衙書札
湖北省	睡虎地	封診式	25.4	一尺一尊	秦律	県衙書札

資料2a　出土秦簡における「私文書」

出土省地	出土地名称	竹簡(牘)名称	竹簡長(単位cm)	形制	概要	種別
湖北省	周家台	卅六年日	29.3〜29.6	一尺二尊八分	始皇卅六年譜	私的記録
湖北省	周家台	獵行			二十八宿占等	私的記録
湖北省	周家台	病方及其他			醫薬病方	私的記録
甘粛省	放馬灘	日書　甲	27.5	一尺二尊	卜占?	私的記録
湖北省	睡虎地	日書　甲	25.0〜	一尺一尊	卜占	私的記録
湖北省	睡虎地	編年記	23.2	一尺尊	被葬者の暦譜	私的記録
湖北省	睡虎地	日書　乙	23.0〜	一尺尊	卜占 余白箇所有り	私的記録
甘粛省	放馬灘	日書　乙	23.0〜	一尺尊	未公表	私的記録
湖北省	王家台	日書	23.0〜	一尺尊	卜占	私的記録
湖北省	岳山	*〔欠名〕	23.0 & 19.0	一尺尊 & 八尊	卜占(牘)	私的記録
湖北省	周家台	*〔暦譜〕	23.0〜	一尺尊	二世元年暦譜	私的記録
湖北省	楊家山	〔欠名〕	22.9	一尺尊	遣策	私的記録

*（牘）

資料2b　戦国時代における出土東周（楚地域）竹簡中の「私文書」

| 湖北省 | 江陵九店 | 日書 | 46.6〜48.2 | 二尺尊〜二尺一尊 | 卜占 | 私的記録 |

資料2c　漢初における出土漢簡中の「私文書」

| 山東省 | 銀雀山 | 暦譜 | 69 | 三尺寸 | 元光元年暦譜 | 私的記録 |

　ちなみに、これらの文書基準に該当しないのが「二尺尊〔寸〕(45.0〜46.0cm)」である。この竹簡形制は秦武王二年(B.C.309)の資料である「青川秦墓竹簡」や「王家台秦墓竹簡」の「効律」にのみ見られることから「長二尺尊〔寸〕」の竹簡形制は秦武王二年(B.C.309)前後における中央文書および法令などの文書基準となっていたものと推定される。ところが興味深いことに、この竹簡形制である「王家台秦墓竹簡」(B.C.309前後)の「効律」が約90年経た秦始皇三十年(B.C.217)を下限とする「睡虎地秦墓竹簡」の「一尺二尊〔寸〕」の

「効律」と内容がほぼ一致するのである。これは明らかに秦が中央文書などの竹簡形制を「長二尺尊〔寸〕」から「長一尺二尊〔寸〕」へ移行せしめたことを物語っている。

　つまり出土資料を総合的判断すると、秦は秦武王二年当時に戦国時代の列国の標準というべき「長二尺尊〔寸〕(45.0～46.0cm)」の竹簡形制を採用していたが、始皇帝のころ「一尺二尊〔寸〕(27.0～cm)」の竹簡形制に移行していたということになる。翻って、『史記』の「秦本紀」「秦始皇本紀」および『編年記』(雲夢睡虎地秦簡) に記載されている暦日干支の精査によれば、秦恵文王十三年 (B.C.325) の時は「正月年初・正月歳首制」、秦昭王四十八年 (B.C.259) 以降は「正月年初・十月歳首制」となっていることがほぼ判明している (第5章「顓頊暦」の暦元についてを参照のこと)。

　以上のことから、秦恵文王十三年 (B.C.325) に近い秦武王二年 (B.C.309) までは「正月年初・正月歳首制」が敷かれていたと思われるが、秦昭王の時代になると「十月歳首制」に移行し、秦始皇帝はこの方針をあらためて踏襲したものと想定されるのである。したがって「歳首制」と「度量衡」との間には一定の法則性があると考えられ、秦が遅くとも昭王の頃には暦法を「十月歳首制」と改め、竹簡形制を「長一尺二尊〔寸〕(27.0～cm)」した可能性は極めて高いと見なければならない。

　②出土楚簡の竹簡形制の概要と暦法の関係について

　以上の如き「秦簡」と同じ手法を用いて戦国時代 (B.C.300頃) に成書されたと考えられるそれぞれの出土「楚簡」ついて検証をすすめていきたい。ただし、「上博楚簡」は現在翻刻中であって出土した竹簡形制のデータが全て出揃っているわけではなく、「慈利楚簡」は破損状況が甚だしいので断片的なデータしか使用しえなかった。さらに「楚簡」に関する情報が必ずしも十分ではない情況下にある上に、出土「楚簡」は「秦簡」と異なって「典籍」・「公文書」・「私文書」と多岐に及びながら「公文書」の絶対量が極めて少ないのであって、そのため戦国時代における楚国における竹簡形成とそれにともなう歳首の変化

については、十分な言及ができないことを申し述べておく。

　さて、「楚簡」の中で特に注目されるのが「上博楚簡（一）〜（六）」であり、儒家系の主要典籍は概ね「長二尺四寸（55.44cm前後）」の簡長に集約される。この情況は儒家が「長二尺四寸」つまり周小尺の「長三尺寸」の簡長をテキストとして用いていた可能性の高いことを示唆しているのだが、其の実「長二尺四寸」を簡長とするテキストは非儒家系の典籍において2例（『彭祖』および『鬼神之明・融師有成氏』）ほど存在し、それらは東周王室の影響を受けたものかと推察される。これに対して、楚国におけるオリジナルテキストと思われる5例の典籍は概ね「長二尺寸（44.0〜47.0cm）」から「長一尺五寸（34.65cm前後）」間に集約されるのである。

　儒家系の主要典籍が「長二尺四寸（55.44cm前後）」の簡長に集約される理由は、儒家が遵奉した東周王室の竹簡形制が周小尺の「長三尺寸（約55.5cm）」に拠ったことは既述したが、儒家系の主要典籍が必ずしも全てこの寸法で作られたわけではない。特に『詩経』は儒家が重要視した経典であり、「長二尺四寸（55.44cm前後）」の簡長が原則でありながら、「阜陽双古堆前漢汝陰侯墓」出土『詩経』は「長一尺二寸（23〜23.4cm）」の簡長である。したがって典籍の竹簡形制はあくまでも厳密な取り決めによって定められていないので、慎重に対処すべきであろう。

　翻って楚国系「文書」についてであるが、まず「公文書」は「長二尺四寸（55.2cm）〜長二尺七寸（62.4）」の簡長であり、「私文書」は副葬品目録の類というべき「遣策」にほぼ限定されるが、既述したとおり、「私文書」は規格外の形制が考えられる上に、特に「遣策」は死者を弔うための副葬品目録であるため、長大な形となっている。

　藤田勝久は秦晩期の秦簡「日書」の記述をもって「楚暦」の正月が秦の「顓頊暦」では十月に該当し、これが3箇月のズレをもつものと指摘している（「包山楚簡と楚国の情報伝達」『戦国楚簡研究 2005』2005年12月　大阪大学中国学会）が、上述した通り「顓頊暦」とは、初期設定値として「秋分」を「十月歳首」に置いているのだから、「十月朔日」は「秋分歳首」に近接していなければな

らない。したがって、戦国時代の晩期において「楚暦」の正月が秦の「顓頊暦」では十月に該当するということは、この当時の「楚暦」は当然ながら初期設定値として「秋分」を「正月年初」に置いていたことになるが、出土した「楚簡」には「公文書」が極めて少なく（「長二尺四寸」2例）、僅かに戦国中期以前の楚国におけるオリジナルテキストである5例の典籍が概ね「長二尺寸」から「長一尺五寸」間に集約されるだけである。

戦国時代における竹簡形制は秦の例からも時代の変遷とともにその長さが短くなっていることを鑑みれば、楚国は「春分歳首（長二尺四寸）→驚蟄〔立春〕歳首（長二尺寸）→立冬歳首（長一尺五寸）」と変遷し、戦国時代の晩期には「秋分歳首（長一尺二寸）」となったのではないかと推定するのみであるが、この件に関して大方の叱正をいただければ幸甚である。

資料3　出土楚簡における「典籍」

No.	名　称	竹簡長（cm）	形制区分	種別
上博3	性情論	約57	二尺四寸超	儒家（魯国）系典籍
上博1	孔子詩論	55.5	二尺四寸	儒家（魯国）系典籍
上博2	緇衣	約54.3	二尺四寸	儒家（魯国）系典籍
上博5	子羔	残簡最長54.2	二尺四寸	儒家（魯国）系典籍
上博6	魯邦大旱	54.9／55.4	二尺四寸	儒家（魯国）系典籍
上博26	君子為礼	54.1〜54.5	二尺四寸	儒家（魯国）系典籍
上博30	競公瘧	約55？	二尺四寸	儒家系典籍
上博31	孔子見季桓子	約54.6	二尺四寸	儒家（魯国）系典籍
上博20	相邦之道	残簡最長51.6	二尺四寸	儒家（魯国）系典籍
上博15	采風曲目	※54.1〜	二尺四寸	儒家系典籍？
上博14	彭祖	約53〜	二尺四寸	非儒家（東周王室）系典籍
上博29	鬼神之明・融師有（容？）成氏	残簡最長52.1	二尺四寸	非儒家（東周王室）系典籍
上博4	民之父母	45.8	二尺寸	儒家（魯国）系典籍
上博12	仲弓	約47	二尺寸	儒家（魯国）系典籍
上博27	弟子問	残簡最長45.2	二尺寸	儒家（魯国）系典籍
上博21	曹沫之陳	約47.5	二尺寸	儒家？（魯国）系典籍
上博28	三徳	44.7〜45.1	二尺寸	非儒家系典籍
上博35	慎子曰恭倹	45〜45.9	二尺寸	非儒家系典籍？
上博36	天子建州　甲	約46	二尺寸	非儒家系典籍
慈利楚簡	『国語』『呉語』および『逸周書』「大武篇」相当	約46	二尺寸	

第10章　汲冢竹書再考並びに簡牘檢署再考　279

清華簡	『近似竹書紀年』	約46？	二尺寸	戰国魏？系史書
上博19	內礼	44.2	二尺寸	儒家（魯国）系典籍
上博22	競建內之	42.8〜43.3？	二尺寸	儒家（斉）系典籍
上博23	鮑叔牙与隰朋之諫	40.4？〜43.2	二尺寸	儒家（斉）系典籍
上博9	昔者君老	44.2	二尺寸	非儒家（楚）系文書、同典籍
上博10	容成氏	約44.5	二尺寸	非儒家系典籍
上博11	周易（周氏易伝）	44	二尺寸	非儒家系典籍
上博25	姑成家父	43.7〜44.4	二尺寸	非儒家（晋・魏）系典籍
上博37	天子建州　乙	約42.1〜43.9	二尺寸	非儒家系典籍
上博17	昭王毀室　昭王与龔月隼	43.3〜44.2	二尺寸	非儒家（楚）系文書、同典籍
上博7	從政（甲篇）	約42.6	一尺八寸	儒家系典籍？
上博8	從政（乙篇）	42.6	一尺八寸	儒家系典籍？
上博24	季庚子問於孔子	38.6〜39.0	一尺七寸	儒家（魯国）系典籍
上博13	恒先	約39.4	一尺七寸	非儒家系典籍
上博32	莊王既成　申公臣霊王	33.1〜33.9	一尺五寸	非儒家（楚）系文書、同典籍
上博33	平王問鄭寿	33〜33.2	一尺五寸	非儒家（楚）系文書、同典籍
上博34	平王与王子木	33	一尺五寸	非儒家（楚）系文書、同典籍
郭店3	緇衣	32.5（Ⅰ）	一尺四寸	儒家（魯国）系典籍
郭店6	五行	32.5（Ⅰ）	一尺四寸	儒家系典籍
郭店9	成之聞之	32.5（Ⅰ）	一尺四寸	儒家系典籍
郭店10	尊德義	32.5（Ⅰ）	一尺四寸	儒家系典籍
郭店11	性自命出	32.5（Ⅰ）	一尺四寸	儒家系典籍
郭店12	六德	32.5（Ⅰ）	一尺四寸	儒家系典籍
郭店1.1	老子　甲	32.5（Ⅰ）	一尺四寸	非儒家系典籍
郭店1.2	老子　乙	30.6（Ⅰ）？	一尺三寸	非儒家系典籍
郭店7	唐虞之道	28.1〜28.3（Ⅱ）	一尺二寸	儒家系典籍
郭店8	忠信之道	28.2〜28.3（Ⅱ）	一尺二寸	儒家系典籍
郭店4	魯穆公問子思	26.4（Ⅱ）	一尺一寸	儒家系典籍
郭店5	窮達以時	26.4（Ⅱ）	一尺一寸	儒家系典籍
郭店1.3	老子　丙	26.5（Ⅱ）	一尺一寸	非儒家系典籍
郭店2	太一生水	26.5（Ⅱ）	一尺一寸	非儒家系典籍
上博18	柬大王泊旱	約24	一尺寸	非儒家系文書、同典籍
郭店13	語叢　一	17.1〜17.4（Ⅲ）	七寸五分	儒家系典籍
郭店14	語叢　二	15.2〜15.2（Ⅲ）	六寸五分	儒家系典籍
郭店15	語叢　三	17.6〜17.7（Ⅲ）	七寸五分	儒家系典籍
郭店16	語叢　四	15.1〜15.2（Ⅲ）	六寸五分	儒家系典籍
上博16	逸詩	殘簡最長27	規格不明	儒家系典籍？

※竹田健二「上博楚簡『采風曲目』の竹簡形制について—契口を中心に—」（『中国学の十字路』2006年　研文出版）

資料4　出土楚簡における「公文書」

No.	名　称	竹簡長（cm）	形制区分	種別
1	常徳夕陽坡M2	67.5～68	二尺四寸超	公記録（賞賜記録）
2	江陵磚瓦廠M370	62.4	二尺七寸	司法文書？
3	荊門包山M2	55.2	二尺四寸	法律文書（書札）

資料5　出土楚簡における「私文書」

No.	名称	竹簡長（cm）	形制区分	種別
1	※ 随州曽侯乙墓	72～75	三尺一寸～三尺二寸	遣策
2	信陽長台関M1	68.5～69.5	三尺	遣策
3	荊門包山M2	59.6～72.6	二尺六寸～三尺一寸	卜占筮竹及び遣策
4	江陵天星観M1	64～71	二尺七寸～三尺	卜占筮竹及び遣策
5	江陵望山M2	64.1	二尺七寸	遣策
6	江陵望山M1	52.1	二尺三寸	遣策
7	長沙仰天湖M25	22	一尺	遣策
8	長沙楊家湾M6	13.5	六寸	遣策
9	江陵磚瓦廠M1	11	五寸	遣策？

※ 随州曽侯乙墓出土竹簡は、その書体の特徴上「楚簡」と看做してある。

資料6　竹簡形制から想定される年初および歳首の位置

時代および国	尺寸	メートル法換算	四分暦365¼度円規	想定される歳首
	六寸	13.86cm	91.3度≒90°	夏至歳首
	七寸	20.79cm		
	八寸	16.17cm		
	九寸	20.79cm		
	一尺寸	23.1～24.0cm	152.1度≒150°	処暑歳首
	一尺一寸	25.0～25.5cm		
秦始皇帝時	一尺二寸	27.0～27.8cm	182.6度≒180°	秋分歳首
	一尺二寸	26.4～28.3cm	182.6度≒180°	秋分歳首 秋分年初
	一尺三寸	30.03cm		
	一尺四寸	32.cm？		
戦国中期 楚国	一尺五寸	32.5～34.65cm	228.3度≒225°	立冬歳首 秋分年初
	一尺六寸	36.96cm		
	一尺七寸	39.27cm		
	一尺八寸	41.58cm	273.9度≒270°	冬至歳首
	一尺九寸	43.89cm		
戦国標準	二尺寸	45.0～46.0cm	301.3度≒297°	立春（土用）歳首
	二尺一寸	48.51cm	319.6度≒315°	立春
	二尺二寸	50.82cm		
	二尺三寸	53.1cm		

| 戦国儒家典籍 | 二尺四寸 | 55.54～cm | 365.25度＝360° | 典籍のため歳首を想定せず？ |
| 穆天子伝（東周王室） | 二尺四寸 | 55.54～cm | 365.25度＝360° | 冬至年初
春分歳首 |

③戦国時代における「四分暦」に関わる竹簡形制について

「春分点」を「四分暦」の基本定数の円規（365$\frac{1}{4}$度円規＝360°）の初度として、この円周を「長二尺四寸（55.54～cm）」とすれば、「秋分点」はその半分（182.6度＝180°）の「長一尺二尊〔寸〕（27.0～cm）」になり、「長二尺寸（45.0～46.0cm）」は本来の周における一尺（すなわち一咫, 約18.5cm）換算の「長二尺四寸（長二十四寸）」値となるから、これをもって新たな「立春」の初度とすれば、律度量衡との関係において「二十四節気」との整合性がはかられることになる。

ここで「立春」を正月年初（＝正月歳首）とする戦国標準の「四分暦」とその標準的な竹簡形制である「長二尺寸（45.0～46.0cm）」について、少しく触れておきたい。戦国標準の公文書の形制は概ね「長二尺寸（45.0～46.0cm）」と解せられるが、この値に基づく周円（365$\frac{1}{4}$度円規＝360°）の位置は、形式的には「冬至（273.9度≒270°）」から30日後の「大寒（304.4度≒300°）」もしくは28日後から45日後までの「土用（平均値301.3度≒297°）」となる。つまり「大寒」の位置は「立春（319.6度≒315°）」から15日前であり、また「土用」の場合は前日から18日前である。そのため両者ともその尺長は「長二尺寸（45.0～46.0cm）」となるから、本来「立春」の尺長は「長二尺一寸（48.51cm）」となるはずである。

もっとも暦法の施行にあたっては当然ながら「四分暦」に内包された「陰陽五行説」の影響を受けることになり、形而上学的な受命改制としての暦法は歳首もしくは年初の設定に服色を定めて置かなければならない。その服色とは四季によって四つに配色（春＝青・夏＝赤・秋＝白・冬＝黒）され、かつその中間には五行の眼目として「黄」色が設定された。四季は「二至二分」すなわち「春分・夏至・秋分・冬至」に限られる。単刀直入に言えば、「立春」は自体は「冬至（冬）」と「春分（春）」とのちょうど中間に位置しているので、服色を持ち得ず、そのため「立春年初」の暦法である「四分暦」を用いるということ

は、「四立（立春・立夏・立秋・立冬）」の前日から18日前に位置する「土用」の服色（黄）を選択しなければならないことになる。すなわち「立春年初」の暦法である「四分暦」は、「黄」を服色とする思想的背景があるため、竹簡の尺長を「土用（平均値301.3度≒297°）」の円規に合わせて「長二尺二寸（45.0～46.0cm）」としたと見なければならないのである。

　ちなみに冬（孟冬）十月を歳首とした秦は、「四分暦」の一種である「顓頊暦」を用い水徳を得たとして服色を「黒」とした。もっとも冬十月歳首といっても実際は「秋分」を含む月を歳首としたものであり、名目上これを「冬」と定義しただけにすぎない。そのために、竹簡の尺長を「秋分（182.6度≒180°）」の円規に合わせて「長一尺二尊（寸）（27.0～27.8）」としているのである。また、東周は『春秋繁露』によれば火徳を得て服色を「赤」としたとされている。筆者は既に春秋時代における東周の暦法が冬至を「一月年初」とした上で、春分を「四月歳首」と設定したものであることを開陳したが、まさに暦法上において「四月」は「孟夏」となるのであるから、火徳を得た周（東周）が服色を「赤」としたことを裏づけている。ただし、春秋時代における東周の暦法は「四分暦」ではないので、暦法に基づく竹簡形制の変動はなく、基本的な竹簡形制は「長二尺四寸（＝本来の周尺でいう長三尺。すなわち三咫に相当）」を維持したと解せられる。

　翻って秦を倒した漢は、当初秦の暦法である「顓頊暦」（四分暦）を用いていたために水徳を得たとして服色の「黒」を踏襲した。その漢も後に至って、「五徳終始説」に基づく受命改制の立場から、「四分暦」を廃して「太初暦」を施行して「立春年初」の暦法に回帰した。そのため「太初暦」以降は、土徳を尊んで服色を「黄」としたのである。ただし、「太初暦」は基本定数が「顓頊暦」（四分暦）のそれと異なるので改暦による竹簡形制は認められない。王朝迭立とその服色については、古今様々な議論が喧しく交わされているものの、その本質というべき暦法の歳首に踏み込んだ見解はことのほか少ない。ここに私見を開陳し、大方の叱正を乞う次第である。

第10章　汲冢竹書再考並びに簡牘検署再考　283

資料6

五行	土	木	土	火	土	金	土	水
季節		春		夏		秋		冬
五色	黄	青	黄	赤	黄	白	黄	黒
五方	中央	東	中央	南	中央	西	中央	北
月		一〜三		四〜六		七〜九		十〜十二
王朝	漢（太初改暦後）			東周				秦・漢

図1

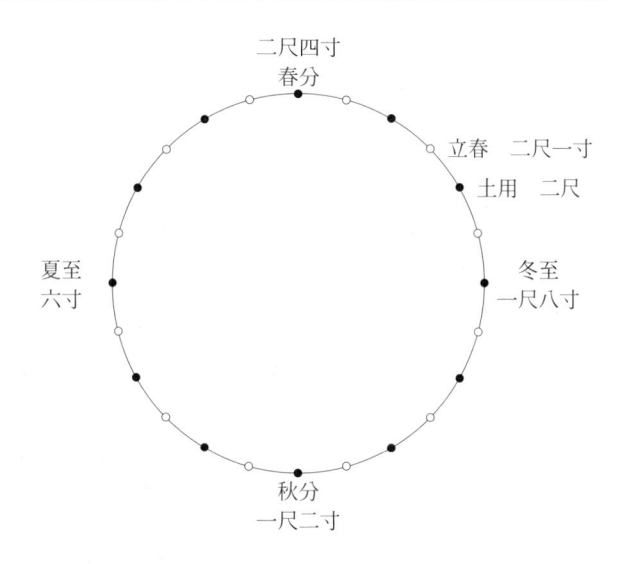

二尺四寸
春分

立春　二尺一寸
土用　二尺

冬至
一尺八寸

夏至
六寸

秋分
一尺二寸

4．まとめ

　漢の鄭玄は漢代に亡佚した『楽経』を含む「六経」と『春秋』が、「策皆二尺四寸」となっていたと述べている（鄭玄注『論語』「序逸文」に「春秋二尺四寸策書之，孝經一尺二寸策書之，知六經皆長二尺四寸。或說六經皆尺二寸，孝經謙半之，而論語為八寸策。」とある）。これは春秋時代に現れた儒家らが『易』・『書』・『詩』・『礼』・『楽』を周王室の経典として主張していたので、儒家らはその竹簡の長さを周王室の竹簡形制である「長二尺四寸」に合わせていたものと解せられるのである。

　儒家らが周王室の竹簡形制である「長二尺四寸（周小尺でいう三尺＝三咫）」

にこだわっていたことは、上博楚簡の『孔子詩論』および『魯邦大旱』ならびに『君子為礼』(そして残簡である『弟子問』も同長と考える)の長さが、それぞれ「長二尺四寸」であることにも密接な関係があり、周王室を遵奉する儒家らが「長二尺四寸」の長さをもつ竹簡を形制の上からも神聖視したことを物語っている。

漢の鄭玄は「六経」は「策皆二尺四寸」でなければならないと考えていたため、自らが注を施した『儀禮』の竹簡の長さを、単に「長二尺四寸」としたが、それは一九五九年武威後漢墓で出土した『儀禮』の竹簡の長さが「長二尺四寸」であったことからも裏づけられる。

もっとも儒教イデオロギーの影響を強くうけていた鄭玄であるからこそ、たとえ彼の時代に「周王游行」の内容を記した『穆天子伝』などという書物が現れたとしても、これを決して「六経」に含めなかったことは想像に難くない。それは、いみじくも周穆王に「伝」などという呼称をつけたことからも荀勗が、この書を「六経（六芸）」に含めず、「汲冢竹書」全てを「詩賦」と同一視したことからも明らかである（『隋書』「経籍志」）。

では、なぜ『穆天子伝』が「長二尺四寸」であったのかということであるが、「長二尺四寸」の本来的意味は周王室の書庫に収納されるべき「竹簡」の統一的な規格を指していたと考えられるのである。突き詰めて述べるなら、「長二尺四寸」の「竹簡」とは本来は非現用となった「公文書（公務文書）」つまり「檔案」を指したもので、その「竹簡」を排架する書棚の奥行きがすべてこの「長二尺四寸」の規準に対応して造られていたということでもある。

では、この「長二尺四寸」とはいったい何の数値を示したものかというと、荀勗が「銅製律呂」で復元したとする周王室の「十二律笛」中の「仲春（春分）月」すなわち「二月」を示す「夾鍾之笛」の長さを示したものであるとともに、『説文』にいう「奎とは兩髀の閒」すなわち、成人男子の「兩髀（ひとまたぎ）」の長さの単位である「奎」であったことを示したものである。王国維は「簡牘検署考」の中で、「策」と「箑」と「筴」とは本来「異物に非ざる」ことを主唱したが、私見ながら「奎」は「夾（＝竹簡）」及び「筴（＝筮竹）」と同音同

義であり、かつ音楽とは時間測定のために存在したと考える。

　つまり周王室の「竹簡」すなわち「筴」は、「奎」の奥行きがある書棚に排架され、この「奎」長の律笛である「夾鍾之笛」の寸法およびその笛から発するヘルツをもって「春分」の長さの基準とされたと看做さなければならない。

　実は西周末から後漢までの間、「二十八宿」のうちの「奎宿」は春分点に入っていたが、これは歳差によるものであり、戦国時代末の『呂氏春秋』「仲春紀」には「日在奎,〔中略〕律中夾鍾.〔中略〕是月也.日夜分（＝春分）。」と記している。古代中国においては、宇宙および度量衡ならびに音律とは不可分一体として解釈したため「律度量衡」という概念が存在した。戦国時代前期と推定される曾侯乙墓出土の編鐘には、すでにピュタゴラス音律に近似する「三分損益法」によって、1オクターブ間に平均律でない半音の間隔で配された12の音を設定している。「律」とは本来、音を定める竹の管であって、その長さの違いによって12の音の高さを定め、この音を12の月に配分したものである。

　荀勗は後世の「三正交替説」に基づいて、「十二律笛」中の筆頭に「黄鍾之笛」を置き、これを「冬至月（十一月）」に当たるとして月序の筆頭としているが、「黄鍾之笛」の長さは、「長二尺八寸四分四釐有奇」と剰余があって「整数」ではないので、筆頭としては明らかに不適である。また「黄鍾之笛」に続く「太呂之笛（季冬・十二月）」「太蔟之笛（孟〔立〕春・正月）」も同様である。つまり「三分損益法」とは整数を筆頭に三分を損益しなければならないのだから、「仲春（春分）月」を示す「長二尺四寸」の「夾鍾之笛」の音（Hz＝ヘルツ）こそ周王室の歳首もしくは年初を示したものと見るべきである。

　『穆天子伝』は周王室の竹簡形制である「長二尺四寸（周小尺でいう三尺＝三咫）」ではありながら、その内容には儒家が好まない殷周革命に否定的見解をもつ「容成氏」が取り込まれている。つまり『穆天子伝』は儒家のテキストではないということになるが、戦国時代において、周小尺の「長三尺寸」の竹簡形制に準拠していたのは、唯一東周王室の存在しか考えられない。そのために『穆天子伝』は東周王室が編纂した史料であったと想定されるのである。

　以上、汲冢竹書出土の経緯をたどりながら出土された『穆天子伝』の竹簡形

制や当時の律呂がどのようなものであったかを忖度し、古代中国においては度量衡が音楽および天文学と不可分の関係にあったことを述べた。そして春秋時代の東周王朝から戦国時代の秦の暦法および度量衡を俯瞰して、天文暦法と竹簡形制との間に一定の法則が存在することを指摘した。この結果、晋の中書監であった荀勗が「汲冢」からの出土物を「古周」時の資料と明言しているものの、「長二尺四寸」の竹簡形制をもつ『穆天子伝』の成書時期についていえば、戦国時代において東周王室が編纂した史料である可能性が高いとの結論に達した次第である。

〔付記〕

　拙稿の下書きは平成7年の夏に概ね書き終えていたが、実際には度量衡の検証にことのほか手間取ってしまい、結果的に十余年の星霜を加えることになってしまった。なお拙稿は、『中国研究集刊』(総42号、平成18年12月　大阪大学中国学会）にて発表したが、その後『穆天子伝』の成書時期についてほぼ明確な結論を得たので、内容を修正した。この件に関しては、畏友藤田勝久から貴重なる情報の提供を受けたことを記し深く感謝したい。
　また、黄（中島）雪美と曹瑞萍にも多くの援助を受けた。ここに深甚の謝意を申し上げたい。

註

（1）　陳夢家『六国紀年』P. 117-134所収「汲冢紀年考」（一九五五年　学習出版社刊　上海）
（2）　この文中の《令》は「中書令」の「令」を意味し、中書監荀勗に対比される文言（中書令和嶠）であるのだから、当然これは《帝命中書監荀勗〔中書〕令和嶠》と考えなければならないし、だいいち晋の武帝が中書監（準長官）の荀勗に命じて、上司たる中書令（長官）の和嶠に出土竹書の判読や校訂をさせるとは有り得ないのである。
　　　これについては、江戸後期の天保十五年（一八四五）に幕命を受けて高松藩学の講道館は『隋書』を出板したが、「経籍志」に校点を施した藩儒の菊池桐孫の次の

第10章　汲冢竹書再考並びに簡牘検署再考　287

見識通り、《令》を中書令と判断して文を《和嶠》で断句し、以下を《撰次爲十五部八十七卷》分けているのは至極当然のことといえよう。

「至─晋太康元年─。汲郡人發─魏襄王冢─。得─古竹簡書─。字皆科斗。發─冢者不─以爲─意。往々散亂。帝命─中書監荀勗令和嶠─。撰次爲─十五部八十七卷─。」

（3）　例えば、『晋書』「恵賈皇后伝第一」

「初武帝欲爲太子娶，衛瓘女」，元后（＝楊皇后）納賈郭親黨之説，欲婚賈氏」。

次に

『晋書』「荀勗傳第九」

荀勗，〔中略〕拜中書監，加侍中，領著作，與賈充共定律令。〔中略〕

充將鎮關右也，勗謂馮紞曰：「賈公遠放，吾等失勢。太子婚尚未定，若使充女得爲妃，則不留而自停矣。」勗與紞伺帝間並稱「充女才色絶世，若納東宮，必能輔佐君子，有《關雎》後妃之德。」遂成婚。當時甚爲正直者所疾，而獲佞媚之譏焉。久之，進位光祿大夫。

当時晋の宮中では賈充派と衛瓘派との間に政争があり、特に中書省は皇帝の寵遇を得られた場であったことから両派にとって重要な橋頭堡なのであった。

荀勗の目論みは功を奏し、この二箇月後の五月に旱魃が晋を襲った時、武帝は荀勗の「邪説」を受け入れて賈充を重職に留めることとしたと（八年五月旱, 是時帝納荀勗邪説留賈充）『晋書』「五行志」と書きとめている。

太子衷（のち恵帝の）の闇弱さについては、『蒙求』標題第三百二十八「晋恵聞蟇」あるいは『晋書』「帝紀」第四に記されている通りである。ある時華林園にいた時、恵帝は「蝦蟇は公用で鳴くのか、それとも私的で鳴いているのか」と左右の臣下に愚問を発したくらいの愚かさであったという。

また中書省内部の賈充派と衛瓘派の色分けであるが、張華も束晳と親交があったことからも（『補注蒙求』標題第五百七十六「束晳竹簡」）、張華は衛瓘派に組していたのであろうと考えてもいいかもしれない。泰始十年（A. D. 273）、荀勗は中書監であり、張華が中書令はあったが（『晋書』「律歴志上」銅竹律二十五部記事）張華の後任に黄門侍郎の和嶠が命じられたが、和嶠が中書令に就任した明確な時期は未詳である。

荀勗は中書令の張華と劉向の『別録』に従って書誌の錯乱を整理したとされている（『文選』「王文憲集序注」所引王隠『晋書』佚文）が、実際は荀勗と馮紞らは、和嶠の前任の中書令であった張華を「深く忌み疾んだ（荀勗馮紞等,深忌疾）」（宮内庁書陵部蔵『群書治要』所収臧栄緒『晋書上』「張華伝」）とし、結局張華は馮紞の武帝に対する讒言によって免官させられてしまっている（『晋書』「張華伝（第六）」）。

（4）　そもそも劉歆が定めた銅斛尺（新王莽尺）の基準は後漢の「建武銅尺」までは遵守されていたようで、「一尺物差」の長さが現在のメートル換算の23.1cmを保っていたのに対し、その後の天下の大乱で楽工は逃散し、ついに度量衡の器機基準が湮滅するに至ったとされた（『隋書』「律歴志上」〔巻首梗概〕）。そのため三国魏の文帝は太楽令（後に雅楽郎）であった杜夔に音律を定めさせたが（『隋書』「律歴志上」〔巻首梗概〕）、この音律は魏で用いられていた「魏尺（一尺の長さは現在のメートル換算の24.2cm）」を基準としていたので、後漢の建武以降から魏に至るまでの「一尺物差」では現在のメートル換算1.1cmほど長くなってしまった。

　　　例えば『世説新語』「術解第二十」所引〔荀勗記事〕によって窺われる。

　　　荀勗善解音聲，時論謂之闇解．遂調律呂，正雅樂．每至正會，殿庭作樂，自調宮商，無不諧韻．阮咸妙賞，時謂神解．每公會作樂，而心謂之不調．既無一言直勗，意忌之，遂出阮為始平太守．後有一田父耕於野，得周時玉尺，便是天下正尺．荀試以校己所治鐘鼓，金石，絲竹，皆覺短一黍，於是伏阮神識．

　　　実のところ、荀勗が直面した難題とは「編鐘」や「編磬」に対して「宮（ド・F）」あるいは「商（レ・G）」といった具体的な音階を実音で指し示すことであったことが、上記の『世説新語』「術解第二十」所引〔荀勗記事〕によって窺われる。

　　　荀勗は宮中における「八音」の乖離を、「魏尺」の基準に合わせるために「牛鐸」を使って問題を解決したのだが、このことから彼は後漢から魏に至る中で「一尺」の基準がだんだん長くなっており、そのため「音律尺」として用いられた「魏尺」が伝統的楽器の「八音」の音階（ド・レ・ミ）音高（イ・ロ・ハ）と齟齬を生じていたことを見極めたのである（『晋書』「律歴志上」審度および『晋書』「楽志上」敦睦被無垠）。

　　　なお、「五聲（五聲和）」の「宮」「商」に関しては、林謙三著・郭沫若訳『隋唐燕楽調研究』（1936年　商務印書館刊，1955年重印　商務印書館〔上海〕刊）など参照されたい。

宮調音階の音名	宮	商	角	徵	羽
現代の数字譜の音高	1	2	3	5	6
現代の唱法	do	re	mi	sol	la
最も近い絶対音高	F	G	A	C	D

（6）　阮咸の死後、異質の「一尺物差」が地中から出現する。その一つは荀勗が作った尺よりも「四分（0.04％）」、正確には「三分七毫」（0.037％）長いとされる腐りかけた古銅尺であり、もう一つは農夫が地中から得た周王朝期の玉尺と目され、こちらは荀勗自身が作った尺と比較したところ「一米（正しくは一立方黍寸であり0.01

%)」、あるいは「七毫（0.007%）」」長く、「天下之正尺」と称されたという代物である。

　もっともこの話は、唐の李淳風が『隋書』「律暦志上」の審度に載せ、歴代の「一尺物差」を十五種（級）挙げて概要を記したものであり、『晋書』「律歴志上」の審度にも同様記事が見えるものであるが、記事には錯乱や誤記が多く認められる。

　というのも、本来この話は玉尺一つだけのことを述べたものと考えられ、その基は『世説新語』「術解第二十」の〔荀勗記事〕に求められるものであって、こちらのほうが話の内容に辻褄があり[9]。

　これによれば、農夫が地中から得た玉尺（玉律）を荀勗自らが定めた「銅製律呂」の基準によって新たに造った「編鐘」・「編磬」・「琴、筝、瑟」・「竹律」などの「八音」楽器と比較したところ、楽器のほうが全てこの玉尺（玉律）よりも「一立方黍寸（＝一立方分寸つまり0.01%）」短かったため、人々は皆ピッチを短くしたことを批判した阮咸の見識にひれ伏したというのである。つまりこの玉尺（玉律）の「一尺物差」は23.33cmの長さがあったことになる。

　『中国古代度量衡図集』によれば、殷王朝の「象牙一尺物差」（同書所収 No.1中国歴史博物館蔵 ＆ No.2上海博物館蔵）の長さは「15.78cm」および「15.8cm」であり、時代の変遷とともに「一尺」の長さが増えていったことがわかるが、周の時代に「新の王莽尺（荀勗の尺と同じ値の尺）」の23.1cmよりも長い「一尺物差」が存在するはずはなく、これは一方の話にあげられた古銅尺のケースに置き換えても、やはり23.1cmよりも長いので不審である。

　つまりこの類の「一尺物差」は後漢以降のものと解釈するか、あるいは荀勗の失脚を目論んで、衛瓘派が予め地中に埋めておいていたものと考えるほかはない。

(7) 例えば『晋書』「和嶠傳第十五」和嶠,〔中略〕既奉詔而還荀顗荀勗, 稱《太子明識弘雅誠如詔》. 嶠曰:《聖質如初耳！》. 帝不悅而起, 嶠退. 次に『蒙求』標題第一百三十八「荀勗音律」荀勗,〔中略〕帝素知太子闇弱, 恐後亂國, 遣勗及和嶠往觀之, 勗還盛稱太子之德, 而和嶠云:「太子如初」, 於是天下貴嶠而賤.

(8) 例えば『文選』「王文憲集序注」所引臧榮緒『晋書』「和嶠伝」佚文
　　嶠, 為黃門侍郎, 遷中書令, 舊監令共車入朝, 及嶠為令荀勗為監, 嶠不禮鄙勗常意氣加之每同乘, 高抗專車而坐. 乃使監令異車, 自嶠始也.
　次に『蒙求』標題第六十六「和嶠專車」
　　晉和嶠, 字長輿, 汝南西平人. 少有風格, 厚自崇重. 有盛名於世, 朝野許其能整風俗, 理人倫. 庾顗見而歎曰:「嶠森森如千丈松, 雖磥・可多節目, 施之大廈, 有棟樑之用.」累遷中書令, 武帝深器遇之. 舊監令共車入朝, 時荀勗為監, 嶠鄙其為

人，以意氣加之，每同乘，高抗專車而坐。乃使監令異車，自嶠始也。

（9） なお、方詩銘は『古本竹書紀年輯証』（一九八一年　上海古籍出版社刊）の「序例」および「本文」中で荀勗と和嶠は汲冢の墳墓被葬者を『紀年』「今王」とみなしてこれを魏襄王としているのに対し、衛恆や束晳は「魏安釐王」として異を唱えていることから、「梁安僖（釐）王九年（張儀）卒」と記述している『紀年』佚文は束晳の「考正（校正）」した本だと考え、その上で『紀年』には「荀勗・和嶠」本と「衛恆・束晳」本の二種存在したと主張しているのである。

　方詩銘が、『紀年』に「荀勗・和嶠」本が有ると見誤った理由は、整理途中であった『紀年』の概要を荀勗に問いただされた和嶠が「今王」は魏襄王であると述べたことを、ただ荀勗が『穆天子伝』の序文と『中経』とに転記しただけのことである。

　したがって、この段階においては『紀年』の判読は未完了であって、その後ある程度の時間を経て衛恆および束晳らが『紀年』の翻字を成書していったと見るべきである。

　ちなみに漢の時代にさかのぼるが、広川王の去疾は盗掘癖があり、魏襄王冢や哀王冢そして魏王子且渠冢と称せられる墳墓を次々に盗掘して荒らしまわったことが、漢の劉歆が著した『西京雑記』に記されており、それゆえに汲冢はいったい誰の墳墓なのかという議論は晋の中書省で当然あったとみなければならない。

　ただ、賈充派と衛瓘派との抗争が渦巻いていた中書省内部では冷静な結論が下せる情況ではなかったと推察される。

（10）　鄭玄注『論語』「序逸文」に「春秋二尺四寸策書之，孝經一尺二寸策書之，知六經皆長二尺四寸。或說六經皆尺二寸，孝經謙半之，而論語為八寸策。」

（11）　藪内清『科学史からみた中国文明』昭和57年　日本放送出版協会刊

第11章
清華大学蔵戦国竹書考

1．問題の提起

　2008年10月23日付の「光明日報」第2版は、清華大学が10月22日に北京で記者発表を行い、同年7月15日に海外に流出していた戦国中晩期のものと思われる竹簡約2100枚を清華大学が収蔵したことを明らかにしたと伝えた（その後2009年4月29日付の「中国文物報」において、総竹簡数が少数断片を含んだ2388枚と修正され、竹簡年代は戦国中期偏晩との表現に改められた）。会見上、清華大学関係者はこの竹簡について、全国から招聘した11名の権威ある研究者の鑑定の結果、一致した見解として「竹簡の形式と文字の特徴から見て、楚の国境内から出土した戦国時代の簡冊であり、非常に珍しい歴史文物であるとともに、中国伝統文化の核心部分に該当する極めて稀有な重要発見である」と発表したのである。
　清華大学に収蔵された戦国時代竹簡は、後日「清華簡」と呼称されたが、「清華簡」に関する続報は11月3日に「清華大学新聞網」および「新浪新聞網版」ならびに「東方衛視（東方衛星テレビ）新聞」によってもたらされ、このうち「東方衛視」は「清華簡」の一部画像を放映した。そして、12月1日付の「光明日報」は、李学勤の見解を「初識清華簡」という標題で掲載した。筆者は「清華簡」発見の報に接し、2008年12月26日に清華大学歴史系の李学勤研究室を訪れた。結局、「清華簡」自体は年末からの施設閉鎖によって見ることはできなかったが、「清華簡」に関する幾つかの疑問点を李学勤に投げかけ、李よりその回答を得ることができた。
　また、「清華簡」の収蔵および鑑定等に深く関わった胡平生（中国国家文物局中国文物研究所 元主任）は2009年3月10日、大阪産業大学梅田サテライトキャ

ンパスにおいて新出土資料に関する講演を行ったが、その際に筆者は当キャンパスにおいて胡平生が作成した「清華簡」および「嶽麓書院秦簡」ならびに「睡虎地漢簡」等々に関するレジュメ「近年新出土簡牘簡介」(全18頁)を入手し、併せて「清華簡」にかかわる幾つかの疑問点を胡平生に投げかけ、胡よりその回答を得たのである。

　実は、「清華簡」と湖南大学嶽麓書院が購入した「嶽麓書院秦簡」とは香港に在住する同一の古董商から購入されたものの、出現から収蔵までの経緯についてはあまり知られていない。しかしこのような盗掘品である竹簡の研究においては、出現にかかわる経緯なども総合的に検証しなければならないので、以下考察してみたい。

2．「上博楚簡」の出現と収蔵の経緯

　「清華簡」および「嶽麓書院秦簡」の出現と収蔵の経緯を述べるあたって、その重要なキーワードとなるのが「上博楚簡」である。なぜならば、両竹簡群は簡易鑑定や購入に関して「上博楚簡」を先例として、その教訓を十二分に活かしているからである。

「上博楚簡」・「嶽麓書院秦簡」・「清華簡」の出現と収蔵の経緯					
期　日	所在	担当者	紹介者	経　緯	
1994年1月～2月	香港	馬承源	張光裕	張から馬に対して、香港市場に楚簡が出現したとの情報がもたらされ、古董商所蔵の楚簡上に記されてある文字の簡易鑑定が実施される(香港－上海間のFAX送受信による簡易鑑定)。	
1994年3月12日	香港→上海	馬承源	張光裕	497枚の楚簡が上海博物館に搬入される。いわゆる第1回目搬入の「上博楚簡」。	
1994年3月～4月	香港			饒宗頤は香港で出現した楚簡を購入したが、馬承源によれば、饒宗頤が購入した楚簡は「上博楚簡」に連関する真正楚簡の零巻が10本ほど存在していてものの、その殆どは贋造楚簡であったとする。	
1994年4月27日	香港→上海	馬承源	張光裕	約800枚の楚簡が上海博物館に搬入される。いわゆる第2回・第3回目搬入の「上博	

				楚簡」。
1995年9月	東京			香港からもたらされた大量の贋造楚簡が東京に出回る。
1995年9月	台湾			香港経由による贋造楚簡が台湾で出現するが、馬はそのうちの一部に「上博楚簡」と連関する真正楚簡が存在していたと述べている。
2000年3月6日 MU576便にてもたらされる	香港	馬承源	張光裕？	「上博楚簡」とは別ルートの楚文字字書等400余枚が上海博物館に搬入される。
2000年頃？	香港	胡平生？	張光裕？	胡らが北京にて後に「嶽麓書院秦簡」となる竹簡サンプルを鑑定する？
2006年7月	香港→北京	胡平生	張光裕？	胡らが北京にて後に「嶽麓書院秦簡」となる竹簡サンプルを鑑定し、胡らは竹簡を漢簡と見誤るものの、当該竹簡群の購入を国家文物局に打診する。
2006年12月14日	香港	陳松長	張光裕	陳は後に「嶽麓書院秦簡」となる竹簡サンプルと後に「清華簡」となる竹簡サンプルを古董商から見せられる
2007年4月	香港	陳松長 胡平生 李均明	張光裕	陳と胡らは後に「嶽麓書院秦簡」となる竹簡群（大部分）と後に「清華簡」となる竹簡群とを古董商から見せられる
2007年5月8日	香港	胡平生 李均明	張光裕	胡らは後に「嶽麓書院秦簡」となる竹簡を漢簡と見誤るものの、再度当該竹簡群の購入を国家文物局に打診する。
2007年9月	香港	陳松長	張光裕	大陸から漢簡（＝嶽麓書院秦簡）の追加分がもたらされたとの連絡が古董商より張へ伝えられる。張はこの情報を陳に報告する。
2007年11月	香港	陳松長	張光裕	陳は香港を訪れ、漢簡と称せられた竹簡群の購入を決定する
2007年12月10日	香港→長沙	陳松長	張光裕	古董商は空路にて長沙の地を踏み、漢簡と称せられた竹簡群を嶽麓書院に搬入する。後に当該竹簡群が秦簡であると判明し、「嶽麓書院秦簡」と命名される。
2008年5月～6月	香港	李学勤	張光裕	古董商所蔵の竹簡上に記された文字の簡易鑑定（香港－北京間のFAX送受信による簡易鑑定）が行われる。
2008年7月15日	香港→北京	李学勤	張光裕	清華大担当者が香港を訪れ、上記竹簡群を購入し、北京に搬入する。後日、「清華簡」と命名される。

「上博楚簡」出現と収蔵の経緯は以下のとおりである。濮茅左（上海博物館研究員）によると、1990年7月 香港を訪れた馬承源は范季融とともにハリウッドロードの古董市場において、中国大陸からの盗掘品である"晋侯"の文字が刻された西周時代の青銅器を見出しこれを購入した。その折に馬は、親交のある香港中文大学の張光裕に対して盗掘された「楚簡」が香港の市場に出現することもあるので、その時には連絡を頂きたいとの意向を示したという（濮茅左「上海博物館楚竹書概述」2007年12月3日．大東文化大学）。これをうけて張は、某古董商に「包山楚簡」のような書体で記載された竹簡が出現したら、中国の研究者が高値で購入するので留意してほしいと述べたとされる。

　果たして張光裕は、3年後の1994年春に某古董商から香港に希望の竹簡が届いたとの連絡を受けた。そこで現物を見ると、その中に楚文字で書かれた「周公」という二字があったので、馬承源に電話連絡をした。これに対して馬は、とりあえず真正か贋造かの簡易判断をしたいと述べたところ、張は竹簡上の文字を何度かにわたって模写してFAXで馬に送付した（「馬承源先生談上海簡」『上博館蔵戦国楚竹書研究』所収 2002年3月上海書店出版社）。

　馬は張から送られたFAXによる文字を判読し、竹簡が真正であることを確認した上で香港に赴き、1994年3月12日に、まず497枚の竹簡を購入した。この購入金額は香港在住の資産家中国人である朱昌言・董慕節・顧小坤・陸宗霖・葉仲午ら5人の資金提供を受けたものであって、5人がそれぞれ11万香港ドルを出資したため、その合計金額は55万香港ドルに達した。もっとも濮の「上海博物館楚竹書概述」によれば、残部となる竹簡は1994年4月27日に第二回分と第三回分とに分けてそれぞれ800余枚を購入し、さらに2000年3月16日になって400余枚を購入したという。この購入金額は現在でも明らかになっていないが、それは国家機密費である「国家重点珍貴文物徴集専項経費」が充当された可能性があることを国家文物局副局長である彭卿雲が2009年2月24日付の「瞭望東方週刊」のインタビューの中で示唆している。

　「国家重点珍貴文物徴集専項経費」に関する彭の説明は、以下のとおりである。海外に流出している文物を買い戻すのには、まず購入希望者が国家文物局

に対して報告を行い、国家文物鑑定委員会にある該当専門分野における複数の専門家の審議を経て購入の是非が決定される。その審議には「夏商周断代工程専家組」の国内トップクラスの専門家が含まれ、その中で一人の反対意見があれば購入できない。そして審議の結果、購入に相応しいと決定されれば、中国文物資訊諮詢中心会と収蔵者との折衝をへて購入価格が決定され、最終的に契約が締結されるというシステムをとるという。もっとも彭卿雲は、2002年度における海外における流出文物の買い戻しに関して言及し、「国家重点珍貴文物徴集専項経費」から支出された金額は5000万元に達したとする。

「上博楚簡」は 羅運環（武漢大學簡帛研究中心）の「楚簡帛字體分類研究（一）」（2009年7月28日付「簡帛網」）に言及されているように、総数1700枚で字数3万以上とするが、これは上記の竹簡数を加算した数値に近く妥当である。なぜなら、497枚（第一回分）＋800余枚（第二・三回分）＋400余枚（第四回分）≒総数1700枚となるからである。ところが、『上海博物館蔵戦国楚竹書（一）』の馬承源「前言」の記述などでは、「上博楚簡」の総数は1200枚で字数3万、また2000年9月5日付の新華社網の上海電（記者：趙蘭英）では総数1200枚で字数35000としているので、第4回目に購入したはずの約400余枚が足りない。実はこの約400余枚については、湯浅邦弘編『上博楚簡研究』（2007年．汲古書院）の「あとがき」で浅野裕一が述べている楚文字字書等である。浅野によれば、これは「上博楚簡」とは別ルートで上海博物館に収蔵されたものであって、浅野は濮茅左から「この字書は楚文字の規範を明示すべく戦国期の楚の王権によって編纂されたものである」との説明を受けている。

もっとも、ここで述べておかなければならないのは「上博楚簡」とともに大量出現した贋造の「楚簡」についてである。実は、1990年7月に馬承源が張光裕に対して示唆した盗掘「楚簡」の出現予測を受けて、古董商はこれを絶好のビジネスチャンスと解釈し、自らのネットワークを通じて中国大陸の「楚簡」搬出を持ちかけたとされる。これによって、湖南省を中心とする古墓が相次いで盗掘され「楚簡」が出現したというのだが、その際に「包山楚簡」の書体を模した贋造の「楚簡」が大量に創作され、真正の「楚簡」と抱き合わせて香港

に持ち込まれた。たとえば、香港中文大学の饒宗頤も1994年春に中国大陸からもたらされたとする「楚簡」を入手しているが、馬象源がこれを鑑定したところ殆どは贋造竹簡であったものの、最終的に10本は真正の戦国楚竹簡であることを排除できないとした（2009年2月26日付「中国時報」）。なぜなら馬承源は、この10本が『緇衣』および『周易』の零簡であり、「上博楚簡」と来源が同じであることを指摘しているからである（『上博館蔵戦国楚竹書研究』2002年3月上海書店出版社）。

皮肉なことに上海博物館の「楚簡」と称せられる竹簡は、その一部は2万倍の拡大率をもつ顕微鏡によって墨跡鑑定が行われたといわれているものの、収蔵にあたって1本ごとに綿密な検証がなされなかったために贋造竹簡が混入していたのはないかとの疑いがもたれた。

胡平生の「簡帛弁偽通論〔校了署名2008年10月25日〕」。全18頁。『2008年国際簡帛論壇』米国シカゴ大学顧立雅中国古文字学センター（The Creel Center for Chinese Paleography－The University of Chicago）にも馬承源および上海博物館は盗掘品である「上博楚簡」に多額の費用を充当したことに対してさまざまな圧力を受けたと記述されている。

2004年9月27日付の「解放日報網」は、上海市文管委顧問・上海博物館顧問・前上海博物館館長の馬承源が9月25日20時25分病気のため逝去、享年77歳であったとの訃報を掲載し、これに続いて10月10日付の「新華網・上海頻道」は、10月9日に中国共産党の優秀党員で、国内外において特に中国古代青銅器および古文字学の専家として著名な馬承源の葬儀が上海龍華殯儀館大庁で執り行われ、フランスのシラク大統領などからの献花があったことを報道した。

しかし、既述した「瞭望東方週刊」のインタビュー記事の中で彭卿雲は、馬承源が「上博楚簡」の収蔵に関係して自殺を遂げたことを遠回しながらほのめかしている。すなわち彭は、戦国楚簡を海外から買い戻した著名な博物館の館員が数年前に自殺したことをとりあげ、自殺前日の夕刻に「在野派」と目される外部関係者によって収蔵した楚簡の信憑性について詰問されたとしている。

「瞭望東方週刊」の報道を受けて、2009年2月26日付の「中国時報」は馬承

源の死について悲憤のあまり飛び降り自殺だったと明記し、国家文物局の副局長である彭卿雲の談話にある自殺した館員は、上海博物館の前館長馬承源だったことを明らかにした。

では、なぜ馬承源は上海博物館に収蔵された楚簡の信用性について詰問を受けたのだろうか。実は発端となったのが、ある人物によって南京博物院に持ち込まれた泥まみれの「西漢簡」と称せられた木簡の鑑定であって、時期は2003年ころであったとされている。木簡は『戦国策』などが隷書体で記されており、持ち込んだ人物は博物院に売り込みをはかったといわれる。これに対して南京博物院は「西漢簡」と称せられた木簡のサンプルを土壌研究所および古生物研究所に送って年代測定を依頼したところ、2000年以前のマテリアルであるとの測定結果が出たという。そこでサンプルを上海博物館に運び馬承源の鑑定を受けたのだが、現物を見るやいなや馬は「假的，千万別買，我們就曾上過（贋造だ。一千万元出して買うほどではない。私もかつて騙されたことがある）」と述べたという。実際、「西漢簡」と称せられた木簡は前漢時代の木棺を適度な尺寸に裁断して造られた贋造簡であったというが、これは2005年3月16日に「新華報業網」にアップロードされた韓紅林・宋展雲による「鑑定家VS造假者」という記事に詳しい。

ところが、この時に馬が南京博物院関係者に述べた「我們就曾上過（私もかつて騙されたことがある）」という言説が上博楚簡には贋造簡が含まれていたのではないかとの憶測をよんだ。そのため、インターネット上のBBSやBLOGでは国家機密費を用いて上海博物館が購入した竹簡の一部には古棺木を用いて創作された贋造竹簡があったのではないかとする批判が書き込まれたという。

元、山東省社会科学界聯合会主席で同研究員であった劉蔚華は「重重迷霧上博簡」（『山東社会科学』2006年第12期）および「関于詮釈与証──再評重重迷霧上博簡」（『山東社会科学』2008年第8期）の中で、上記における馬発言を問題視し上博楚簡の一部には贋造簡が含まれている可能性について言及している。

3．「清華簡」および「嶽麓書院秦簡」の出現と収蔵の経緯

(1) 自助財源による竹簡群の購入

　以上の如き「上博楚簡」の購入をめぐっての悲劇は、海外に流出している文化財を買い戻す手段として大きな教訓を残した。したがって、このような背景を十分考慮したために、香港にて出現した「漢簡」と称せられた竹簡群と「楚簡」と称せられた竹簡群の購入に関しては、ともに国家機密費である「国家重点珍貴文物徴集専項経費」を対象とせず、自らの機関にて弁済できる財源を充当するように細心の注意が払われたとされる。

　そのため湖南大学は自らの財源150万元を捻出して「漢簡」と称せられた竹簡群を購入し、大学管下の嶽麓書院に収蔵せしめた。後になってこれらが「秦簡」であると判明した。いっぽう「楚簡」と称せられた竹簡群に関しては、清華大学1985年度OBの起業家として著名な北京同方電子科技有限公司総裁で北京亜燃投資集団有限公司董事長の肩書きを持つ趙偉国が提供した基金2500万元の一部が購入のための財源となったという。

　清華大学が古董商に支払った金額は公表されていないが、清華大学は150万元もしくは100万元を同じ古董商に支払ったとされる。言い換えれば、清華大学歴史系教授である李学勤は明確な財源の裏づけをもって、香港中文大学教授張光裕の仲立ちによって「楚簡」と称せられた竹簡を入手した。そして、2008年7月15日午前、李学勤はこの竹簡群を伴って北京国際空港から清華大学に向かったのである。これが、後に「清華簡」と呼称されるのである。

(2) 同一古董商によってストックされていた2つの竹簡群

　2009年3月10日、大阪産業大学梅田サテライトキャンパスにおいて胡平生が講演のために頒布したレジュメ「近年新出土簡牘簡介」には「清華簡」収蔵への経緯が豊富に記されていた。これは「清華簡」および「嶽麓書院秦簡」の収蔵情報に関して極めて貴重な情報が含まれていた。この資料を基礎とし、さら

に「長沙晩報（08年4月15日）」・「法制週報（08年5月1日）」・「清華大学新聞網（08年10月23日）」・「新浪新聞網版（08年11月3日）」・「光明日報（08年12月1日）」・「世界新聞報（09年7月31日）」等々の記事に加えて上述した胡平生の「簡帛弁偽通論」を参考として、筆者が中国において個人的に入手した情報等を整理統合し、「清華簡」の出現と収蔵の経緯をまとめてみたい。

　「清華簡」および「嶽麓書院秦簡」となる2つの竹簡群は、ともに2006年当時、香港の同一古董商によってストックされていたが、古董商が最初に入手したのは後者であったとされる。嶽麓書院の文物管理工作弁公室副主任の鄭明星の回想（2008年4月15日「紅網綜合」）に基づけば、2000年前後に中国の文物研究者が香港で後者を見出し、サンプル数本を中国国家文物局（以下、国家文物局と略称する）まで持参して購入を勧めたとされる。

　しかしながら、国家文物局は「文物交易法規」の制約があるということで及び腰になり、購入の話は立ち消えとなったという。この中国の文物研究者とは胡平生であるといわれている。胡が台北中国文化大学に提出した履歴書には確かに、国家文物局古文献研究室（後の中国文物研究所）の職員の傍ら、1997年の10月から12月まで香港中文大学訪問学者として「香港古文字研討会」に出席し、また2000年の1月から2月まで、香港中文大学の訪問学者として香港に逗留していたことが述べられている。

　もっとも鄭明星がいう「文物交易法規」とは2002年10月28日に公布された「中華人民共和国文物保護法」だと解せられるので、この話は2003年以降のこととなる。実は胡平生自身、当該竹簡を目の当たりにしたのは以下の如く2006年の7月であったと証言している。すなわち、胡平生の「簡帛弁偽通論」によれば、2006年の7月に北京にこの竹簡がサンプルとして国家文物局の中国文物研究所古文献研究室に持ち込まれており、胡は同僚1名とともにこの竹簡の鑑定に当たっている。この時に提示された金額は約2000枚で150万元であったという。胡はすぐさま同僚と連名で中国文物研究所の所属長と上級官庁である中国国家文物局の局長あてに購入要望書を提出したが、要望は聞き届けられなかった。ちなみに胡らが購入要望書に記載したのは、後に嶽麓書院が収蔵すること

になる「秦簡」であったが、胡らは鑑定を誤り、「西漢簡」つまり前漢時代の「漢簡」と記している。

　ところが、後述するように2008年4月12日に嶽麓書院を訪れた李学勤によって当該竹簡群が「秦簡」と確認されると、李に同行していた胡平生（当時、中国文化遺産研究院）は「漢簡」の見解を覆し、李の考えに追従して「秦簡」であるとの主張を展開した。それは胡が「字体から見れば竹簡文字は秦古隷の風格があるだけでなく明らかに秦代における小篆の特性を有していると」とコメントしたことが翌4月13日付の「新華網」に掲載されているからである。これを契機に、胡は嶽麓書院に収蔵された竹簡群を「秦簡」と看做し、自分は当初から「秦簡」であると考えていたとの見解を披瀝している。

　たとえば、2008年5月8日付の「科技新報」は胡の回想を掲載しているが、この中で胡は、2006年7月に某古董商はすっかり黄ばんだ何枚かの竹簡を北京まで持参したとし、胡はこの竹簡の鑑定を依頼されたが、自分は文字や内容から、これらは「秦簡」の可能性があると判断したと言及している。胡が某古董商にどのような鑑定結果を告げたかは明らかでないが、某古董商は竹簡1枚につき3000元、全竹簡の総額として600万元での購入を胡へ持ちかけたとする。竹簡総数は約2000枚で同じであるが、これは胡の「簡帛弁偽通論」で記されている提示金額と異なって上記の2倍となっている。

　ともあれ、後に「嶽麓書院秦簡」となる竹簡サンプルは、まずその一部が2006年の早い時期から香港市場に持ち込まれたのであるが、具体的な購入相手を捜していく中で、中国大陸から継続して竹簡が香港に搬入され、2007年9月になって、その全てが某古董商のもとに収納されたのである。

　これに対して「清華簡」の出現はやや遅いようである。こちらは、2006年12月の香港大学で挙行された「饒宗頤先生慶祝卒寿紀念学術研討会」に端を発する。この時、中国本土から香港に来訪していた湖南大学嶽麓書院副院長の陳松長は香港中文大学教授の張光裕と歓談中に、海外からもたらされた出土竹簡が香港の文物市場にストックされているとの情報を張から得たのである。そこで、陳は張の勧めもあって12月14日に某香港古董商へ足を運んだ。もっとも、陳が古

董商から見せられた竹簡は、「楚簡」(後に清華大学に収蔵される)と称せられたサンプル3本と「漢簡」(後に湖南大学嶽麓書院に収蔵されたが、調査の結果「秦簡」と判明する)と称せられた竹簡サンプル7～8本であった。この時、陳は古董商からこれらはサンプルなのであって、実際にはそれぞれ総数で3000枚近くあるとの説明をうけたといわれる。

それから約5か月後の2007年4月、台湾大学客座教授の任期を了えて北京へ帰国の途についた胡平生は、香港の文物市場に立ち寄ったが、張光裕の薦めによって、彼も某香港古董商の処へ足を運んだ。実はこの時、張光裕は中国文物研究所の胡平生だけでなく中国文物研究所の李均明と嶽麓書院の陳松長とを伴っていた。そこで胡平生ら3人は、高額のため未だ香港の文物商が手を出せないままの状態にあった「楚簡」と称せられた一揃いの竹簡群と「漢簡」と称せられた一揃いの竹簡群とを目の当たりにしたのである。

そこで胡は、自分の目の前にある「漢簡」と称せられた一揃いの竹簡群は、かつて胡自身が北京で見たサンプルと同じものであることを認識したとされるが、古董商は楚簡総数約数千枚、漢簡総数1500枚ということで、300万元の金額を提示したという。2008年5月8日付の「科技新報」では、胡の証言を引き、古董商は「漢簡」と称せられた一揃いの竹簡群については、1枚につき1500元から2000元であり、竹簡総数はまもなく搬入されて2000枚以上になるという理由で、300万元以上を求めたとする。この高額の提示を受けた陳松長は大学に戻り、急ぎ資金を募ろうとしたが、大学機関の能力では300万元以上もの資金調達は不可能であるとの結論に達し、「漢簡」と称せられた一揃いの竹簡群に関する購入は暫時凍結となったのである。

胡の「近年新出土簡牘簡介」によれば、一方北京に戻った胡平生も早速彼が所属する研究所の所長である張廷皓に事のあらましを伝えるとともに、李均明と連名で国家文物局に報告書を提出し、研究所が窓口となって主に「西漢簡(＝前漢簡)」の竹簡群を購入したいとする要望を建言したとする。その理由は、かつて自らが目にしたものであったということと、古物商は楚簡総数約数千枚・漢簡総数1500枚をもって当初その売却希望価格が300万元という高額のため一

方のみの購入を建言することにしたことであるようだ。しかし、胡の論文である「簡帛弁偽通論」を見た限りでは、胡らが提出した要望書に記載されているのは、「西漢簡（＝前漢簡）」と称せられた一揃いの竹簡群のみであって、「楚簡」の存在はなんら記述されていない。

關於搶救流散的西漢竹簡的建議

〔中國國家文物局　局長　單霽翔先生〕

　　近一年多來，有數批盜掘流散失的西漢竹簡在國內和香港流傳，總數約在2000枚以上，保存得相當完好。據說，這些竹簡流失後，曾幾次易手，並一度運抵香港。後來，內地曾經見過簡牘的文物商，知道簡牘價值珍貴，又從香港人手中購回（或購回一部分）。

　　我們在北京和香港曾被請去觀看這批竹簡。握有這批簡的人希望瞭解竹簡究竟是真是偽；還想知道這批簡究竟是什麼時代、什麼內容。

　　對其中一批，我們分別從三個包裹著塑膠薄膜的小卷中，揭剝若干枚竹簡進行了觀察，目測竹簡整長不到30釐米，寬0.6釐米，文字為秦末及西漢早期使用的古隸體。

我們匆匆寫了七枚竹簡的釋文，因光線不好，有少數簡文顯得模糊不清，但如果在較好的光線下或紅外線閱讀儀器下，應當都是能夠看清的。

　　我們也用隨身攜帶的數碼相機拍了幾張照片，但是由於光線欠佳，帶水的竹簡有反光，數碼相機也不是專業相機，拍攝效果極差，照片上看不清竹簡上的文字。

　　以下是七枚竹簡的釋文，我們給這幾枚簡編了一個臨時性的序號：

　　・有貲贖責□□□□　其年過六十歲者勿遣年十九歲以上及有它罪而戍故（臨1）

　　今而後益高及初棄疇（？）　益高□□□　下及年過六十□□　勿令戍它處請可・四

（臨2）

人能捕盜縣官兵兵刃者以律購之當坐者捕告者除其罪□□□□□

（臨3）

丙廿二　（臨4）

上屬所執法而徑告縣官者賚一甲以為恒

(臨5)

□□□□ 一人購金一兩其□□ 書能捕若詗告之購如它人捕詗者・廷己廿七

（臨6）

夢燔元席蕁入湯中吉（？）　夢地則赫之有芮者

(臨7)

　　這七枚竹簡可以分為兩種內容，臨1～6號為律令類簡，臨7為數術類簡（《占夢》一類）。從簡文書寫特點看，有兩個方面很值得注意，一是臨5號簡有"恒"字，不避漢文帝劉恒的諱；二是有秦簡常用的"辠"（罪）字。這樣看，這批竹簡時代可以早到西漢初期甚至秦。從簡文內容看，律令內容與已經公佈的睡虎地秦簡《秦律》及張家山漢簡《二年律令》不同，簡文"丙廿二"、"廷己廿七"，應當是律令條文的編號，這是深入瞭解秦漢律令條文的難得的資料。由於看到的竹簡數量有限，還不能對竹簡內容作全面的瞭解和評估，但至少可以說，這批竹簡有著對研究古代法律史有非常重要價值的資料。另外，據也曾看過這批簡的學者說，他們看到的竹簡，有與江陵張家山247號漢墓出土的竹簡相似的《算數書》的內容。我們在香港又見過與江陵張家山出土的三批律令簡內容相類、年代連貫者，有豐富的法制史料、極高的學術價值。

　　最近五年中，我們應各方之請看過的竹簡不下20起，地域自北京遠至江蘇、甘肅、內蒙、香港，那些近簡全是假簡。這次所見卻是真正的古代簡牘。按照　港地區古董市場竹簡行情，據初步估計，這些竹簡的求售價格約在150萬元左右。

　　作為地下新出土的文獻，這批竹簡的文物與文獻的價值是非常珍貴的。流失業已發生，港、台或世界各國文物與研究單位都有收購的可能，寶貴的出土文

獻面臨著流出境外及損毀的危險。約10年前，上海博物館從香港文物市場買回了被盜掘後流失的"戰國楚竹書"，目前已整理出版煌煌六大冊，其中有七八十種亡佚的經典文獻，在全世界漢學界引起極大的震動。近些年來，國家博物館和保利藝術博物館從文物市場搶救性地收購了不少流散的銅器，如"士山鼎"、"榮仲方鼎"、"阪方鼎"、"盠簋"等重器，受到文物界與學術界的高度的評價。

而一套十二件流失到香港的"子犯編鐘"，被臺北故宮搶先買去，使得文物界多少人為之扼腕歎息！我所出土文獻與文物研究中心長期從事簡牘整理研究，文物保護中心長期從事竹木漆器保護脫水研究，有責任對流散的文物進行保護與研究，因此，我們建議：盡速研究搶救保護這些竹簡的措施，將其收回後作為我所進行簡牘整理研究與保護脫水的標本收藏。以上報告妥否，望覆示。

此致
敬禮

中國文物研究所　胡平生、李均明
2007年5月8日

筆者註：当該建議書は胡の「簡帛辨偽通論」によったが、この文書には宛名として必要な≪国家文物局領導≫の職名および担当者名がない。本来は存在していたが、諸般の事情で明記しなかったのであろう。遺憾ながら、これでは文書として不備であるので空白部分を補筆させて頂いた。もっとも、この建議書は、公文書（中国名では公人文書）の要件を備えておらず、この形式は明らかに私文書（中国名では私人文書）である。

海外に流出した文物を中国に買い戻すのには、機密費である「国家重点珍貴文物徴集専項経費」を財源とするため、手続きとしてまず最高上級官庁である「国家文物局」に購入要望書を提出した後、国家文物鑑定委員会にある該当専門分野における複数の専門家の審議を経て購入の是非が決定される。

そして、中国文物資訊諮詢中心会と収蔵者との折衝をへて購入価格が決定され、最終的に契約が締結されるというシステムをとる。
　中国における公文書の作成については、李林『公務文書通典―法律事務巻』〔1999年．陝西人民出版社〕などに詳しい。この書式に準拠すれば、胡らが作成した建議書は上級官庁からの回答を求めているものの、公文書の要件を備えていないので、これでは上級官庁である国家文物局において稟議されない。あるいは、中国文物研究所の所長である張廷皓がしたためと考えられる副申書が正式な公文書であって、胡らが作成した建議書は附帯資料であったとも解せられる。
　なお、李均明は中国文物研究所を退職後、清華大学出土文献研究与保護中心(センター)の設立ともに同中心(センター)の研究員となっている。

　ここで注目すべきは、陳松長および胡平生は「楚簡」と称せられた一揃いの竹簡群と「漢簡」と称せられた一揃いの竹簡群とを比較し、購入するのに後者が相応しいとの共通見解を有していたということである。ちなみに胡らの要望書には中国文物所の所長である張廷皓の副申書が添えられ、上級官庁である国家文物局あてに対して早急に措置を講じるよう上申されたのである。だが結局、盗掘品に多額の費用を捻出することは犯罪の助長につながりかねないとして理解が得られなかったようで、この竹簡群を中国本土に買い戻すという話はまたもや挫折したのである。

(3)「漢簡」と称せられた竹簡群の購入と「楚簡」と称せられた竹簡群の簡易鑑定

　ところが、この4か月後の2007年9月になって陳松長は香港から1本の電話を受ける。電話の主は香港中文大学教授の張光裕であり、張は陳に対してかの香港における古董商人からのメッセージを伝えた。それは後続の竹簡を全て収納したので、陳松長にもう一度見てもらいたいという内容であったという。そこで、2007年11月に陳松長は香港に赴き、前回同様、香港大学の張光裕の仲介

によって香港古董商のもとを訪れ、再び竹簡を目の当たりにすることができた。

　竹簡は 2 つの長方形のプラスチック製盥の蒸留水の中に浸されていたが、水は黄ばんで竹簡は朽損が始まっており、表面にはカビが少なからず繁殖していた。古董商は陳の面前で竹簡に括り付けられている縄を解きほどこそうとしたが、すぐさま陳によって制止されたという。陳は、このような危機的情況に接して、嶽麓書院がちょうど立ち上げた「中国書院博物館」に絡ませることができれば整合性がはかれるとし、文物保護の観点から「漢簡」と称せられる竹簡群だけは急遽購入しなければならないと決断した。そして、陳は2007年11月下旬になって古董商と価格交渉を行い、「漢簡」と称せられる竹簡群の価格として150万元を提示し、この金額提示に古董商は快諾の意を示したのである。

　小寺敦（東京大学東洋文化研究所）の「湖南大学岳麓書院秦簡に関する雑感」（2008年12月20日『中国出土資料学会会報』第39号所載）によれば、陳松長は2008年 9 月10日に岳麓書院（筆者註：岳当作嶽）を訪れた小寺に、当該竹簡群を「筆写者について、明らかに同一人物ではなく、3 つ程度の墓から出土したものかもしれない」と述べたとされる。

　2007年12月10日に古董商は 8 つに梱包された竹簡群を携えて、長沙黄花空港に降り立った。この時、嶽麓書院にもたらされた竹簡群は黒く変色しており、あたかも固まってしまった麺のようであったという。

2008年 5 月 5 日付『大公報』に掲載された湖南大学に搬入された直後の「嶽麓書院秦簡」

そのため、「出土木漆器保護国家文物局重点科研基地」学術委員で湖北荊州文物保護中心研究員の方北松らによって洗浄および脱色などの保存処置が4か月に渉って施された。この保存処置と平行して翌2008年1月26日から4月13日まで、竹簡を鑑定するために清華大学・中国文化遺産研究院・武漢大学簡帛研究中心・香港中文大学・湖北荊州博物館・荊州文物保護中心・湖南省文物局・湖南大学等々に所属する研究者らが嶽麓書院を訪れている。このうち、4月13日に来訪した李学勤は大型ルーペで件の竹簡を観察し、これは「這批秦簡太宝貴了（これは大変貴重な秦簡である）」との声を発したと、翌日付「新華網」は報じている。もっとも、この鑑定を契機として李学勤は香港市場でまだ売れ残っている「楚簡」と称せられる竹簡に強い関心を抱いたとされる。それを裏づけるように李学勤の門下である清華大学教授の劉国忠の回想によれば、嶽麓書院を後にした李学勤は、翌5月から6月にかけて、中国本土の研究者を香港に派遣して、問題の竹簡上に書かれている文字を臨摹させ何度かFAXで中国本土に送信させた。そしてこの文字を中国本土にて分析検証した。それには1か月余りの時間を要したが、この作業に携わった研究者達は竹簡は収蔵するに価値があるとの結論に達したという（2009年7月31日付、「世界新聞報」）。FAXを用いて簡易鑑定を試みる手法は、「上博楚簡」収蔵の経緯と全く同じである。

(4)「清華簡」収蔵と緊急的な保護処置

当初、李学勤らは清華大学がまもなく夏季休業に入るので、入手したばかりの「楚簡」はそのままの状態で保管しておき、新学期が始まってからの9月に本格的な保存を実施しようとの予定であった。だが検査をしたところ、いくつかの竹簡がカビによって汚染され、劣化しかけていることが判明した。特に問題となったのは、盗掘関係者（もしくは香港の古董商）が現代の竹片を補強材として当該竹簡に貼付させていたことである。つまり、補強材である現代の竹片にカビが発生して繁殖し、竹簡本体に汚染が拡大することが危惧された。そこで、急遽化学者に分析を依頼して、カビによる損壊のおそれがあることを証明してもらった。これを受けて大学側はすぐさま専門家を組織して保存管理する

ことを決定したのである。

　この結果、清華大学は10月1日の国慶節までに大学級の研究機構である「清華大学出土文献研究与保護中心(センター)」を創設し、専門工作室を立ち上げたのである。そして、主任として李学勤は数名のスペシャリストを招聘し、竹簡のための保護研究に取り組んだ。このメンバーは香港中文大学の沈建華・元北京師範大学の趙平安・そして中国文物研究所の李均明・趙桂芳夫妻であり、彼らによって緊急的な保護処置が行なわれた。この処置とは、竹簡を保護整理するために、まず剥離・分離・洗浄を完了させて、竹簡をステンレス製のトレイの中に収めた上で清浄水で浸すというものであった。専門工作室の全員が休暇を返上し、全力でこの緻密で負担の大きな仕事に挑んだ結果、10月中旬になってようやく保存管理の道にある程度の見通しをつけることができた。

　また、李はこの作業と平行して清華大学化学系分析中心(センター)に当該竹簡の水分含有率の検査を依頼した。検査の結果、竹簡の水分含有率が「400％」であることが判明し、李はこの数値を数千年に渉って竹簡が水中に浸っていた証左であると考えるに至った。

(5)「清華簡」に対する第一次鑑定（楚簡従事者による経験的判断）

　そして10月14日、清華大学は竹簡に造詣の深い11名の専門家を招いてこの竹簡についての鑑定を行った。しかし、鑑定期間から10月23日の公式発表まで、11名の専門家に対して箝口令が布かれたとされる。11名の専門家とは以下の人物である。北京大学の李伯謙・同じく李家浩、復旦大学の裘錫圭、吉林大学の呉振宇、武漢大学の陳偉、中山大学の曾憲通、香港中文大学の張光裕、中国文物研究所の胡平生、上海博物館の陳佩芬、蘇州博物館の彭浩。鑑定会の発足にあたって、北京大学考古文博学院教授の李伯謙は鑑定組組長として、また復旦大学出土文献与古文字研究中心教授の裘錫圭が専家鑑定組組長に任じられた。

　鑑定会の主旨は、釈読もできていない竹簡に対して文字内容を詳細に調べるのではなく、書体および竹簡形制などの表層的な検証によって、購入した竹簡が果たして戦国時代の楚簡に該当するのか否か、つまり真贋の是非を明らかに

することであった。そのため、11名の専門家のいずれもが竹簡の記載内容について詳細に把握できる情況にはなかったが、李学勤は11名に竹簡形制の概要および特徴について、まず自らの分析を述べた上で、これが正鵠を射ているか否かを見定めてほしいと要請した。

　胡平生の「近年新出土簡牘簡介」によれば、李学勤の竹簡に関する表層的分析とは概ね以下のようであったとされる（筆者註：胡平生の補足意見も含まれる）。
（1）竹簡整理中の統計によると、清華簡はおよそ残片を含めると約2100枚、整理後にまとめられる竹簡本数は1700本と推計される。
（2）この形状は多種多様で、最も長いものは46cm、最も短いものはわずか10cm前後しかない。46cmは戦国時代の度量衡でいうところの「長二尺寸」であって、戦国時代の竹簡としては標準の尺寸であり、形制上「三道編綾（3本の編縄）」の特徴が見られる。竹簡に切口（契口）を設け、これを「三道編綾」で固定する手法は戦国楚簡の例に多く認められるものである。
（3）文字は精美にして整飾である。また竹簡上の墨で書かれた文字は同一人物の手によるものではなく、特徴も異なる。さらに何枚かの竹簡には、朱砂を用いたような紅色の線、いわゆる「朱絲欄」という界線がある。しかし、このように書写者および形制が多岐に及ぶといえども書法自体に一糸の乱れもない。
（4）この竹簡の性質は書籍である。すでに発見されている戦国時代竹簡は、書籍と文書（埋葬品目録である遣策も含む）の二種類に大別できるが、この「清華簡」はどれも厳密な意味での書籍であって、文書や遣策は見つかっていない。すなわち、いくつかの竹簡には書籍の篇題があり、竹簡の背面に記されている。また、いくつかの竹簡には編次の番号があり、あるものは背面に、あるものは竹簡の下方に書かれている。

　ちなみに、竹簡の多くは歴史関係書目である。これは過去に発見された戦国竹簡、例えば著名な郭店簡や上博簡は儒家・道家関係の著作が多数を占めていたのと異なるということである。埋葬品とされた書籍は、墓主の身分や好みと関係する。例えば1972年に出土した「銀雀山漢簡」の主なるものは兵書で、墓主は明らかに軍事家だった。だから李学勤は「今回我々は歴史家の墓を掘り当て

た」とユーモアを交えて言った。

　また胡平生は、「清華簡」は湖北省荊州から香港に流出した可能性が高いと述べ、古く荊州は楚国の都城があり江陵と称せられていたという理由で、この地域をとくに出土地であると推断した。これに対して、裘錫圭は竹簡の出土地を古代楚国の中核地点としながらも、概ね湖北湖南一帯と推断した。裘はその根拠として、文字の特徴および一揃（二個）の漆容器（漆笥）の破片頂上部に認められる複雑で色鮮やかというべき楚国特有の風格のある図柄が描かれていることを挙げる。ただし、実際には楚の具体的な場所だけでなく、その古墳がどこであったのかを誰しもが認識していないので、時間をかけて研究を行いしかるべき結論を別途出さなければならないということで共通理解を得た。ちなみに、一個の楓楊を素材とする漆容器の外側に１枚の竹簡が貼り付いており、竹簡上には文字が認められることから、容器と竹簡との関係が想起されたとする。

　李学勤は、釈読はともかく先行的に調査を進めていた。彼が鑑定会において11名の専門家に対して「清華簡」が具体的にどのような書籍を含んでいるかを現物を交えて解説した。概要は以下のようである。

(A)『尚書』

　簡本『尚書』には多くの篇があり、当然ながらこれらは全て秦始皇帝による焚書以前の写本なのであるから、真正の『古文尚書（＝真古文尚書)』であって、いくつかの篇は伝世本との対照が可能である。例えば、それは「金縢」・「康誥」・「顧命」・「君奭」の篇などであるが、今本の十三経注疏本『尚書』と比較すると異同が多い。すなわち、今本では「予小人」に作るが、簡本では「予沖人」に作るとともに、簡本が用いている虚字は今本と比較して頗る異なっている。また簡本の篇題は今本と重複するものの、やはり今本と比べて異同が多く、例えば「金縢」の篇題は十数字となっているが、またある篇題は概要を記したような長文のものもある。そして、これとは別に過去には未だ見られなかった「篇章」というものがある。この「篇章」には「商書」・「周書」があるが、このうちの「周書」は汲冢竹書の『逸周書』と合致するようであり（筆者註：

これは胡平生の私見なのであろうが、陳夢家をはじめととして『逸周書』は汲冢竹書ではないとする見解が今日の多数を占める）、「命訓」・「皇門」・「祭公」等々の篇を内包する。

　簡本『尚書』で特記すべきは、すでに亡佚したと思われていた「説命」篇が出現したということである。これは、簡本『尚書』において「尃敚」之命（＝傅説之命）」の篇題をもつものだが、伝世の『偽古文尚書』に引用される「説命」三篇とは内容が全く異なっている。李学勤が具体例を挙げて指し示したところでは、簡本『尚書』は伝世の『国語』が引用する文言と一致をみるが、いわゆる偽孔伝本とは異なるということなのである〔註１〕。

(B)『近似・竹書紀年』

　『古本竹書紀年』に類似した史書である。当該『近似・竹書紀年』は編年体で記載され、年代上限は西周中期、年代下限は戦国時代前期であって「韓・魏・趙」の故事に及んでいる。ただし、この史書は「年」を記すのみで「月」を記していない。

(C)『〔伝説〕』および『楚居』（筆者の入手情報を含む）

　ともに原題は未詳である。『〔伝説〕』については例えば「軒轅入曰……」というような書き出しとなっている。また、『楚居』は、「郢」という文字が多く使用されているが、楚国の起源および歴代楚王の都城地や楚王の世系などを詳細に記載したものとして解釈できる。

(D)『〔周易に関係する書目〕』

　これは『易伝』ではない。しかし「清華簡」においては、卦の描画が見え、三爻や六爻がある。卦の名は、伝世本や従来の出土竹簡とは異なる。ちなみに「清華簡」における卦の描画は極めて鮮明であって、例えば「○×九」とある（鑑定会では当初第一字目の数字「○」を「零」と解釈したが、後に「四」とすべきと判定された。また、第二字目の「×」は「五」、第三字目は「九」である。李学勤は、戦国中期末に於ける卦の描画は陰爻・陽爻であると断定的な見解を開陳したが、後に胡平生は少なくとも全ての卦の描画が、陰爻・陽爻に峻別されるはずはないとの反対意見をもつに至った。また、鑑定会の他のメンバーは数字卦と陰爻・陽爻とは全く別の系統

である可能性があるとの意見を持つに至ったとされる)。
(E)『近似・国語』
　『国語』と内容が似ているが、詳細は未詳である。
(F)『〔礼に関する書目〕』
　『儀礼』と同じ内容である。主客へのもてなしや飲酒の礼儀に言及する。
(G)『〔音楽に関する書目〕』
　この竹簡の長さは僅か10㎝ほどであって、「清華簡」の中で最短である。文字は認識し難く、また1本ごとの竹簡上に数字をしたためてあるものの識別できないが、「宮」・「商」・「角」・「徴」・「羽」などの文字は判読できるので音楽関係の書目であることはわかる。このうち、ある竹簡上には「角楽風」の三文字が認められるが、これが篇題なのかは定かではなく、その文義も明確には理解できない。
(H)『〔陰陽月令に関する書目〕』
　『礼記』「月令」の「十二紀」に似ているものの、これよりも詳細であり、「五方」・「五音」・「五色」・「五味」などにも言及している。いくつかの内容は長沙子弾庫帛書に近い。
(I)『〔相馬経と思われる書目〕』
　抽象的記述の馬王堆帛書『相馬経』よりも、馬の部位および良馬の見極めに関して具体的な説明が見られる。

(6)「清華簡」に対する第二次鑑定（AMS放射性炭素14による測定）

　2008年12月になって、清華大学は北京大学の加速器質譜実験室および第四紀年代測定実験室に委託して、「清華簡」のうち文字が記されていない残片を対象としてAMS（Accelerator Mass Spectrometry）放射性炭素14による測定を行った〔註2〕。
　この日、北京大学の第四紀年代測定実験室の主任である呉小紅を訪れたのは李学勤研究室の学生2人であり、彼らは実験室に黒褐色となった2束の竹簡を持参してきたという。呉小紅は2004年に海外から購入したといわれる測定器に

第11章　清華大学蔵戦国竹書考　313

よって「AMS 14C定量法」を実施し、この結果、「清華簡」が「紀元前305±30」に伐採された竹であることが確認されたとした。これを受けて、李学勤は竹簡の伐採年代は戦国中期偏晩のものであることが実証されたと述べるに至った。

　また、これとは別に「留白簡」の成分分析を依頼された中国林業科学院は、竹が広く中国に分布している「鋼竹」であるとの結果を出している。

(7)「清華簡」に対する釈読の開始

　2009年3月になって、李学勤は清華大学図書館2階にある古めかしい事務室の中で、研究チームを編成し本格的な「清華簡」の釈読作業に着手した。事務所の机上にはかつて李学勤自身が編集した『(標点本) 尚書正義』が置かれ、この建物の中で保存される「清華簡」への対校作業に用いられた。

　この釈読工程の中で、最初に整理した篇題のない一篇は『保訓』と名付けられた。『保訓』は全11簡、各簡22～24字、長さは28.5cmである。第2簡の上部が欠けている外はほぼ完簡。李学勤は「惟王五十年」で始まるとし、五十年間在位したのは周文王のみであり、後文に「王若曰、発」とあることからも、この「王」は文王を指すと思われるとした。また、その内容は文王が太子(発)に上古の史事を引いて諭した遺言であるとする。

　2009年6月29日、清華大学出土文献研究与保護中心(センター)は、全国から50人以上の研究者を集めて「清華簡≪保訓≫座談会」を開催し、『保訓』の実物を研究者に公開した。

　「清華簡」は、その後2009年4月29日付の「中国文物報」によって、総竹簡数が2388枚(少数断片を含む)であることが明らかとなったが、さらに『文物』総六三七期(2009年第6期．文物出版社)の口絵にカラーで「清華簡」中の『保訓』と称せられる図版が掲載され、清華大学出土文献研究与保護中心(センター)による『保訓』の釈文(73-75頁)と『保訓』に関しての李学勤の問題提起(76-78頁)の二編が収録され、時間の経過とともに次第にその全貌を現しはじめている。

清華簡『保訓』(『文物』総六三七期)

4．「清華簡」に対する分析

(1)「AMS 14C定量法」による鑑定の信憑性

「清華簡」の信憑性に対してすぐさま疑問を呈した人物に姜広輝がいる。姜は中国社会科学院歴史研究所思想史研究室主任研究員で同研究生院教授であったが、2007年から湖南大学嶽麓書院教授となった人物であり、「解読清華簡≪保訓≫十疑」（2009年5月5日付「光明日報」）「清華簡鑑定可能要経歴一個長期過程——再談《保訓》篇的疑問」（2009年6月8日付「光明日報」）という論考において贋造の可能性を指摘した。

姜が指摘した疑問の中でとくに筆者の興味を引くのは鑑定方法への不信である。すなわち鑑定には専門家の直感的な経験判断に基づく手法と「AMS ^{14}C定量法」の測定にもとづく手法があるが、今回は専門家の直感的な経験判断に基づく手法に偏重しており、それも半日もしくは1日程度の短い時間で専門家に真偽の判断を求めさせることへの痛烈な批判が込められている。そして、後になって実施した「AMS ^{14}C定量法」の測定結果も絶対的でないとして批判している。

姜の上司である嶽麓書院副院長の陳松長は、香港で「嶽麓書院秦簡」と「清華簡」となる2種類の竹簡群を見ていながら、楚系文字と思われていた「清華簡」側の存在を黙殺し、「嶽麓書院秦簡」のみの購入を考えた人物である。実は陳松長に同行していた胡平生も当時においてはまったく同じ態度であった。つまり、彼らは当初から「清華簡」には全く興味を示さず、これを購入して収蔵しようなどとする意思は微塵にもなかったのである。

加速器質量分析である「AMS ^{14}C定量法」は、イオンを加速させて検体の同位体濃度を直接測定するが、測定時の調整等が複雑であるためにオペレータの熟練度に依存するところが大きい。したがって、発表にあたってはこれに携わった呉小紅主任の具体的かつ詳細なデータの公表が行われて当然なのだが、今回それが全くなされていなかったのは残念としかいいようがない。とくに「清華

簡」は、異なる何人かの書写者によって墨筆で筆写されているのであるから、その調査対象は文字が記されていない竹簡ではなく、異なる筆跡の竹簡各種で分析しなければならなかったはずである。文物保護の観点からいえば、墨筆竹簡への人為的破損を避けたともとれる。しかし、「AMS ^{14}C定量法」は従来の放射能測定による方法と比較して測定に必要な試料の量が1mmg程度で済むのだから、迅速に実施してしかるべきだった。

なぜならば、「清華簡」の竹簡2388本が全て同時期に筆写作成されたことを裏づける証拠はなく、また全ての竹簡が単一墓から出土したとは断言できないからである。したがって、筆者はある種の竹簡は李学勤が述べるように「紀元前305±30」に該当するのかもしれないが、必ずしも全ての竹簡が「紀元前305±30」であるとは限らないと考えている。

実は、清華大学が2008年10月22日に北京にて記者発表を行った時点において、「清華簡」を戦国中晩期に属すものと言明したが、これは「AMS 14C定量法」が実施されて「清華簡」が戦国中期偏晩と明言する1箇月半前のことである。言い換えれば、「AMS ^{14}C定量法」を実施する以前において、「清華簡」の作成年代を戦国時代の中晩期として絞り込んでいたことがわかる。この絞り込みの対象となった竹簡は『近似・竹書紀年』であったと思われる。これは後に詳述することでもあるが、胡平生が大阪産業大学にて筆者らに説明したところによると『近似・竹書紀年』には「襄王十二年……」と墨書にて記載されていた竹簡があったという。

当該竹簡は魏襄王十二年（紀元前306年頃）における事件を記したものと考えられることから、竹簡に文字が墨書された年代は襄王以降の魏国の君主である「今王」を基点に記載せしめられたということになる。この観点に立てば、被葬者は魏国に深くかかわる人物と考えるほかはなく、『近似・竹書紀年』の成書年代は必然的に紀元前306年からほど遠くない時期つまり戦国中晩期頃になる。実のところ李学勤らが、「AMS ^{14}C定量法」の測定対象とした竹簡は留白簡（文字が記載されていない竹簡）であるが、魏襄王十二年（紀元前306年頃）という暦年と「AMS ^{14}C定量法」による「紀元前305±30」との意図的な摺り合わせが

行われたとの印象を与えかねない。

(2) 戦国魏簡の可能性

「清華簡」の書体は10月14日に清華大学で行われた鑑定会において楚系文字との判断が下された。しかしながら、『文物』総六三七期（2009年第 6 期．文物出版社）に掲載されている『保訓』の書体を見る限りでは、「郭店楚簡」や「上博楚簡」のそれとは異なっている。　実際、「清華簡≪保訓≫座談会」の席上で「なぜ、楚系文字であるのに、楚簡と称せず、清華簡と呼称するのか」との胡平生の問いに、李学勤は「他の地域の書体が明らかでないので、清華大学蔵戦国竹簡と命名した」と答えている。このことから我々は、当該竹簡を積極的に「楚簡」と看做す胡に対して、「楚簡」と断定することに消極的な李とのスタンスの違いを読み取ることができる。

(3) いわゆる『近似・竹書紀年』について

① 　初期情報から覗われる『近似・竹書紀年』

『近似・竹書紀年』は西周から戦国時代までの年代を140本の竹簡に記載している紀年史料であり、年は記載されてあるが、月と日についての記述は見られないとする。筆者は2008年12月26日に清華大学歴史系の李学勤研究室を訪れた。この時、李が直接筆者に語ったところによれば、筆法と記載のスタイルが明らかに『春秋』とは異なって『竹書紀年』に近似しているため『近似・竹書紀年』と撰名したということであった。

つまり『竹書紀年』は、西周から戦国時代までを記載しているが、当該資料も西周から戦国時代までを記載しているので『近似・竹書紀年』と命名したということである。

筆者は李に対して、なぜ西周からの記載と明言されたかと発問したところ、ペンを執り「可見西周初年的歴史事件」と記した。そこで、次になぜ、戦国時代前期までの記載と明言したのかとの問いに投げかけたところ、三家分晋以後の名称である「韓」および「趙」の名が見えるからとした。

『竹書紀年』は西周時代における記載主体の君主を「周王室」においているが、東周時代における記載主体の君主を「晋」、また戦国時代における記載主体の君主を「魏」の君主においている。したがって筆者は、『近似・竹書紀年』ではどのようになっているのかと問うたところ、李は竹簡が泥などで汚れているので正確に文を判読できず、現在の段階では解らないと答えるにとどまった。

しかし、大阪産業大学梅田サテライトキャンパスにおいて、胡平生を講師とする講演会が催されたが、質疑応答の席上で上記と同じ質問を浅野裕一が投げかけた。しかし、通訳が浅野の意図を解さなかったので、筆者が中国語で戦国時代における記載主体の君主を「魏」であるかと尋ねると、胡は「是的！」と答えホワイトボードに「襄王十二年……」と記し、『近似・竹書紀年』に〔魏〕襄王十二年の事件が記されていることを明らかにしたのである。ちなみに李が「可見西周初年的歴史事件」とするのに対して、胡が配布したレジュメ「近年新出土簡牘簡介」には「所記歴史上起西周中（有人説大約在公元前700年左右）、下至戦国前期、三家分晋後的韓、趙、魏的史事」とあって些かの齟齬が見られる。

② 『竹書紀年』の出自

『近似・竹書紀年』（李学勤は『近似・竹書紀年』と称し、胡平生は「近年新出土簡牘簡介」の中で『類似・竹書紀年』と称す）を論じるには、まず『竹書紀年』とは何かを説明しなければならない。これについては、第6章および第10章ならびに第12章で詳述したので簡単に述べるが、『竹書紀年』とはいわゆる晋太康年間に汲郡から出土した編年史料を指す。これは後に散佚した諸書に引用された佚文を輯本化した『古本竹書紀年』によってかろうじてその概要を知ることができるが、『古本竹書紀年』の出自については、かつて筆者の二論文「≪古本竹書紀年≫の出自を遡及する」（『汲古』第21号．1992年6月．古典研究会）・「書き改められる中国古代史」（『本』2月号．1993年2月．講談社）の中で詳しく述べた。これらの論文で筆者は『紀年』もしくは『竹書紀年』の名は、出土後に付せられた仮称なのであって、本来は晋（＝魏）の編年史料であるから『乗』と

第11章　清華大学蔵戦国竹書考　　319

称せられるべきとし、そもそも『乗』とは西周滅亡の際に晋にもたらされた西周王朝の記録が来源とされると解釈した。

　実は、「Year」を表現する場合に時代や地方などによってスタイルが異なる。すなわち、青銅器の銘文を見ると殷（＝商）王朝は「祀」を使用した。例えばThe Asian Art Museum of San Francisco 所蔵の「小臣艅犠尊」では、「15 Year」を表現する場合「隹十祀又五」と刻文している。西周王朝も当初はこの書式を踏襲し、岐山県董家村出土「五祀衛鼎」は"王"を挿入して「隹王五祀」としている。また、『逸周書』の記載もこれと同じような体裁をとる。だが、ある時点から周王朝は「祀」の使用を廃し、「年（季）」を使いはじめた。その結果、長安県兆元坡村豊社出土の「師事簋（乙八）」などに刻された「隹王五年」などのような表現方法が出現した。

　山西省侯馬晋城遺跡から出土した『侯馬盟書』は、春秋晩期の晋文公十五年（B.C.497）から二十三年（B.C.489）までに晋国世卿の趙鞅と卿および大夫達の間に交わされた同盟結成の誓約文書と考えられているが、編年の書式は不明ながら、十を超える月については「十有一月甲寅朏」という文字が刻まれ、概ね『春秋』と同様の表現をとる。これに対して、河南省温県出土の『温県盟書』は、春秋晩期の晋の盟書と考えられているが、十を超える年および月の表現について「十五年十二月乙未朔」の文字が刻まれている。つまり、これは明らかに戦国時代における秦や魏で用いられた編年の書式をとっているのであって、そのため筆者は晋を自称した魏が戦国時代早期（B.C.445～）に刻字した盟書とみている。

　しかるに、『竹書紀年』は伝説の夏王朝を含め、殷・西周王朝から春秋時代の晋や戦国時代の魏（晋）までの編年表記は、十を超える年や月に「有」や「又」を添えていない。これが、『竹書紀年』の特徴の１つとなっており、司馬遷の『史記』も秦国の歴史記録である『秦記』を基礎としているために編年表記は『竹書紀年』と同じである。たとえば『尚書』「泰誓書序」は「惟十有一年．武王伐殷」と表現するが、『竹書紀年』は「十一年．〔中略〕周始伐商」（『新唐書』「暦志」所引『紀年』）、『史記』は「十一年十二月戊午．師畢渡盟津」

と表記する。

これに対して、藤田勝久が「包山楚簡と楚国の情報伝達」(『戦国楚簡研究2005』大阪大学) の中で指摘しているように、「包山楚簡」等々における楚国紀年の記述例から、戦国時代における楚国の編年については、治世年を数字で表現せず歴史的事件（大事記）をメルクマールとして「歳」を用いることが明らかとなっている。

（包山楚簡における懐王治世年の表現方法の例）

〔懐王七年（B.C.322）〕　大司馬昭陽敗晋師於襄陵之歳
〔懐王八年（B.C.321）〕　斉客陳豫賀王之歳
〔懐王九年（B.C.320）〕　魯陽公以楚師後城鄭之歳
〔懐王十年（B.C.319）〕　■客監固逅楚之歳

③ 『近似・竹書紀年』の初期分析

現段階において、『近似・竹書紀年』の全貌は未だ明らかでなく、断片的な情報収集によって、当該資料の概要が把握できる程度にとどまる。だが、『近似・竹書紀年』が真正の竹簡であるとの前提に立つと、これは「魏」の編年記録との結論を下さざるを得ず、楚系文字によって書写されているといわれている「清華簡」は戦国時代の「魏簡」と看做さなければならない。その理由は、以下のとおりである。

ⅰ 戦国時代における記載主体の君主を「魏」の君主としている。
ⅱ 編年は「魏」の形式に従って「襄王十二年」と記載し、「襄王十有二年」としない。また、歴史的事件をメルクマールとする「楚」の編年形式にも拠っていない。なお、西周より東周時代に至るまでの編年の形式が明らかでないが、編年表記は統一されることになるから「某王十有二年」などという表現は存在しえないということになる。
ⅲ 『近似・竹書紀年』に「魏」の「襄王十二年」の記載があるということであるが、これに「AMS 14C定量法」にて求められた「紀元前305±30」というデー

タを正しいものとして結びつけるならば、最終編年の対象は襄王の次の王である「昭王」もしくは「安釐王」となり、竹簡上には「昭王」もしくは「安釐王」を対象として「今王」の出来事が記載されていたと考えなければならない。なぜならば、被葬者に副葬される編年記録はその記述において被葬者が最終的に仕えた国家の君主をもって「今王」と表現されているからである。これは『古本竹書紀年』や雲夢出土秦簡の『編年記』の事例からも明らかである。つまり、楚国の地で副葬された竹簡に魏国の君主を記す「今王」の文字が記されることは論理上あり得ない。換言すれば、『近似・竹書紀年』に「今王」の文字が記されている竹簡が存在していなければならないということであって、もし該当する竹簡が存在していないことになると、『近似・竹書紀年』の信憑性に疑義を生じる。

　これは、魏恵成王（魏恵王）の治世年にもいえることであって、『史記』「六国年表」では魏恵王の治世を三十六年とするが、『古本竹書紀年』では魏恵成王の治世を三十六年とするものの、あらためて改元し後元元年となったと記しているからである。ちなみに魏恵成王の後元については、楊寛（『戦国史―増訂本』附録三「戦国大事年表」．1998年上海人民出版社）が「16年説」をとるのに対して范祥雍（『古本竹書紀年輯校訂補』附録「戦国年表」．1957年上海人民出版社）や筆者（「史記会注考証校補弁証（一）」『双文』第1号．1984年）は「17年説」をとるが、果たして『近似・竹書紀年』が魏恵成王の治世に後元を設けているか否かも強い関心を抱くところである。単刀直入にいえば、『近似・竹書紀年』という竹簡が戦国時代の魏国を主体に記述されているとするならば、「今王」や「魏恵成王後元」の不記載は、すなわち贋造竹簡を意味する〔註3〕。

5．古天文学からみた「清華簡」

(1)「歳星」記事による上限年代の決定

　「清華簡」で最初に公刊されたのは『保訓』であり、『文物』総六三七期（2009年第6期．文物出版社）の口絵にカラーで図版が掲載され、併せて清華大

学出土文献研究与保護中心（センター）による『保訓』の釈文（73-75頁）と『保訓』に関しての李学勤の問題提起（76-78頁）の二編が収録された。当初『文物』総六三七期には出土竹簡である「甘粛省永昌水泉子漢簡」の掲載を予定していたが（胡平生「近年新出土簡牘簡介」による）、急遽「清華簡」に差し替えられてしまったようである。

　この『保訓』に続いて、李学勤が2009年8月3日付の「光明日報」に発表したのが14本からなる『耆夜』という竹簡の釈文と解説である。李によれば、「武王八年,征伐（耆）,大（戲）之,還,乃飲至于文大室」との記述があり、『尚書』では「商書」の「西伯戡黎」に相当するという。竹簡の形制は述べられていないが、李学勤はここで記載されている詩文の「歳有歔行」を「歳星（＝木星）」の運行が目に見えたものと解釈している。李は第7章で既述したように、「歳」という文字を意図的に「歳星」に結びつけようとする傾向がある。もしこれが李の主張のとおり本当に「歳星」の運行であるとしたならば、中国人が「五星」の存在を認識したのは、既述したごとく戦国時代に入ってからであるのだから、李にとっては皮肉なことに『耆夜』は周文王時代の実録ではなくなる。

　姜広輝は、かの『保訓』について、後世の人物が仮託した物語の可能性があるから竹簡に贋造の疑いがあると主張しているが、遺憾ながらこれは正鵠を射てない。なぜならば、『保訓』であれ『耆夜』あれ、戦国時代の人物がはるか昔の周文王や武王を題材として『保訓』や『耆夜』という物語を創作したとしても、何ら不思議はないからである。後述するように、そもそも『尚書』に類する典籍は、必ずしも全て戦国時代以前に編纂されたものではない。

(2)『尚書』および『保訓』について

　「清華簡」の鑑定で『尚書』を目の当たりにした胡平生は、上述のごとく李学勤から『国語』所引『尚書』佚文と簡本『尚書』における「説命篇」とが一致することを知らされたというが、たとえ「清華簡」に秦以前の『尚書』が含まれていたとしても、それが堯舜から周文王および武王の時代を経て伝えられた資料と即断すべきではない、なぜならば、『尚書』に所載される「堯典」や

「舜典」は偽書ではないものの戦国時代に編纂された可能性が極めて高いことは陳夢家をはじめとする多くの先行研究によって明らかにされているからである。

したがって、「清華簡」において『尚書』と称せられている「金滕」・「康誥」・「顧命」・「君奭」は現行のテキストと文字の異同が認められるというが、これについても同様に考えるべきであろう。たとえば現行テキストの「君奭」では、執筆者は周初に時代を設定しつつも自分自身が生活していた時代の実状によって、占いの手法に卜筮のみを採り上げている。周初においては甲骨による卜占が継続していたことは周原甲骨の実例からも明らかであり、また星占は「五星」の存在を認識した戦国時代以降であるので、現行テキストの「君奭」は東周から春秋にかけての所産であることが容易に推察できる。そこで実施すべきは現行テキストの「君奭」と「清華簡」の「君奭」との比較であり、もし、後者にも卜筮のことが明記されているとすればあらためて「君奭」の成立時期を絞れることになる。いわば『尚書』とは、異なる時代の資料をまとめ上げたテキストだったと考えるべきであって、戦国時代の視点によって新たな篇が創作されたとしても全く問題はない。

ただ、竹簡形制に僅かばかりの問題点がある。すなわち「清華簡」の最長簡は『近似・竹書紀年』の「長二尺寸（約46.2cm）」であるというから、『尚書』は公表されていないもののそれ以下の尺寸ということになる。しかしながら、儒者が「長二尺四寸（約55.4cm）」をもって「六経」の尺寸としていることは第10章で述べたところである。つまり、儒者の原則が「清華簡」の『尚書』に抵触するのである。ただ、副葬品である書籍の内容を鑑みると被葬者は史家であった可能性が高いので、もし「清華簡」の『尚書』が真正品であるならば非儒家ゆえに「六経」の尺寸を重要視しなかったと考えることもできる。

竹簡形制は時代の進展とともに次第にその尺寸が短くなる。つまり、その原初のスタイルは公文書および典籍とも「長二尺四寸」であったが、戦国時代は各国とも「長二尺寸」が標準となり、戦国時代が終焉を迎える頃になると、「長一尺二寸」前後の尺寸を持つ竹簡が各国に出現する。換言すれば、戦国時

代晩期となっても「長二尺四寸」や「長二尺寸」の竹簡は存在していたが、戦国時代前期および中期において「長一尺二寸」は実在しなかったということになる。

たとえば第10章で詳述したとおり、秦では概ね秦昭王四十八年（B.C.260末～B.C.259）を境にして公文書の竹簡形制が「長二尺尊〔寸〕（45.0～46.0cm）」から「長一尺二尊〔寸〕（27.0～27.8cm）」に移行したと考えられる。また楚では郭店一号墓から出土した「郭店楚簡」の竹簡形制が「長一尺四寸」・「長一尺二寸」・「長一尺一寸」の3つに区別されるが、徐少華は、「具体年代応在公元前三〇〇年稍後不久」（『江漢考古』2005年1期．総第九四期．湖北省考古学会編）という論考の中で、郭店一号墓の年代を戦国晩期早段（B.C.300よりも僅かに下る時期）と看做している。徐はその根拠の1つとして、郭店一号墓から出土した「銅剣(T17)」について、刀身が比較的長くて中央に脊が隆起している点を挙げ、戦国晩期における青銅剣の特徴を備えていると述べている。筆者も竹簡形制の尺寸から徐説に同意する。この観点に立てば、「清華簡」の『保訓』の形制は概ね「長一尺二寸」ということであるので、『保訓』の筆写年代は戦国時代中期偏晩ではなく、戦国晩期早段である可能性が高い。もちろん、これは『保訓』が真正の竹簡であるということを前提にした議論であって、これを裏づけるためにも『保訓』に対して「AMS^{14}C定量法」による測定を実施すべきと考える。

6．まとめ

中国古代において、天文学・音楽・律度量衡はともに不可分一体の関係にある。したがって、「清華簡」の発見は中国古代天文学研究において極めて重要な意味をもつが、「清華簡」は特に晋太康年間に戦国時代の魏墓から出土したとされる『竹書紀年』や『穆天子伝』などの汲冢竹書と少なからぬ共通性がある。なぜならば、「清華簡」も戦国時代の魏国に関わる資料と考えられるからであって、共に歴史に関係する典籍を含んでいるからである。この観点に立てば、楚系文字と考えられている「清華簡」の書体も実のところ汲冢竹書の「科

斗文字」と同一であった可能性もある。

　筆者は「清華簡」について十分なデータを持ち合わせていないため、真正か贋造かの判断かを明確に下せない立場にある。しかし、その判断材料の一つとして今後公刊される『近似・竹書紀年』において「恵成王後元」および「今王」などが記載されているか否かに拠るとしたが、六経である『尚書』がなぜ「長二尺四寸（約55.4㎝）」の竹簡形制でないのかということに一抹の疑念が残る。また、「清華簡」は単一墓から出土したものか、あるいは複数の異なる墓から出土した戦国竹簡が混在したものなのか、もしくは贋造竹簡は混入していないかなどという問題も検討されるべきであろう。できうれば、「AMS^{14}C定量法」の詳細なデータの公開を切に求める次第である。

〔註1〕

　胡平生作成のレジュメ「近年新出土簡牘簡介」では、簡本の『尚書』「説明」に引かれる文言と『国語』の文言との共通性について、李学勤がいう『国語』の引用箇所とは、以下に示す「楚語上」の部分であろうと推定し、『偽古文尚書』に収める「説命上」との比較を提示した。但し、簡本の『尚書』「説明」が具体的にどのようなものなのか明らかにしていない。

　"昔殷武丁能聳其德，至于神明，以入于河，自河徂亳，于是乎三年，黙以思道。卿士患之，曰：'王言以出令也，若不言，是無所稟令也。' 武丁于是作書，曰："以餘正四方，餘恐德之不類，茲故不言。'如是而又使以象旁求四方之賢，得傳説以來，升以為公，而使朝夕規諫，曰： '若金，用女作礪。若津水，用女作舟。若天旱，用女作霖雨。啓乃心，沃朕心。若藥不瞑眩，厥疾不瘳。若跣不視地，厥足用傷。"（『国語』「楚語上」554頁．1978年．上海古籍出版社．）

　王宅憂，亮陰三祀。既免喪，其惟弗言，群臣咸諫於王曰："嗚呼知之曰明哲，明哲實作則。天子惟君萬邦，百官承式，王言惟作命，不言臣下罔攸稟令。" 王庸作書以誥曰："以台正于四方，惟恐德弗類，茲故弗言。恭黙思道，夢帝賚予良弼，其代予言。" 乃審厥象，俾以形旁求于天下。説築傳巖之野，惟肖。爰立作相。王置諸其左右。命之曰："朝夕納誨，以輔台德。若金，用汝作礪；若濟巨川，用汝作舟楫；若歲大旱，用汝作霖雨。啓乃心，沃朕心，若藥弗瞑眩，厥疾弗瘳；若跣弗視地，厥足用傷。惟暨乃僚，罔不同心，以匡乃辟。俾率先王，迪我高後，以康兆民。嗚呼欽予時命，其惟有終。"

説復于王曰："惟木從繩則正，後從諫則聖。後克聖，臣不命其承，疇敢不祇若王之

休命"(十三経注疏本『尚書』「説命上」)

〔註2〕
　わずか1mgの炭素があれば試料として測定可能であることから、貴重な資料についても分析が許されるようになった。それは測定の精度を上げるだけのことでなく、今までよりはるかに多くの種類の有機物を試料し得ることを意味している。したがって、より高い精度で測定が望める試料のを選択できることになるので、従来の放射線測定による方法よりも高い信頼性があるとされる。すなわち、その長所は次のとおりである。
（1）測定に必要な炭素の量が20μg〜1000㎎と従来の1/1000程度であること。
（2）測定時間が1試料あたり3〜5時間と短いこと。
（3）^{14}C検出のバックグラウンド計数が極めて低いため、測定可能な年代の上限が大きいこと。
　しかし、短所としては、以下が挙げられる。ちなみに、「嶽麓書院秦簡」はAMSによる^{14}C定量法を実施していない。
（1）装置が複雑で、保守に手間がかかること。
（2）測定時の調整等が複雑であり、まだまだ、オペレータの熟練度に依存すること。
（3）AMSは装置として高価であること。
　なおAMS放射性炭素14（Accelerator Mass Spectrometry）による測定に関する研究論文としては以下のものがある。
・Radioisotope Dating Using an EN-Tandem Accelerator
M.Suter, R.Balzer, G.Bonani, W.Wolfli, J.Beer, H.Oeschger and B.Stauffer
Laboratorium fur Kernphysik, Eidg. Technische Hochschule, 8093 Zurich, Switzerland;
　Physikalisches Institut, Universitat Bern, 3012 Bern, Switzerland
IEEE Trans. Nucl. Sci., NS-28（1981）1475-1477.

・中村　俊夫、中井　信之「放射性炭素年代測定法の基礎　加速器質量分析法に重点をおいて」『地質学論集』第29号（1988）83-106.
・小林　紘一「加速器質量分析法 - 考古学から宇宙科学まで」『日本物理学会誌』、vol.53（12）（1998）903-910.
・吉田邦夫「学術標本の分析」『東京大学総合研究博物館ニュース　―ウロボロス開館10周年記念号』Vol.11（2）（1996）pp.1.

第11章　清華大学蔵戦国竹書考　327

〔註3〕
　以下は胡前掲論文に掲載された贋造竹簡を順を追って列挙した。但し、(1)(3)(13)については筆者の文責もしくは追記である。
　(1) 1994年春に中国大陸からもたらされ、香港市場に出現した大量の贋造戦国楚簡。香港中文大学の饒宗頤も香港市場にて1セットの竹簡を購入したが、馬象源がこれを鑑定したところ殆どは贋造竹簡であったものの、最終的に10本は真正の戦国楚竹簡であることを排除できないとした（2009年2月26日付『中国時報』）。なお、この10本が『緇衣』および『周易』零簡であり、「上博楚簡」と来源が同じ可能性がある（『上博館蔵戦国楚竹書研究』2002年3月　上海書店出版社）。馬承源は真正の楚簡を範として大量の贋造戦国楚簡が造られたとみていたようである。
　ちなみに、この贋造戦国楚簡は、1995年2月になって日本にもたらされ大阪で出現したため大阪ルートと称せられた。竹簡総数数千枚、簡長約35cm、幅5mm、厚さ0.2mm、毎簡18〜19字、8本1セット50〜60万円。同じ頃、経緯は明らかでないものの東京の美術商も同種の贋造戦国楚簡を入手した。簡長42cm、幅5mm。
　1995年9月になるとさらに香港ルートといわれるものが数百本単位で出回るようになった。こちらのものは、東京の書道関係者が800本購入したといわれている。その後さらに3900本が持ち込まれるという事態になった。香港ルートの贋造戦国楚簡は油漬けもしくは水漬けとしての状態であった。簡長32cm、幅5〜6mm、毎簡12〜13字.この情報については1996年2月11日付『書道美術新聞』第539号および吉田邦夫・宮崎ゆみ子・磯野正明らの論考「真贋を科学する　年代物——ほんとうはいつ頃のもの？」（西野嘉章編『真贋のはざま』所収2001年11月．東京大学出版会）に詳しい。

(2)　ほぼ(1)の出現と同じ頃に香港の文物商によって台湾にもたらされた贋造戦国楚簡。台湾の某大学や好事家の手にわたったといわれるが、馬承源は台湾の某大学に収蔵されたものの中には僅かながらの真正品が存在しているとしている。

(3)　1996年に出現したいわゆる贋造『孫武兵法』事件。岳南著、加藤優子訳、浅野裕一解説の『孫子兵法発掘物語』（2006年8月　岩波書店）にその概要が記されている。

(4)　1997年前後において北京市場に出現した贋造「走馬楼三国呉簡」。西安で偽造されたとみられている。現在調査中であるが胡平生らは贋造と断定している。

(5)　1998年湖北武漢出現した贋造楚簡。湖北文物考古研究所にて贋造と判明される。

(6)　2000年に考古学のコレクターが入手したとされる贋造漢簡。胡平生により

「連雲港東海縣出土的尹灣漢簡」を参考に模造したものと判明する。
（7）　2005年に内蒙古の某考古学担当機関が入手したとされる贋造漢簡。
（8）　北京の潘家園市場で出現し、武漢大学のWEBサイト「簡帛網」にアップロードされた20本の贋造漢簡。
（9）　2007年夏、北京の某TV局によって報道される予定であった司馬遷自筆と称せられた贋造『史記』漢簡。北京の書家が入手し所蔵していたというが、胡平生がTV局に出向いて贋造であることを指摘したため放映はされなかったという。
（10）　1997年夏に中国系外国人が北京の潘家園市場にて一幅につき数万元の帛書を三幅購入し、公安当局に通報された事件。国家文物局によると、三幅の帛書は皆長約80㎝、幅約50㎝、四周の縁が破損し帛書は黒ずんでいた。文字は戦国の楚文字を模倣していたが、この方面に詳しい専門家の鑑定が必要ということで絲織品の担当者とともに胡平生が文字の担当で鑑定にあたった。二人ともに贋造品ということで意見の一致をみたという。
（11）　温州の企業家が収蔵していた贋造竹簡。2007年夏、鑑定依頼を受けた胡平生の調査によりすべて贋造と判明される。
（12）　2008年夏に内蒙古のコレクターが某大学に寄贈しようとした木牘木簡類。鑑定依頼を受けた胡平生の調査によりすべて贋造と判明される。
（13）　近時において河北省保定から出現した贋造竹簡とされるが、詳細は不明である。胡の大阪産業大学におけるデモンストレーション画像に存在したが胡論文にはない。

第12章
殷人の宇宙観と首領の迭立

1．甲骨卜辞から見た殷の王室構造

　西晋の太康年間（A.D.280頃）に汲郡の不準という人物が戦国時代の古墳を盗掘して大量の竹簡史料を出土させた〔注1〕。その中の一部史料である編年記録が『竹書紀年』と名付けられたが、この書物は黄帝から舜までの神話からはじまり、夏・殷・西周王朝史を編年でしるし、西周幽王よりは春秋時代の晋を、三家分晋よりのちは戦国時代の魏国の史を同じく編年でしるしている。

　もっとも、原史料は散佚し逆に偽物の『竹書紀年』（『今本竹書紀年』）が流布してしまったことが、ある時期『竹書紀年』への信頼度を低くした。けれども、清朝末ごろから散佚した原史料を古い書物の引用から収拾し、『竹書紀年』の原型を復元しようとする輯佚の研究が中国で起こったのである。この作業は現在の中国でも引き続き行われており、方詩銘・王修齢の『古本竹書紀年輯証』（原版1981年．2005年10月 修訂本．上海古籍出版社）は、特に『古本竹書紀年』の輯佚作業として質の高い力作といえる。

　現代中国の一般的評価では『古本竹書紀年』の戦国時代の魏国の記述は司馬遷の『史記』のそれよりも信憑性が高いとされているが、遺憾ながら日本では古い文献から輯佚された『古本竹書紀年』でも評価は最近まで低く、研究者の中には後世の偽物とする批判さえあった〔注2〕。かくいう筆者も『古本竹書紀年』に関心を持ち、『古本竹書紀年』を信頼性の高い史料として扱いはじめたのは、実のところ1980年以降である。

　戦後中国における考古学上の発見は、歴史を覆したり、史実の再確認をもたらすものが多く、我が国の中国学専家をうならせていることは言を俟たない。

しかし、筆者を含めた日本人研究者にとって、些か気になるのは、具体的報告は中国側の発表待ちという点であろう。この点、『古本竹書紀年』は、日本側にいささか散佚史料の収集面で分があるといえる。なぜなら中国で失われた『古本竹書紀年』が日本に伝存する宋元刊本や古活字印本の料紙に墨筆で多く書き込まれているからである。たとえば、汲古書院が刊行した『国宝史記』（1996年8月～1998年4月）は尾崎康と筆者とが解題を施しているが、この書籍は本来、釈南化玄興旧蔵の南宋慶元刊の黄善夫本であるものの、欄外の空白箇所に唐の張守節が注した『史記正義』佚文が夥しく書き込まれ、その『史記正義』佚文には『古本竹書紀年』が多く引用されている。

　実は前述した方詩銘・王修齢の『古本竹書紀年輯證』も我が国の『国宝史記』（通称：南化本）などに書き込まれた『古本竹書紀年』を孫引きながら採録している。筆者は、現在においても『古本竹書紀年』の収集と校定とに力を注いでいるが、『古本竹書紀年』にしるされている

　①黄帝から堯までの歴史および「夏王朝の歴史」ならびに「殷王朝の歴史」
　　は殷の王室史料（殷略）であり、
　②「西周王朝の歴史」は西周の王室史料（周略）
　③「晋の歴史」は春秋時代における晋の歴史である『乗』

であって、①②③の原史料は、順々に王朝や国の滅亡時に滅亡せしめた者に奪われて引き継がれ、ついに晋を自称した魏の国へと連綿と受け継がれた中国古代史上極めて価値の高い記録と以前から主張している。

　では、『古本竹書紀年』に見られる中国の古代史とはどのようなものか。以下その概略を述べてみることにする。中国で実在が証明されている王朝は殷である。殷は商ともいう。しかし、実在は証明できなくとも殷王朝の前には夏王朝があり、さらに夏王朝の前には神話時代、5人の帝王がいたとされる。ところで、『古本竹書紀年』では神話時代はどうも5人の帝王ではなく少なくとも9人ないし10人の帝王がいたと考えられる。5人に減ぜられたのは後世の五行思想によるものだろう。

　最初の帝王は黄帝という。『古本竹書紀年』はいう。黄帝の死後、国内はま

とまらず黄帝の子（少皞と考えられる）は帝位に就いたものの、諸侯の信頼を欠いていた。その折、黄帝の家臣であった左徹は亡き黄帝をかたどった木像を安置し、自己の姿を黄帝に投影して諸侯をまとめ、7年の後に即位して顓頊と称した。『史記』では顓頊は黄帝の孫であり、優れた帝王として知られているが、『古本竹書紀年』を見るかぎり、顓頊は黄帝の孫ではなく、単なる家臣にすぎない。そして顓頊の子は鯀であるが、鯀は帝位に就けず、黄帝の孫の乾荒（父は少皞の兄弟にあたる昌意）が帝を名乗る。

　その後、一帝を経て堯が現れるが、帝位を子の朱に継承させた後に堯は家臣の舜に捕らわれ、朱も后稷の手によって丹水に放逐されてしまう。それからしばらくして夏王朝の始祖といわれる禹が現れるが、禹の後継者である益は、禹の後継者である啓によって帝位を奪われて殺害される。つまり『古本竹書紀年』には、『史記』に見られるような堯から舜への禅譲や益から啓への禅譲などは一切存在しないのである。

　堯舜の禅譲の世を理想とする儒家にとって『古本竹書紀年』は極めて都合の悪い書であり、また黄帝を多く崇拝するその他諸家にとっても黄帝死後の混乱は下剋上の戦国時代そのものであり、果たして黄帝は中国をつくりあげたのかといった疑問を抱かせる要素をもつのである。儒教・道教の影響が強かった彼の地中国で『古本竹書紀年』が散佚の憂き目にあうのは理解できる。

　羅振玉が甲骨片の出土地を安陽県小屯村であることを発見したのは1910年であり、これを契機に殷墟がその姿を地中から現し、あわせておびただしい甲骨の卜辞が、その後何回かの組織的な発掘で出土された。以後、脚光を浴びたのが『古本竹書紀年』である。殷墟の発掘と卜辞の発見は、司馬遷の『史記』の信憑性を再確認させたともいわれているが、殷（商）王朝初代の大乙（湯王）から29代の帝辛である受（紂王）までの年数がどれだけあったかについて、根拠となる唯一の文献は『古本竹書紀年』しかないのである。

　『古本竹書紀年』によると殷王朝の存続年数は496年、うち殷墟の地は18代の盤庚から移り住んだものでこれが最後の王である帝受辛（紂王）まで273年あったとする。殷の王名には十干（甲乙丙丁戊己庚辛壬癸）が記されている。い

ま、欠落部分を甲骨文等で補い殷王朝の系図を作成すると次のようになるが、甲骨文で補った王妣（王妃）の名にも十干がつけられているのは重要である（図参照）。『史記』では帝受辛すなわち殷の紂王が暴君として描かれているが、これは殷王朝を滅ぼした周側の言い訳であり、実際は紂の暴虐無道やその王妃である妲己の悪行によって殷が滅んだわけではなく、殷の国力が消耗していたからにすぎない。

すなわち帝受辛（紂王）直前の王は殷王朝28代の帝乙であるが、『古本竹書紀年』はまず殷（商）側の「帝乙処殷.二年周人伐商（『太平御覧』巻八三所引『紀年』）とする記録を挙げ、次にこれに対応する周側の「〔周武王〕十一年周始伐商（『新唐書』「暦志」所引『紀年』）」とする記録を掲げている。殷王最後の紂王は周の武王十一年に滅ぼされたと信じる研究者は多いが、このように『古本竹書紀年』では周の武王十一年は殷王朝滅亡の年ではなく、殷王朝攻撃において最初の勝利を得た年であって、これが殷側では帝乙二年のできごとであったとする。

つまり殷の帝受辛（紂王）は帝乙の補囚もしくは敗死を受けて、強国の周と対峙せねばならない異常事態の中で即位したのだが、その彼もほどなくして周の武王によって擒とされたことが「武王自禽帝受于南單之臺（『水経・淇水注』所引『紀年』）」との記述から窺える。

ちなみに、『尚書』「泰誓篇書序」には「惟〔武王〕十有一年.伐殷」、『尚書』「泰誓篇」には「惟〔武王〕十有三年.春大會于孟津」と記され、また『史記』「周本紀」では「〔武王十二年〕二月甲子昧爽……武王至商國……遂至紂死所,武王自射之,三發而后下車,輕劍撃之,以黄鉞斬紂頭,縣大白之旗」と言及されているから、上述の『古本竹書紀年』を絡めて考えれば、周はまず周武王十一年に帝乙の殷を伐ち、その翌年か翌々年に帝受辛（紂王）の殷を伐ったことが読み取れる。

1976年2月に陝西省岐山県鳳雛村で発見された周原甲骨文の第1片（H11：1）には粟粒程度の極めて小さな文字で「癸子,彝文武,帝乙,宗貞,王其敬布成唐,鼎執殺二女……」と彫られていた〔注3〕。この文義は亡き帝乙の宗祠

を媒介に成唐（成湯）つまり殷初代である大乙の祭祀を行ったというものであるが、周原は周のホームグランドであるので、殷から周原まで連行されて周の卜占に従事させられていた殷の卜人が、周人に悟られないように秘密裡に殷祖の祭祀を行ったと解釈できる。

実際、周原甲骨の多くは拡大鏡を用いないと判読しにくいほど文字が小さく、また占卜後と思われるが隠滅のためか意図的に粉砕されている。これは殷墟で甲骨文に帝乙や帝受辛の名がないことと関連があると思われ、筆者は周が帝乙の殷を伐った時に殷の卜人を捕らえて周に持ち帰ったためだと推測する。

1980年、『東京大学東洋文化研究所紀要』誌上に発表された持井康孝の「殷王室の構造に関する一試論」は殷の王統を紐解く上で特に優れた研究論文である。持井論文は1937年の第15次殷墟発掘によって発見された200余片の甲骨群に関する分析結果によるものであるが、『古本竹書紀年』を補完する意味でも極めて重要であり、筆者はこの持井論文をもって甲骨卜辞研究は原点に立ち戻るべきだと考えているほどである。

持井論文の要点は概ね次のとおりである。

①殷の王室は10個の父系集団の氏族から成り立ち、その氏族は甲から癸までの十干で区別されていたこと。

②殷の王室は10の氏族（甲乙丙丁戊己庚辛壬癸）同士で婚姻を行っていたこと。

これにより直系王（跡継ぎを出せる王）は乙族か丁族もしくは甲族に限定され、逆に傍系王（跡継ぎを出せない王）と 王妣（王妃）は概ね戊から癸までの6氏族（戊己庚辛壬癸）にされることが明らかになった。なお、丙族は直系王の系統と思われるが途中で断絶してしまったらしい。

しかるに直系王は乙族か丁族もしくは甲族に限定されなければならないのに、殷の紂王つまり帝受辛が文字の如く辛族（傍系王）であったのは異例であり、先に『古本竹書紀年』を用いて筆者が帝受辛（紂王）は異常事態の中で即位したと述べたことに見事一致している。また『史記』に記される紂王の王妃である妲己は、己族ゆえに王妣となったということが理解できる。

周王朝は帝受辛（紂王）と王妃である妲己の悪業を挙げて、殷王朝を倒した

行為を正当化しているが、それらが事実でないことは周側の史料に見え、帝受辛（紂王）が滅ぼされた後に敗残の殷を継いだ武庚と殷の民が周の支配に叛旗を翻したことからも察せられるのである。ちなみに、敗残の殷を継いだ武庚は庚族（傍系王）であるから直系王としての即位は異例であり、やはり異常事態の中での即位とみるべきであろう。

殷の諸王とその近縁者の系図
持井康孝「殷王室の構造に関する一試論」より一部補筆。〔　〕は安陽または周原甲骨卜辞等に名が見えぬ者である。また漢数字は直系王を指す。

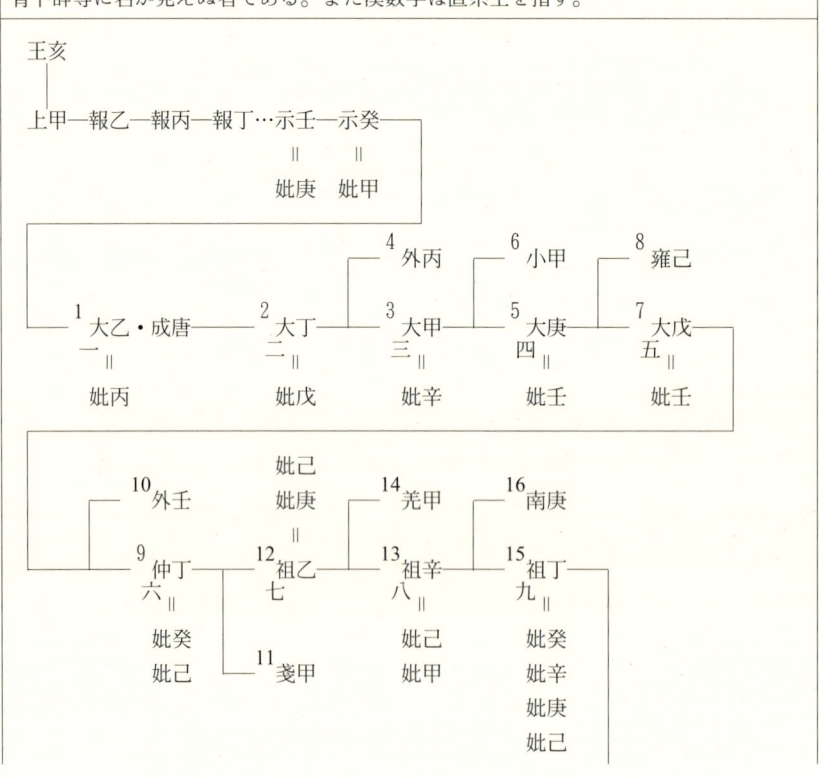

王亥
｜
上甲—報乙—報丙—報丁…示壬—示癸
　　　　　　　　　　　＝　　＝
　　　　　　　　　　妣庚　妣甲

　　　　　　　　　　　┌４外丙　┌６小甲　┌８雍己
　　１大乙・成唐—２大丁—３大甲—５大庚—７大戊
　　　一＝　　　　二＝　　三＝　　四＝　　五＝
　　　妣丙　　　　妣戊　　妣辛　　妣壬　　妣壬

　　　　　　　　妣己
　　┌10外壬　　妣庚　┌14羌甲　┌16南庚
　　９仲丁　12祖乙　13祖辛　15祖丁
　　六＝　　　七　　　八＝　　九＝
　　妣癸　　　　　　　妣己　　妣癸
　　妣己　　11戔甲　　妣甲　　妣辛
　　　　　　　　　　　　　　　妣庚
　　　　　　　　　　　　　　　妣己

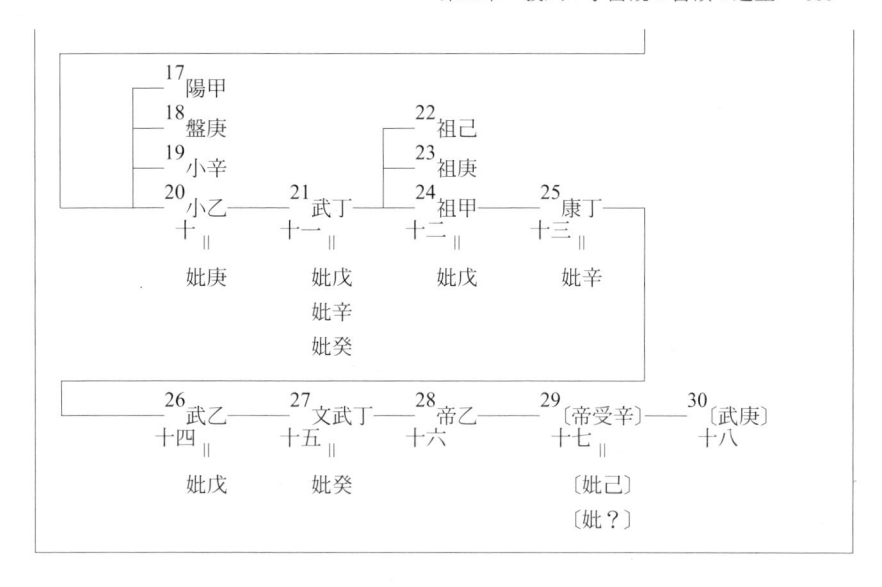

```
            ┌17 陽甲
            ├18 盤庚
            │19 小辛            ┌22 祖己
            └20 小乙─21 武丁─┤23 祖庚
               十   十一    └24 祖甲─25 康丁
                =    =        十二=  十三=
               妣庚  妣戊       妣戊   妣辛
                    妣辛
                    妣癸

      ┌26 武乙─27 文武丁─28 帝乙─29〔帝受辛〕─30〔武庚〕
        十四=   十五=     十六    十七=         十八
        妣戊    妣癸              〔妣己〕
                                〔妣?〕
```

2．甲骨卜辞から見た夏の王室構造

　持井が導き出した殷王室における十干氏族の構造分析は殷王朝だけではなく、その前王朝である夏王朝を分析する意味でも極めて有益である。なぜなら夏王朝の時代において、殷の王族がすでに十干を名とした氏族の集合体であったことは殷墟から出土した祖先祭祀の卜辞によって明白だからである。とくに興味深いのは夏王朝の時代において殷の実質的な祖と看做されている王亥の子である上甲（もしくは報甲と記す）から示癸までの首領が概ね十干の順番ごとに迭立されていたことである。

　これに関連して『古本竹書紀年』は、王亥の子を殷主甲微に作り、また夏王朝の王として胤甲（夏王朝中期ころの王）と桀の名を持つ履癸（夏王朝最後の王）とを挙げる。だが、卜辞における夏王朝中期の殷族の首領が上甲であり、夏王朝末期の首領が示癸であるということを併せ考えた場合、殷首領の上甲および示癸がそれぞれ夏王の胤甲と履癸および十干名が合致し、ともに十干の順序のままに権力を承継しているのは偶然の一致とは思えない。

　なぜならば胤甲は殷甲と同音であることから、夏王である胤甲が殷の首領で

ある上甲と同一人物であった可能性は高いと思われるからである。ということは、夏王朝最後の王とされる桀の名を持つ履癸も実は殷の首領である示癸であったと考えるほうが理にかなう。

『古本竹書紀年』では、河西を都城とした胤甲の世において、本来10個の太陽が順番に出現していたが、ある時10個の太陽が並列して出現してしまい、その年に胤甲は陟（みまか）ったと記す。松丸道雄は殷人における太陽崇拝の宇宙観を採り上げ「殷人は太陽は地中に10個あり、それが毎日ひとつずつ交替で天上に現れては没し、10日でひと巡りすると考えていたらしい。10個の太陽には、ひとつずつ名がつけられており、日甲・日乙・日丙・日丁・日戊・日己・日庚・日辛・日壬・日癸と呼ばれた。今日、十干と呼んでいるものがこれである」（『世界の歴史5』「中国文明の成立」1985年 講談社）と述べている。

たしかに松丸がいうように遼寧省博物館蔵（羅振玉旧蔵）の鳥紋三戈の銘文には日甲を除く日乙から日癸までの名が実在することから、戈に刻まれた銘文は人名と解釈しなければならない。したがって、筆者は松丸説を概ね支持しながらも十干がもつ本来の文義をさらに一歩進め、十干とは夏王朝時代における殷族の首領迭立の順序であったと解釈し、夏王朝は胤甲の時代から殷族が十干の順序に遵って夏王朝の王位を継承したとみる。

視点を替えていうならば、殷王朝開始ともにこのような首領迭立の慣習は撤廃され、前述の如き直系王の乙・丁・甲族および傍系王ならびに王妣（王妃）の6氏族（戊己庚辛壬癸）に峻別されるに至ったとみる。つまり、夏王朝から殷王朝への移行は革命ではなく、殷族内部の権力闘争によるものであって、その目的は殷の有力氏族である乙・丁・甲族が主導権を掌握することにあったと考える。それは殷王朝初代の王となった大乙が同族ゆえに夏王朝最後の履癸（桀）を殺さなかったことからも明々白々であろう。

3．まとめ

かつて郭沫若は「湯盤孔鼎之揚権」（1931年9期『燕京學報』）という論文を発

表している。この論文は『礼記』「大学」篇にある「湯之盤銘曰：苟日新、日日新、又日新（湯の盤銘に曰く、苟も日に新たなり、日日に新たなり、又日に新たなり）」の句を解釈し、殷の盤銘にこのような教訓めいた文言を刻んだものはないことから、本来これは「兄日辛，且（祖）日辛，父日辛」とする三代の人名であったのを上部が欠損していたために誤読したと主張した。

増井経夫はこれに関して「日辛が人名なのを百も承知で、日に新しいと読めると、心情を注入したのはおそらく戦国期の作業で、かつまた儒家集団の仕事であったと想像される」と述べている（NHK市民大学テキスト『史記の世界』.1983年 日本放送出版協会）。筆者は増井の見解を是とするものの、戦国時代の儒家はそのいっぽうで周によって土地を奪われて流浪の民となった殷の遺民すなわち商人を侮蔑したとみている。

たとえば前漢の劉向が撰述した『列女伝』には、市場で商売を目の当たりにした幼い孟軻（孟子）が商人の真似事を始めたので母は家を移したという話がある。これは史実ではないとされるが、儒家が売買することで生き延びる商人をいかに批判的にみていたかが理解できる。つまり西周王朝を信奉する儒家にとって、商人とは暴虐無道の限りの尽くして討伐された忌まわしき殷紂王の末裔と看做していたのである。

歴史とは往々にして勝者側の主張が正当化され、敗戦側に悪逆非道の所業があったが如く貶められる。

〔注1〕 人名に不準は適切でない。あるいは卞準か。
〔注2〕 たとえば山田統は「竹書紀年の後代性」（『山田統著作集（一）』所収．1981年 明治書院）の中で『古本竹書紀年』をに疑問を呈し、史料的価値を否定している。
〔注3〕 本論考は陳全方・侯志義・陳敏著の『西周甲文注』（2003年 学林出版社）を参考とした。

後　語

　筆者は斉藤国治博士と「古天文学」分野で長く共同研究を行っていたが、その斉藤国治博士は2003年2月21日朝に天に召された。享年89歳、敬虔な基督信徒であった。筆者は斉藤博士が逝去されたちょうどその時、逗留していた中国科学院中国国家天文台（北京）から北京国際空港に向かっていた。訃報は日本の国立天文台水沢観測センターから中国国家天文台の畏友韓延本氏にもたらされ、それは帰国直後に韓氏から「bad news」として筆者に知らされたのである。

日本科学史学会第32回年会の研究発表会場にて斉藤博士（向かって左側）と筆者．1985年6月2日　立正大学大崎校舎542教室にて宮田豊氏撮影

　筆者と斉藤博士との共著である『中国古代の天文記録の検証』が上梓される以前、斉藤博士は「私が中途で挫折しても、計算ノートがあなたの手で日の目を見られれば本望です」と述べられていた。『中国古代の天文記録の検証』は

無事上梓されたが、この書において特に言及を差し控えたのが新城新蔵博士が著した『東洋天文学史研究』における暦法の問題と『左伝』および『国語』の成書年代であった。暦法の解明にはさらに多くの時間を費やすことが予想され、また『左伝』および『国語』については歳星を十二星次にどのように関連づけて年代を遡及させたらよいかを見極めることができなかったからである。

　2005年11月、筆者は手術を要する心臓の疾病に罹患し、病臥している一室にて幽明境を異にする覚悟で筆を執ることとなった。そして一気呵成に拙文をしたため、これを遺言として東北大学の浅野裕一氏に託したのである。筆者は一時彼岸に向かったものの、由縁あって此岸に戻され、ほどなくして大阪大学の『中国研究集刊』に鉛印された拙文を目にすることができた。それとともに、国立天文台（三鷹）の谷川清隆氏のご配慮によって来日中の英国 Durham 大学の天文学者である F. Richard Stephenson 氏にお引き合わせ頂いた。Stephenson 氏は「地球の自転速度の永年減速」を考慮した「ΔT」の研究における英国の第一人者であり、筆者とはバビロンの月食および飛鳥の日食を初めとして天再旦の非日食説など全て意見の一致を見たが、実は漢籍および漢語に関して殊のほか造詣が深くテキストクリティークを弁えて天文史料を扱われていることに強い共感を覚えた次第である。ちなみに筆者と斉藤博士とが築きあげた「古天文学」について、特に日月食復元に関する計算手法が最新の「地球の自転速度の永年減速」を考慮した「ΔT」に基づいていないとの指摘があるが、天文学こそ日進月歩の学問であるのだから、後代の研究者が「ΔT」の手法もしくは今は想起されない新たな手法をもって、我々の提示した個々のデータがどれだけの誤差を生じているかを明示してくだされば有り難い。

　翻って、2007年5月筆者は中国科学院紫金山天文台（南京）にて、中国古代天文学の泰斗である張培瑜氏と念願の熟談を果たし、新出土史料である「競建内之」に記された日食や古代暦法の問題や「地中」の別名で知られる「陽城」の地が「春分・秋分」時の南中において、「句を三、股を四、弦を五」とする直角三角形の比をなす太陽高度の問題等々について十分に議論を交わすことができた。

筆者と張培瑜氏とはこの時が初対面であったが、筆者の艱難に際して幇助を申し出て、愛娘である小沢茜を北京にて養育して下さった張国棟氏（中国科学院北京天文台研究員〔現、中国国家天文台〕・夫人は李鴻英氏）と張培瑜氏は同郷（青島）かつ同学（南京大学天文学系）であったこともあり、あらためて深き結縁を感じた次第である。爾後張培瑜氏から貴重な研究データを多く頂戴したが、筆者はこれらのデータを有効に活用させることによって、戦国時代から漢代にかけての中国人が「月食」周期に基づいて「日食」を予報していたことを明らかにするとともに、とくに太初改暦以後は「中国式周期（135月）」が用いられていることを立証することができた。

　筆者はこの英中両国における天文学の二大碩学との出会いによって、久しく懸案事項であった『東洋天文学史研究』における暦法の問題と『左伝』の成書年代を解決する鍵を付与され、また「宇宙構造論」の錠を紐解く契機も得た。古く東周の頃、人々は陽城の真東にある「陽城山」の山頂から太陽が昇る日を春分もしくは秋分と捉えている。つまり真東から太陽が昇り、真西に太陽が沈む日夜二分のこの日をもって歳首としたのである。印度では真東を此岸（この世）、真西を彼岸（あの世）とするが、ゆえに彼岸といえば太陽が真西に沈む春分と秋分の両日を指す。本論考は、まさに真東から太陽が昇り、真西に太陽が沈む春分および秋分が古代中国における天文学の大きな関鍵（キーワード）として扱った。

　振り返れば、筆者と斉藤博士との出会いは前世紀の昔話となって已に25年以上の日月を経ている。斉藤博士のように敬虔な基督信徒ではない筆者は天に召されないため、幽明の境にある真北から真南に流れる川にいつか再び赴き、次は此岸から彼岸を渉りきることになるだろう。拙考の誤りはこれを糺し、不十分な箇所は補正されることを後究に託してここに擱筆する。

2009（平成21）年　秋分の日

小沢賢二

初 出 一 覧

第1章　「度数」の発見と「尺」・「度」の区別（未発表）

第2章　中国古代における日食予報について（『第2回　歴史的記録と現代科学研究会集録』国立天文台　2009年）を一部改稿

第3章　中国古代における宇宙構造論の段階的発展（『中国研究集刊』大阪大学　2007年46号、同47号）を一部改稿

第4章　春秋の暦法と戦国の暦法―『競建内之』に見られる日食表現とその史的背景―（『中国研究集刊』大阪大学　2007年45号）を一部改稿

第5章　「顓頊暦」の暦元（『中国研究集刊』大阪大学　2005年40号）を一部改稿

第6章　「太初暦」の暦元（未発表）

第7章　「武王伐紂年」歳在鶉火説を批判する（未発表）

第8章　『史記』「六国年表」の改訂と「JD」（『中国研究集刊』大阪大学　2005年40号）を一部改稿

第9章　「天再旦」日食説の瓦解（『中国研究集刊』大阪大学　2005年40号）を一部改稿

第10章　汲冢竹書再考並びに簡牘検署再考―『穆天子伝』「長二尺四寸」の背景―（『中国研究集刊』大阪大学　2006年42号）を一部改稿し増補

第11章　清華大学蔵戦国竹書考（未発表）

第12章　殷人の宇宙観と首領の迭立（『本』1993年2月号　講談社）を増補

人名索引

あ行

浅野裕一　65,76,109,138,140,152,153,205,
　　　271,295,318,327,339
荒木俊馬　187
晏嬰　144,147
飯島忠夫　116,156,157,158,159,160,161,
　　　162,163,164,170,172,174,181
衛瑾　254,256,257,259,260,263,264,265,
　　　266,287,289,290
衛恒　260,265,266
易牙　140,147,148
王玉民　5
王国維　110,112,231,255,267,268,269,270,
　　　273,284
王修齢　329,330
大橋由紀夫　34,39
小沢茜　272,340
小沢賢二　104,149,152,153,239,244,340

か行

何承天　27
賈充　254,256,257,258,259,260,263,265,
　　　266,287,290
賈南風　257,259,260,265,266
賈逵　21,31,56,220,221,224
和僑→わ行
香川量平　10
郭沫若　288,336

岳南　228,229,327
笠井伊里　187
夏商周断代工程専家組　229,230,233,235,
　　　245,295
桓寛　261
桓公　109,139,141,142,143,147,148,149,
　　　150,151,153
韓延本　123,124,148,232,247,248,250,338
韓紅林　297
魏文侯　89,136
裘錫圭　308,310
姜広輝　315,322
饒宗頤　292,296,300,327
工藤元男　210
倉石武四郎　171
阮咸　258,259,263,288,289
小泉袈裟勝　9
耿壽昌　8,51,53
呉守賢　4,21,64
呉小紅　312,315
呉振宇　308
黄雪美　286
国家計量総局　262,271,272
小寺敦　306
胡平生　255,268,291,292,293,296,298,299,
　　　300,301,304,305,308,309,310,311,315,
　　　316,317,318,322,325,327,328

さ行

蔡邕　194,262
斉藤国治　5,61,104,122,149,153,239,246,338
射姓　7,8,216,218
司馬彪　32
司馬遷　7,8,147,216,218,220,237,319,328,329,331
朱文鑫　237,239
豎刁　140,147,148
隰朋　139,140,141,142,147,149,150,151,152,153
荀顗　256,258,265,289
荀勗　254,255,256,257,258,259,260,261,262,263,264,265,266,268,271,272,284,285,286,287,288,289,290
徐少華　324
衛瓘　254,256,257,259,260,263,264,265,266,287,289,290
諸橋轍次　158
城地茂　72
新城新藏　19,66,94,104,116,130,131,136,137,153,155,157,158,159,161,164,170,171,174,175,182,184,186,187,190,191,192,193,195,196,197,207,227,228,339
席沢宗　21,26
銭存訓　255,267
銭大昕　40
全和鈞　4,21
曾憲通　243,308
祖沖之　123
僧一行　18,19,21,155,156,172,176,177,178,179,187,189,190,200,202,203,204,205,206,207,209,211,220,221,222,223
相馬充　72
曹瑞萍　286
宋展雲　171
束晳　263,264,265,266,287,290
戴徳　101

た行

武田時昌　208
谷川清隆　72
単霽翔　302
張鈺哲　188
張光裕　292,293,294,295,298,300,301,305,308
張衡　25,26
張国棟　340
張廷皓　301,305
張培瑜　87,119,120,121,130,153,154,156,200,202,206,207,209,212,218,229,230,231,233,234,235,236,240,241,339,340
張文虎　40
張聞玉　41
趙偉国　298
趙桂芳　308
張華　257,287
趙平安　308
沈璿　168,184,185,192,193,195,196,197
陳偉　308
陳松長　293,300,301,305,306,315
陳佩芬　139,140,308
沈建華　308
陳夢家　231,254,256,265,286,311,323

鄭玄　261,269,283,284,290
鄭明星　299
杜夔　257,258,288
鄧平　8,209,216,217
唐都　8,216
戸川芳郎　171
杜預　234,246,256,265

な行

内藤湖南　65,110,113,152
中山茂　102,189
南化玄興　330
能田忠亮　80,81,104,158,176,185,188,225

は行

薄樹人　4,90,215,216,220,221
馬月華　255,268
橋本敬造　18,181
橋本増吉　174
馬承源　292,293,294,295,296,297,327
長谷川一郎　4
范季融　294
范曄　32
馮紝　256,257,263,287
平勢隆郎　99,113,128,206
平山清次　158,174,176,212
広瀬秀雄　174
フォザリンガム　72
藤田勝久　277,286,320
古川麒一郎　174,246
方詩銘　252,289,290,329,330
鮑叔牙　139,140,141,142,147,149,150,151,152,153

鮑文子　147
彭浩　308
彭卿雲　294,295,296,297
濮茅左　294,295

ま行

増井経夫　337
松丸道雄　243,336
宮崎市定　158
宮島一彦　130,131,182
持井康孝　107,152,333

や行

藪内清　21,64,80,84,89,106,113,153,157,182,185,188,207,212,225,227,268,290
山本一登　72
湯浅邦弘　152,153,295
湯城吉信　131
揚雄　25,26
楊寬　89,136,208,237,238,239,321
楊駿　260,265

ら行

羅振玉　331,336
羅運環　295
落下閎　7,8,22,216
李家浩　308
李学勤　109,140,152,153,154,226,227,228,229,230,231,232,235,236,245,252,291,293,298,300,307,308,309,310,311,312,313,316,317,318,322,325
李伯謙　226,308
劉歆　37,59,80,90,91,114,169,173,220,

221,223,224,287,290
劉蔚華　297
劉毅　263
劉恭　258
劉秀　257
劉向　18,55,194,221,222,287,337
劉次沅　4,229,233,245,251,252
李均明　304,305
李林　305

289,290
渡辺敏夫　4,239

D行

David W Pankenier　227,230

F行

F. Richard Stephenson　246,247,248,251,252,253,339

わ行

和嶠　256,259,260,264,265,266,286,287,

書名・論文名　索引

あ行

「居延漢簡」　269
「居延漢簡詔令目録」　269,270
『逸周書』　310,311,319
『益部耆旧伝』　7,22
『温県盟書』　319

か行

「賈逵論暦」　21
『開元占経』　7,21,238,251,252,217
「郭店楚簡」　317,324
「簡牘検署考」　255,267,284
『簡牘検署考校注』　255,267,268,274
『漢書』　19,44,47,61,63,89,114,133,134,246,267
『漢書』「朱博列伝」　267
『漢書』「律暦志」　7,28,37,51,59,64,80,87,90,92,215,216,217,220,221,223,254,261
『漢書律暦志の研究』　185,188,208,225
『漢書』「五行志」　4,16,27,63,136,208,225
『漢書』「天文志」　4,6,16,17,29,55,223
『競建内之』　68,100,104,109,114,115,116,138,139,142,143,146,147,148,149,151,153,154,341
『儀禮』　284
『ギルガメシュ叙事詩』　110

『近似・竹書紀年』　311,316,317,318,320,321,323,325
『公羊伝』　70,114,115
『考古』　19
『侯馬盟書』　319
『後漢書』　32,42,43,44,46,56
『国語』　99,100,102,227,228,311,312,322,325,339
『国語』「周語」　69,227,229,230,232,233
『国宝史記』　330
『古注蒙求』　258
『古本竹書紀年』　103,133,134,135,226,227,230,231,232,233,235,237,238,239,245,246,311,318,321,329,330,331,332,333,335,336,337
『古本竹書紀年輯證』　252,330
『渾天儀』　25,26

さ行

『左伝』　59,67,68,69,70,93,94,98,99,100,102,134,142,143,145,146,147,148,152,156,169,172,173,174,178,228,339,340
『算数書』　267
『耆夜』　232,322
『事類賦』　252
『史記』　7,8,22,61,68,70,74,119,120,127,133,145,147,152,207,210,215,217,220,226,237,238,239,264,276,319,321,328,

329,331,332,333,341

『史記斠異』 40

『史記』「亀策列伝」 102

『史記索隠』 7,22,238

『史記』「十二諸侯年表」 68,69,134,145,231

『史記正義』佚文 330

『史記』「天官書」 39,40

『詩経』 115,176,262,277

『史記札記』 40

『四庫全書』 252

『史通』 264

『上海博物館蔵戦国楚竹書（五）』 139,151

『周髀算経』 9,22,23,55,79,106,107,255

『周礼』 258

『春秋』 17,48,56,59,63,66,67,70,113,114,115,116,117,118,119,124,127,132,133,134,142,145,149,150,151,156,172,173,176,178,188,203,204,205,206,238,269,274,283,317,319

『春秋緯元命苞』 235

『春秋経伝集解』「後序」 134

『春秋繁露』 282

『尚書』「舜典篇」 6

『尚書』「堯典篇」 4,66,218,267

『尚書洪範伝』 18

『秦記』 133,145,237,319

『新唐書』「歴志」 155,200,203,319,332

「生覇死覇考」 112

『石氏星経』 7,21,22,23

『説文』 77,86,130,273,284

「曾侯乙墓出土漆画筐」 80,82,84,86,87,88,127,130

『宋書』「律暦志」 27

『続漢書』「五行志」 27,31

『続漢書』「律暦志」 21,22,29,31,32,37,56,220,221,222,224,262

『曾子立孝』 102,131

た行

『大戴礼記』 17,101,103,130,131,214

『太平御覧』 252,264,332

『竹書紀年』 231,232,317,318,319,324,329

『中国古代の天文記録の検証』 5,44,61,104,149,153,189,210,237,238,240,338

中国古代簡牘制度 255,267

『中国先秦史暦表』 87,130,200,212,241

『中国の天文暦法』 21,98,134,188,268

『天子建州』 76,86,129,130

『東洋天文学史研究』 94,104,153,156,157,158,159,161,175,176,177,178,179,180,181,182,184,185,186,188,189,190,191,192,193,195,196,197,200,202,203,205,211,227,339,340

な行

南化本 330

『日本書紀』 245,246

は行

『白虎通』 83

『武王踐阼』 131

『穆天子伝』 254,255,256,260,261,264,265,266,267,270,271,273,284,285,286,290,324,341

『保訓』 313,317,321,322,324
『補注蒙求』 258

ま行

『蒙求』 260,287,289
『孟子』 6

や行

『容成氏』 270,271
『世説新語』 260,288

ら行

「劉向洪範伝」 131,222

『類似・竹書紀年』 318
『列女伝』 337
『呂氏春秋』 66,70,79,81,82,173,285
『論語』 69,115,261,283,290

A行

『ATLAS OF HISTORICAL MAPS,EAST ASIA 1500BC AD1900』 246,247,248

H行

『Historical Eclipses and Earths Rotation』 248,253

索引　349

件名索引

あ行

一蔀　124,208,242,243
一章　77,124,208,241,242,243
「王家台秦墓竹簡」　129
王家台秦簡　209

か行

賈逵論暦　21,56,220,224
「夏商周断代工程」　69,226,227,228,229,
　　230,231,232,233,235,245,295
仮想暦法　19,155,156,179,185,187,188,
　　189,190,194,200,201,203,204,206,207,
　　209,211
「カリポス（Calipos）」周期　124
玉衡　17,18
「夾鍾之笛」　268,284,285
「居延新簡F16.〔1 17〕」　269,274
「極黄道座標」　21,22,23,24
句股弦の法　71,72,79,255
「黄鍾之笛」　285
黄道極・赤道極循環座標　21,24,25,31
黄道座標　21,22,23,24,31,32
降交点日食　61
「国家重点珍貴文物徴集専項経費」　294,
　　295,298,304

さ行

朔望之会　36,37,38,39,40,41,43,44,45,46,
　　48,49,56,57
「三尺之法」　267,270
「三尺律令」　267,270
「三分損益法」　285
「次度」　223
「朱絲欄」　309
汝陰侯円盤　17,18,19
昇交点日食　61
「睡虎地秦墓竹簡」　275
睡虎地秦簡　209,210,274,276,303
「清華簡≪保訓≫座談会」　313,317
「青川秦墓竹簡」　275
『清華簡』　232
青山秦簡　209
赤道座標　3,4,17,18,23,24,25,31,73,86,88
曾侯乙墓出土漆画筐　80,82,84,86,87,88,
　　127,130

た行

太史黄道銅儀　21,22,26
龍崗秦簡　209
地平座標　3,16,66,86,118,124
昼月食　36,37,60
直系王　333,334,336
的中率　48,56,59,62,106,116,134,143

は行

比月食　62,63
日入帯食　49,117

日出帯食　117,245
武王二年秦律　209
放射性炭素C14　229
傍系王　333,334,336
北斗尺　9,10

ま行

「メトン（Meton）」　124
メトン周期　37,56,77,129
陽城　7,17,23,50,51,71,72,73,74,79,95,129,
　　　219,339,340
澧西H18灰坑　229

ら行

魯般尺　9,10

顓頊暦　4,5,6,7,8,18,19,22,28,29,56,59,61,
　　　89,133,134,135,136,155,156,157,161,
　　　162,169,172,173,174,176,177,178,179,
　　　180,184,185,186,188,189,190,191,192,
　　　193,194,195,196,200,201,202,203,204,
　　　205,206,207,209,211,212,213,217,224,
　　　225,240,241,243,268,276,277,278,282,
　　　341

A行

「AMS 14C定量法」　313,315,316,320,324,
　　　325

小沢賢二（おざわ・けんじ）　1956年　群馬県生まれ

主な経歴
　1979年3月　明治学院大学社会学部社会学科卒業
　群馬県立文書館古文書課主幹兼指導主事を経て、現在　安徽師範大学客座教授

師事歴
　1974年～1975年
　　元、南満州鉄道中国語特等　船津巳之作（清朝考証学)に師事
　1983年～1987年
　　元、東京大学史料編纂所教授　太田晶二郎（日本漢籍史)に師事
　1984年～1996年
　　元、日本大学教授　山田忠雄（国語〔日本語〕学)に師事

主要著書
　『中国古代の天文記録の検証』(斉藤国治と共著　平成4年　雄山閣）
　『史記正義佚存訂補』(『史記正義の研究』所収　平成6年　汲古書院）
　『国宝 史記』(尾崎康と共著　平成8年～平成10年　汲古書院）
　『獅子園書庫典籍並古文書目録』(単著　平成11年　汲古書院）
　『修験道無常用集』(解題　平成21年　聖護院門跡）

中国天文学史研究
――――――――――――――
　　2010年2月4日　初版発行

　　　　著　者　小　沢　賢　二
　　　　発行者　石　坂　叡　志
　　　　製版印刷　モリモト印刷㈱
　　　　発行所　汲　古　書　院
　　　　　102-0072　東京都千代田区飯田橋2-5-4
　　　　　電話03(3265)9764　FAX03(3222)1845

　　　©2010　ISBN978-4-7629-2872-7 C3022